食品添加剂功能及安全使用速查手册

上海市质量监督检验技术研究院　编著

化学工业出版社
·北京·

内容简介

《食品添加剂功能及安全使用速查手册》的每一条目编辑了《食品安全国家标准 食品添加剂使用标准》（GB 2760—2024）中的主要内容：添加剂的功能分类、允许添加的食品种类、允许的最大使用量。增加了《食品安全国家标准 食品添加剂使用标准》（GB 2760—2024）中没有的安全性指标（如 ADI 值、LD_{50}）、食品添加剂功能特点。食品添加剂功能特点列出了每一种食品添加剂有别于其他添加剂的特点，并有功能分类排序和汉语拼音排序两个查阅途径，利于读者快速掌握食品添加剂使用标准、便捷查阅各单体添加剂。本书可供食品行业从业人员和监管人员参考阅读。

图书在版编目（CIP）数据

食品添加剂功能及安全使用速查手册 / 上海市质量监督检验技术研究院编著. -- 北京 : 化学工业出版社, 2025. 11. -- ISBN 978-7-122-49147-3

Ⅰ. TS202. 3-62

中国国家版本馆CIP数据核字第2025FM7777号

责任编辑：李建丽 赵玉清

文字编辑：张熙然

责任校对：张茜越

装帧设计：张 辉

出版发行：化学工业出版社

（北京市东城区青年湖南街 13 号 邮政编码 100011）

印 装：北京科印技术咨询服务有限公司数码印刷分部

710mm×1000mm 1/16 印张 21½ 字数 464 千字

2026 年 3 月北京第 1 版第 1 次印刷

购书咨询：010-64518888 售后服务：010-64518899

网 址：http://www.cip.com.cn

凡购买本书，如有缺损质量问题，本社销售中心负责调换。

定 价：99.00元

作者情况介绍

周羽，女，上海市质量监督检验技术研究院高级工程师，主要从事标准化研究工作，参与 *Meat, fish and their products — Determination of sulfite (sulphite) content — Acid-base titration Method*（ISO/WD 24104）等数项国际标准制定，主持和参与《食品安全国家标准 食品营养强化剂 烟酰胺》（GB 1903.45—2020）等多项国家标准制定，相关研究成果也在行业内推广使用，曾获得全国商业科技进步奖一等奖。主编《实用食品添加剂及实验》《食品添加剂速查手册——各类食品允许使用的添加剂及其限量》，参编《国内外化妆品标准比对——韩国》《上海市食品安全政策文件汇编》等著作，发表《国内外化妆品稳定性测试标准和法规》《母乳化脂质研究进展》等多篇学术论文。

周家春，男，华东理工大学教授，上海市食品添加剂和配料行业协会副秘书长，长期从事食品和食品添加剂的教学与研究工作，主编《食品工艺学》《食品感官分析》等教材，主持制定《食品安全国家标准 食品添加剂 焦磷酸一氢三钠》（GB 1886.348—2021）等十余项国家标准。曾获上海市科技进步二等奖、华东理工大学育英奖一等奖、中国石油和化学工业优秀出版物奖等多个奖项。

前言

《食品安全国家标准　食品添加剂使用标准》（GB 2760—2024）是强制性国家标准，是所有食品从业人员都非常重视的规范文件。《食品安全国家标准　食品添加剂使用标准》2024版对2014版进行了修订，如增补了历年的公告内容、修改了部分食品分类系统、修改部分食品工业用加工助剂使用规定等。为方便食品从业人员尽快熟悉和掌握GB 2760—2024，编者编撰了本手册，涵盖GB 2760—2024全部内容以及截至2025年11月国家卫健委公告的食品添加剂新品种、食品添加剂扩大使用范围的内容。

《食品安全国家标准　食品添加剂使用标准》（GB 2760—2024）的主体内容是按添加剂名称首字的汉语拼音进行排序的，查阅者可能因不够熟悉而遇到困难，如难以查阅、总结有相同功能的食品添加剂数量和名称，更难以比较同系添加剂中各个品种之间性能异同；从1504个食品用合成香料中查找某个香料，可能要细心浏览几遍才能找到。本手册针对这些问题为大家提供了解决途径。第一，除了按汉语拼音顺序检索外，还提供了按照功能类别的检索目录；第二，编写了每个添加剂的功能特点，使人们能够了解如何为不同食品选择不同的添加剂；第三，编写了所有添加剂的23个大类，其中《食品安全国家标准　食品营养强化剂使用标准》（GB 14880）的更新版尚未公告，待正式公告后本手册将通过二维码链接，补充营养强化剂的内容；第四，按照有机化学的分类原则为1504个食品用合成香料重新归类排序，每一类化学成分的香料按命名原则排序，388个天然香料也按照产品剂型作了重新排序；每个香料都标注了GB 2760编码和FEMA编号，方便检索查阅；第五，总结了每一类食品允许使用的食品添加剂种类及最大使用剂量，为食品产品开发提供了便利。

希望本手册能为食品从业人员的工作提供方便，不足之处敬请批评指正；若有编写错误，望能及时联系编者以便修正。

编者

2025年12月

本手册查阅和使用说明

1. 本手册编辑了《食品安全国家标准　食品添加剂使用标准》（GB 2760—2024）中的 23 大类食品添加剂，包括《食品安全国家标准　食品添加剂使用标准》（GB 2760—2024）文本中没有收录的“胶基糖果中基础剂物质”中的天然橡胶、合成橡胶部分，以及分散在“表 C.2 需要规定功能和使用范围的加工助剂名单（不含酶制剂）”中的“消泡剂”。“营养强化剂”待 GB 14880 更新公告后，通过本手册配套的数字资源补充内容。

2. 本手册的每一条目编辑了《食品安全国家标准　食品添加剂使用标准》（GB 2760—2024）中的主要内容：CNS 号、INS 号、添加剂的功能分类、允许添加的食品种类、允许的最大使用量，增加了《食品安全国家标准　食品添加剂使用标准》（GB 2760—2024）中没有表述的添加剂的食品安全国家标准、安全性指标（ADI 值、LD_{50}）、食品添加剂功能特点。食品添加剂功能特点列出了每一个食品添加剂有别于其他添加剂的特点，例如，番茄红素描述为“异戊二烯类天然着色剂；红色晶体；油溶；不耐光、热、氧、酸，遇铜、铁离子破坏”，聚甘油蓖麻醇酸酯描述为“非离子型乳化剂；HLB 值 2 ～ 4，油包水型乳化剂；具有良好的热稳定性；用于巧克力生产，既降低巧克力浆黏度又降低屈服应力，与卵磷脂复配使用可减薄巧克力涂层厚度，改善巧克力口感”。谷氨酰胺酶描述为“谷氨酰胺酶最适 pH 为 6.5，最适温度 37℃；耐盐，20% 氯化钠中活力保持 70%；水解谷氨酰胺生成谷氨酸，在豆酱等食品发酵生产时产生提鲜作用”，谷氨酰胺转氨酶描述为“谷氨酰胺转氨酶最适 pH 为 6 ～ 7，最适温度 50℃，在 45 ～ 55℃范围内都有较高的活性，特别是在蛋白质食品体系中，该酶的热稳定性会显著提高；可催化蛋白质多肽发生分子内和分子间共价交联，在各种蛋白质分子之间或之内形成 *ε*-（*γ*-谷氨酰）赖氨酸键，从而改善蛋白质的结构和功能，如发泡性、乳化稳定性、热稳定性、保水性和凝胶能力等，改善效果显著，进而改善食品的风味、口感、质地和外观等”。

3. 每个食品添加剂的查阅都可通过汉语拼音排序和食品添加剂功能分类两个途径，第一是按汉语拼音排序索引，其顺序和《食品安全国家标准　食品添加剂使用标准》（GB 2760—2024）中“附录 F”的索引顺序完全一致（含截至 2025 年 9 月国家卫健委公告的食品添加剂新品种）；第二是按功能索引，按照《食品安全国家标准　食品添加剂使用标准》（GB 2760—2024）的“附录 D 食品添加剂功能类别”所列 23 个大类的顺序排列，每一功能大类中的添加剂品种按照汉语拼音再排序。每一个添加剂都附上了在《食品安全国家标准　食品添加剂使用标准》（GB 2760—2024）中的页码，方便对照查找。

4. 食品添加剂功能分类是按照《食品安全国家标准　食品添加剂使用标准》（GB 2760—2024）所列的第一功能编辑，例如，普鲁兰多糖定位“被膜剂、增稠剂”，则普鲁兰多糖编辑在“被膜剂”中；乳酸钠定位“水分保持剂、酸度调节剂、抗氧化剂、膨松剂、增稠剂、稳定剂”，则乳酸钠编辑在“水分保持剂”中。个别的如卡拉胶定位“乳化剂、稳定剂、增稠剂”，因为卡拉胶作为增稠剂的应用较多，所以在乳化剂、增稠剂两个功能栏目下都编辑。

5. 本手册“食品添加剂使用范围和剂量”一栏，其中的内容和《食品安全国家标准　食品添加剂使用标准》（GB 2760—2024）完全一致，但编排顺序是将使用限量相同的食品组合在一起，以缩短篇幅。

6. 标准中使用限量都是按照即食食品标注的，如：浓缩果蔬汁（浆）、固体饮料、果冻粉等，原文“以即饮状态计，相应的固体饮料按稀释倍数增加使用量”“如用于果冻粉，按冲调倍数增加”。天然提取物使用量以有效成分计，如：“姜黄”使用量“以姜黄素计”，“番茄红”使用量“以番茄红素计”。本体和盐类物质一起标注的，使用量以本体计，如：“山梨酸及其钾盐”使用量“以山梨酸计”，“丙酸及其钠盐、钙盐”使用量“以丙酸计”，“对羟基苯甲酸酯类及其钠盐”使用量“以对羟基苯甲酸计”。着色剂及其铝色淀使用量以着色剂计，如：“柠檬黄及其铝色淀”使用量“以柠檬黄计”，“赤藓红及其铝色淀”使用量“以赤藓红计”。油溶性抗氧化剂使用量以食品中油脂含量为基数，如：“丁基羟基茴香醚”在饼干中的使用量“以油脂中的含量计”，“茶多酚”在油炸肉类中的使用量“以油脂中儿茶素计”。“二氧化硫及亚硫酸盐”使用量“以二氧化硫残留量计”，“硫黄”“只限用于熏蒸，最大使用量以二氧化硫残留量计”。“磷酸及磷酸盐”可单独或混合使用，使用量“以磷酸根（PO_4^{3-}）计”。“番茄红素”使用量“以纯番茄红素计”。在此统一说明，文中不再标注。

7. 本手册编辑了“食品用香料名单”，为方便查阅，本手册按照剂型（天然香料）、化学名称类别（合成香料）重新作了排序（附录 5、附录 6）。营养强化剂内容也作了重新组合（附录 7）。

8. GB 2760—2024 从食品添加剂视角出发，描述了每种食品添加剂允许在何种食品中使用及其最大使用剂量，《食品添加剂速查手册——各类食品允许使用的添加剂及其限量》从食品视角出发，汇总了各个食品分类号下每种食品允许使用的食品添加剂种类及其最大使用剂量，为不熟悉 GB 2760—2024 的人员查阅 GB 2760—2024 和开展食品研发提供了方便。

目 录

一、按食品添加剂功能排序

11. 酶制剂——由动物或植物的可食或非可食部分直接提取，或由传统或通过基因修饰的微生物（包括但不限于细菌、放线菌、

二、按食品添加剂名称拼音排序

C

D

E

F

G

H

J

K

L

M

N

P

Q

R

S

T

W

X

Y

Z

其他

1. 酸度调节剂——用以维持或改变食品酸碱度的物质

序号	食品添加剂名称	CNS 号 / INS 号	执行标准	在标准文本中的页码	食品添加剂功能分类	食品添加剂功能特点	食品添加剂安全性指标	食品添加剂使用范围和剂量
1	冰乙酸（低压羰基化法）	01.112/—	GB 1886.85—2015	22	酸度调节剂	冰乙酸由甲醇、一氧化碳经低压羰基化法生产	国家卫生和计划生育委员会公告（2007年第8号）	可按生产需要适量使用于各类食品（表A.2中编号为1～68的食品类别以及12.03食醋除外）
2	冰乙酸（又名冰醋酸）	01.107/260	GB 1886.10—2015	22	酸度调节剂	冰乙酸由乙醇为原料发酵制成。有特殊刺激性酸味，为食醋的特征酸；有较强的杀菌作用。 主要用于配制风味食醋、复合调味料及凉拌菜等。在凉拌菜和酸辣菜中添加0.4%～0.6%；酸黄瓜中添加1%左右；曲酒调香用量为0.01%～0.03%；酱制品、调味剂用量10～50g/kg；葡萄酒、沙司用量1～3g/kg	ADI：不作限制性规定［JECFA（食品添加剂联合专家委员会），2006］，LD_{50}：3530mg/kg（大鼠，经口）	可按生产需要适量使用于各类食品（表A.2中编号为1～68的食品类别以及12.03食醋除外）
3	富马酸	01.110/297	GB 25546—2010	38	酸度调节剂	有特殊强酸味，酸味较柠檬酸强50%左右；与柠檬酸、酒石酸复配使用能呈现果实酸味。长时间在水中煮沸会变成DL-苹果酸。1%水溶液的pH值为2.4。 富马酸有抗氧化增效剂的作用	ADI：不作限制性规定（JECFA，2006），LD_{50}：10.7g/kg（大鼠，经口）	胶基糖果，最大使用量8.0g/kg；生湿面制品、果蔬汁（浆）类饮料，最大使用量0.6g/kg；面包、糕点、饼干，最大使用量3.0g/kg；焙烤食品馅料及表面用挂浆、其他焙烤食品，最大使用量2.0g/kg；碳酸饮料，最大使用量0.3g/kg；腌腊肉制品类、（熏、烧、烤）肉类、油炸肉类、肉灌肠类、冷冻挂浆制品、经烹调或油炸的水产品、（熏、烤）水产品，按生产需要适量使用

续表

序号	食品添加剂名称	CNS 号 / INS 号	执行标准	在标准文本中的页码	食品添加剂功能分类	食品添加剂功能特点	食品添加剂安全性指标	食品添加剂使用范围和剂量
4	富马酸一钠	01.311/365	GB 1886.88—2015	39	酸度调节剂	与富马酸形成缓冲，保持食品的酸性稳定。富马酸一钠有特殊酸味（带碱性味），有防腐作用，主要用于水产品和肉糜类食品中，一般与醋酸钠等配合使用。在焙烤食品中构成复配型膨松剂。常与苹果酸、柠檬酸等合用	ADI：0 ～ 6mg/kg（JECFA，2006），LD_{50}: 8g/kg（大鼠，经口）	胶基糖果、生湿面制品、焙烤食品、肉及肉制品（生、鲜肉除外）、水产及其制品[鲜水产、预制水产品（半成品）除外]、饮料类[包装饮用水、果蔬汁（浆）、浓缩果蔬汁（浆）除外]，按生产需要适量使用
5	己二酸	01.109/355	GB 1886.53—2015	51	酸度调节剂	有骨头烧焦的气味，在自然界存在于甜萝卜中，酸味弱，柔和，持久；有很强的缓冲性能，能保持 pH 值在 2.5 ～ 3.0 范围内，可有效防止大多数水果褐变	ADI：0 ～ 5mg/kg（JECFA，2006），LD_{50}: 1900mg/kg（小鼠，经口）	胶基糖果，最大使用量 4.0g/kg；固体饮料，最大使用量 0.01g/kg；果冻，最大使用量 0.1g/kg
6	L(+)-酒石酸，*dl*-酒石酸	01.111，01.313/334，—	GB 25545—2010，GB 1886.42—2015	7	酸度调节剂	L(+)-酒石酸、*dl*-酒石酸在光学异构上有差别，在应用上无差别；酸味较柠檬酸强 20% ～ 30%；0.3% 水溶液的 pH 值为 2.4；呈葡萄的酸感，爽口而强烈，稍有涩味，后味延续短；可作为抗氧化增效剂、复合膨松剂	ADI：0 ～ 30mg/kg（JECFA，2006），LD_{50}: 7500mg/kg（大鼠，经口）	腌渍的蔬菜，最大使用量 3.0g/kg；糖果，最大使用量 30g/kg；油炸面制品、面糊、裹粉、煎炸粉、固体复合调味料，最大使用量 10.0g/kg；粉丝、粉条，最大使用量 2.0g/kg；果蔬汁（浆）类饮料、植物蛋白饮料、复合蛋白饮料、碳酸饮料、茶、咖啡、植物（类）饮料、特殊用途饮料、风味饮料，最大使用量 5.0g/kg（以即饮状态计）；葡萄酒，最大使用量 4.0g/L

续表

序号	食品添加剂名称	CNS 号 / INS 号	执行标准	在标准文本中的页码	食品添加剂功能分类	食品添加剂功能特点	食品添加剂安全性指标	食品添加剂使用范围和剂量
7	柠檬酸	01.101/330	GB 1886.235—2016	86	酸度调节剂、抗氧化剂	柠檬、柚子、柑橘等水果的酸味，酸感纯正、温和、芳香可口；2% 的水溶液 pH 值为 2.1；入口起酸快，后味延续短；有螯合离子作用，为抗氧化增效剂、护色剂。 在清凉饮料中一般用量为 0.13% ～ 0.3%；在糖水罐头中用于改善风味、防止变色、抑制微生物，一般用量为桃 0.2% ～ 0.3%、橘片 0.1% ～ 0.3%、梨 0.1%、荔枝 0.15%	ADI：不作限制性规定（JECFA，2006），LD_{50}: 6730mg/kg（大鼠，经口）	可按生产需要适量使用于各类食品（表 A.2 中编号为 1 ～ 15、17 ～ 53、59 ～ 62、64 ～ 68 的食品类别除外）
8	柠檬酸钾	01.304/332（ii）	GB 1886.74—2015	86	酸度调节剂	与柠檬酸形成缓冲，保持食品的酸性稳定。溶液 pH 值 8.59（1mmol/L）、8.9（10mmol/L）、9.01（100mmol/L），9.47（1mol/L）	ADI：不作限制性规定（JECFA，2006），LD_{50}: 167mg/kg（狗，静脉注射）	可按生产需要适量使用于各类食品（表 A.2 中编号为 1 ～ 53、59 ～ 62、64 ～ 68 的食品类别除外）
9	柠檬酸钠	01.303/331（iii）	GB 1886.25—2016	86	酸度调节剂、稳定剂	与柠檬酸形成缓冲，具有良好的 pH 调节及缓冲性能。溶液 pH 值 8.59（1mmol/L）、8.9（10mmol/L）、9.04（100mmol/L）、9.26（1000mmol/L）。对 Ca^{2+}、Mg^{2+} 等金属离子具有良好的络合能力	ADI：不作限制性规定（JECFA，2006），LD_{50}: 1549mg/kg（大鼠，腹腔注射）	可按生产需要适量使用于各类食品（表 A.2 中编号为 1 ～ 53、59 ～ 62、64 ～ 68 的食品类别除外）

续表

序号	食品添加剂名称	CNS 号 / INS 号	执行标准	在标准文本中的页码	食品添加剂功能分类	食品添加剂功能特点	食品添加剂安全性指标	食品添加剂使用范围和剂量
10	柠檬酸一钠	01.306/331（i）	GB 1886.107—2015	87	酸度调节剂	与其他柠檬酸盐形成缓冲，保持食品的酸性稳定。溶液 pH 值 3.4 ～ 3.8（100g/L）。有螯合剂、抗氧化增效剂、乳化盐作用，在饮料中有保持 CO_2 稳定作用	ADI：不作限制性规定（JECFA，2006），LD_{50}：1348mg/kg（大鼠，腹腔注射）	可按生产需要适量使用于各类食品（表 A.2 中编号为 1～53、59 ～ 62、64 ～ 68 的食品类别除外）
11	DL-苹果酸	01.309/296	GB 25544—2010	6	酸度调节剂	酸味较柠檬酸强 20% 左右，酸感柔和，略有苦涩味，后味持久；1% 水溶液的 pH 值为 2.4	ADI：不作限制性规定（JECFA，2006），LD_{50}：3200mg/kg（大鼠，经口）	可按生产需要适量使用于各类食品（表 A.2 中编号为 1 ～ 68 的食品类别除外）
12	L-苹果酸	01.104/—	GB 1886.40—2025	8	酸度调节剂	口感接近天然苹果的酸味，酸味较柠檬酸强 20% 左右，酸感柔和，刺激和缓，后味持久。苹果酸与柠檬酸之比等于 1∶0.4 时，酸味接近天然苹果味。溶液 pH 值 2.2（10g/L）。有保持天然果品色泽的作用，特别适用于以水果为基料的食品，也用于配制无盐酱油、食醋，作为人造奶油、蛋黄酱等的乳化稳定剂	ADI：不作限制性规定（JECFA，2006），LD_{50}：10g/kg（大鼠，经口）	可按生产需要适量使用于各类食品（表 A.2 中编号为 1 ～ 68 的食品类别除外）

续表

序号	食品添加剂名称	CNS 号 / INS 号	执行标准	在标准文本中的页码	食品添加剂功能分类	食品添加剂功能特点	食品添加剂安全性指标	食品添加剂使用范围和剂量
13	DL-苹果酸钠	01.314/350（ii）	GB 30608—2014	6	酸度调节剂	与 DL-苹果酸形成缓冲，保持食品的酸性稳定。具有爽口的滋味。溶液 pH 值 6.5 ～ 7.5（100g/L ）	ADI：不作限制性规定（JECFA，2006），LD_{50}：540mg/kg（大鼠，经口）	可按生产需要适量使用于各类食品（表 A.2 中编号为 1 ～ 68 的食品类别除外）
14	L-苹果酸钠	01.315/—	—	8	酸度调节剂	与 L-苹果酸形成缓冲，保持食品的酸性稳定。比 DL-苹果酸钠更有益于健康。在饮料生产、果蔬腌制、水产品抑菌保鲜方面广泛应用	ADI：不作限制性规定（JECFA，2006）	可按生产需要适量使用于各类食品（表 A.2 中编号为 1 ～ 68 的食品类别除外）
15	偏酒石酸	01.105/353	GB 1886.324—2021	90	酸度调节剂	酸味爽口；能与钾离子、钙离子形成可溶性络合物，防止酒石酸盐生成酒石沉淀析出。主要用于防止葡萄酒产生酒石沉淀	经动物实验未见异常变化	水果罐头，按生产需要适量使用
16	葡萄糖酸钠	01.312/576	GB 1886.320—2021	90	酸度调节剂	与葡萄糖酸形成缓冲，溶液 pH 值 7.0 ～ 8.0（100g/L）。葡萄糖酸钠的味道与食盐接近，钠量仅为食盐的 1/4，与其他低钠盐相比无刺激性，无苦涩味，被广泛应用于无盐酱油等食品。葡萄糖酸钠能够改善食品风味，具有掩盖食品苦味、屏蔽异味、改善呈味等功效。在低脂奶酪中添加葡萄糖酸钠，消除了低脂奶酪原有的苦味、	ADI：不作特殊规定（JECFA，2006），LD_{50}：大于 2000mg/kg（兔，经口）	可按生产需要适量使用于各类食品（表 A.2 中编号为 1 ～ 68 的食品类别除外）

续表

序号	食品添加剂名称	CNS 号 / INS 号	执行标准	在标准文本中的页码	食品添加剂功能分类	食品添加剂功能特点	食品添加剂安全性指标	食品添加剂使用范围和剂量
16	葡萄糖酸钠					涩味，改善了整体的口感。与石膏凝固剂相比，用葡萄糖酸钠点出的豆腐更加细嫩。葡萄糖酸钠能够与奶酪中钙离子和乳酸根离子形成可溶性复合物，增加乳酸钙的溶解度，防止奶酪硬化		
17	氢氧化钙	01.202/526	GB 1886.375—2024	92	酸度调节剂	微溶，有腐蚀性，溶液pH 值 11.27（1mmol/L）、12.2（10mmol/L）、12.46（100mmol/L）	ADI：不作限制性规定（JECFA，2006），LD_{50}：7300mg/kg（大鼠，经口）	调制乳、乳粉和奶油粉及其调制产品（01.03.01 乳粉和奶油粉除外）、婴幼儿配方食品，按生产需要适量使用
18	氢氧化钾	01.203/525	GB 25575—2010	92	酸度调节剂	强碱性物质，对组织有烧灼作用，溅到皮肤、眼角膜有灼伤表现。溶液 pH 值 10.98（1mmol/L）、11.95（10mmol/L）、12.88（100mmol/L）	ADI：不作限制性规定（JECFA，2006），LD_{50}：365mg/kg（小鼠，经口）	调制乳粉和调制奶油粉、饼干、婴幼儿配方食品，按生产需要适量使用
19	乳酸	01.102/270	GB 1886.173—2016	95	酸度调节剂	有特殊酸味，为发酵乳品和发酵蔬菜的特征酸；有较强的杀菌作用，能通过加热蒸发作为空间杀菌剂。 乳酸有助于改进食品风味，延长保藏期，常用于乳酸饮料、果酱、果冻、糖果、冷饮等	ADI：不作限制性规定（JECFA，2006），LD_{50}：4936mg/kg（雄性大鼠，经口）	可按生产需要适量使用于各类食品（表A.2 中编号为1～4、6～53、57～68 的食品类别除外）

续表

序号	食品添加剂名称	CNS 号 / INS 号	执行标准	在标准文本中的页码	食品添加剂功能分类	食品添加剂功能特点	食品添加剂安全性指标	食品添加剂使用范围和剂量
20	乳酸钙	01.310/327	GB 1886.21—2016	95	酸度调节剂、抗氧化剂、乳化剂、稳定剂和凝固剂、增稠剂	与乳酸形成缓冲，保持食品的酸性稳定；溶液 pH 值 6.0～7.0，口感好，不酸涩；溶解度高，常温溶解度 5%，温度升高后溶解度迅速提高	ADI：不作限制性规定（JECFA，2006），LD_{50}：2.15g/kg（小鼠，经口）	蔬菜罐头，最大使用量 3.0g/kg；腌渍的蔬菜、复合调味料（仅限油炸薯类调味料），最大使用量 10.0g/kg；固体饮料，最大使用量 21.6g/kg；果冻，最大使用量 6.0g/kg；膨化食品，最大使用量 1.0g/kg；加工水果、糖果，按生产需要适量使用
21	碳酸钾	01.301/501（i）	GB 25588—2010	110	酸度调节剂	易溶于水，溶解度 111g/100mL（20℃）；溶液 pH 值 10.52（1mmol/L）、11（10mmol/L）、11.36（100mmol/L）。用作面团改良剂；可抑制面条发酸	ADI：0～6mg/kg（JECFA，2006），LD_{50}：1870mg/kg（大鼠，经口）	可按生产需要适量使用于各类食品（表 A.2 中编号为 1～31、33～53、57～68 的食品类别除外）；生湿面制品，最大使用量 60.0g/kg
22	碳酸钠	01.302/500（i）	GB 1886.1—2021	110	酸度调节剂	易溶于水，溶解度 21.8g/100mL（20 ℃）；溶液 pH 值 10.52（1mmol/L）、19.97（10mmol/L）、11.26（100mmol/L）。配成碱水加入面食中，可增加弹性和延展性	ADI：不作限制性规定（JECFA，2006），LD_{50}：4094mg/kg（大鼠，经口）	可按生产需要适量使用于各类食品（表 A.2 中编号为 1～30、33～68 的食品类别除外）；大米制品（仅限发酵大米制品），按生产需要适量使用

续表

序号	食品添加剂名称	CNS 号 / INS 号	执行标准	在标准文本中的页码	食品添加剂功能分类	食品添加剂功能特点	食品添加剂安全性指标	食品添加剂使用范围和剂量
23	碳酸氢钾	01.307/501（ii）	GB 1886.247—2016	110	酸度调节剂	易溶于水，溶解度 33.7g/100mL(20℃)；溶液pH值8.27（1mmol/L）、8.25(10mmol/L)、8.13（100mmol/L）。水溶液煮沸变为碳酸钾水溶液。晶体稳定，加热到 100℃时转化为碳酸钾	ADI：不作限制性规定（JECFA，2006）。GRAS(FDA 公认安全)	可按生产需要适量使用于各类食品（表 A.2 中编号为 1 ～ 53、57 ～ 68 的食品类别除外）
24	碳酸氢三钠（又名倍半碳酸钠）	01.305/500(iii)	GB 25586—2010	111	酸度调节剂	易溶于水，溶解度 13g/100mL（0 ℃），42g/100mL（100 ℃）；溶液 pH 值 11.2，碱性仅弱于碳酸钠。用作缓冲剂和中和剂，可用于乳制品、稀释奶油等	ADI：不作特殊规定（JECFA，2006）。GRAS	乳及乳制品（特殊膳食用食品涉及品种、巴氏杀菌乳、灭菌乳和高温杀菌乳、发酵乳、乳粉和奶油粉、稀奶油除外）（仅限羊奶）、糕点、饼干，按生产需要适量使用
25	盐酸	01.108/507	GB 1886.9—2016	128	酸度调节剂	有强烈刺激性气味；有强腐蚀性，3.6% 盐酸溶液的 pH 值为 0.1。在生产橘子罐头时常用盐酸中和去囊衣时残留的氢氧化钠；制造淀粉糖浆时，用盐酸把 20 ～ 21° Bé 的淀粉乳 pH 调至 1.9 ～ 2.0 后加热煮沸，使淀粉水解。在有机酸、木糖等生产过程中也常使用盐酸	ADI：不作限制性规定（JECFA，2006），LD_{50}：900mg/kg（兔，经口）	蛋黄酱、沙拉酱，按生产需要适量使用

续表

序号	食品添加剂名称	CNS 号 / INS 号	执行标准	在标准文本中的页码	食品添加剂功能分类	食品添加剂功能特点	食品添加剂安全性指标	食品添加剂使用范围和剂量
26	乙酸钠（又名醋酸钠）	00.013/262（i）	GB 30603—2014	131	酸度调节剂、防腐剂	与乙酸形成缓冲，保持食品的酸性稳定。溶解度 167g/100mL（100 ℃），溶液 pH 值 8.9（100mmol/L）	ADI：不作限制性规定（JECFA，2006），LD_{50}：4.4 ～ 5.6g/kg（小鼠，经口），LD_{50}：3530mg/kg（大鼠，经口）	腌腊肉制品类、（熏、烧、烤）肉类、油炸肉类、肉灌肠类、冷冻挂浆制品、经烹调或油炸的水产品、（熏、烤）水产品，按生产需要适量使用；复合调味料，最大使用量 10.0g/kg；膨化食品，最大使用量 1.0g/kg

2. 抗结剂——用于防止颗粒或粉状食品聚集结块，保持其松散或自由流动的物质

序号	食品添加剂名称	CNS 号 / INS 号	执行标准	在标准文本中的页码	食品添加剂功能分类	食品添加剂功能特点	食品添加剂安全性指标	食品添加剂使用范围和剂量
27	二氧化硅	02.004/551	GB 25576—2020	32	抗结剂	化学式 SiO_2。为白色、蓬松、粒度非常细小的粉末。具有多孔、比表面积大的特性，在较低相对湿度下，对水蒸气有强吸附作用。因呈球形，表面光滑而机械强度高，不易破碎，阻力小。化学性质稳定，不溶于水和无机酸（氢氟酸除外），溶于氢氧化钠溶液	ADI：不作特殊规定（JECFA，2006），LD_{50}：大于 22.5g/kg（大鼠，经口）	乳粉和奶油粉及其调制产品（01.03.01 乳粉和奶油粉除外）、其他乳制品（仅限奶片）、其他油脂或油脂制品（仅限植脂末）、其他豆制品（仅限豆腐花粉、大豆蛋白粉和调配大豆蛋白粉）、可可制品（包括以可可为主要原料的脂、粉、浆、酱、馅等）、脱水蛋制品（如蛋白粉、蛋黄粉、蛋白片）、其他甜味料（仅限糖粉）、固体饮料，最大使用量 15.0g/kg；冷冻饮品（食用冰

续表

序号	食品添加剂名称	CNS 号 / INS 号	执行标准	在标准文本中的页码	食品添加剂功能分类	食品添加剂功能特点	食品添加剂安全性指标	食品添加剂使用范围和剂量
27	二氧化硅							除外），最大使用量 0.5g/kg；原粮，最大使用量 1.2g/kg；（面糊、裹粉、煎炸粉）、盐及代盐制品、香辛料类、固体复合调味料，最大使用量 20.0g/kg；其他特殊膳食用食品（仅限 1 ～ 10 岁特殊医学用途配方食品），最大使用量 10g/kg
28	硅酸钙	02.009/552	GB 1886.90—2015	42	抗结剂	化学式 $CaSiO_3$。白色至灰白色易流动粉末，在吸收较多水分或其他液体后仍可保持流动。不溶于水，但可与无机酸形成凝胶	ADI：不作特殊规定（JECFA，2006），LD_{50}：大于 10g/kg（大鼠，经口）	乳粉和奶油粉及其调制产品（01.03.01 乳粉和奶油粉除外）、（干酪、再制干酪、干酪制品及干酪类似品）、可可制品（包括以可可为主要原料的脂、粉、浆、酱、馅等）、淀粉及淀粉类制品、食糖、餐桌甜味料、盐及代盐制品、香辛料及粉、复合调味料、固体饮料、酵母及酵母类制品，按生产需要适量使用
29	酒石酸铁	02.011/-	GB 1886.381—2024	58	抗结剂	化学式 $Fe_2(C_4H_4O_6)_3$，暗棕色粉末。具有延缓食盐结块的功效。可用作补铁剂，吸收效果比无机铁好	国家卫生和计划生育委员会公告（2016 年第 8 号）。欧盟许可	盐及代盐制品，最大使用量 0.106g/kg（以酒石酸铁含量计）

续表

序号	食品添加剂名称	CNS 号 / INS 号	执行标准	在标准文本中的页码	食品添加剂功能分类	食品添加剂功能特点	食品添加剂安全性指标	食品添加剂使用范围和剂量
30	柠檬酸铁铵	02.010/381	GB 1886.296—2016	86	抗结剂	化学式 $FeC_6H_5O_7\cdot NH_4OH$。淡黄色、棕色至红色固体，呈微弱氨气气味。极易溶于水（2g/mL），不溶于乙醇和乙醚。溶液 pH 值 6 ～ 8（100g/L），有咸味及铁腥味，光照可还原成柠檬酸亚铁铵。具有延缓食盐结块的功效。可用于补血，防治缺铁性贫血	ADI：0.8mg/kg（JECFA，2006，以铁计），LD_{50}：1000mg/kg（小鼠，经口）	盐及代盐制品，最大使用量 0.025g/kg
31	微晶纤维素	02.005/460（i）	GB 1886.103—2015	118	抗结剂、增稠剂、稳定剂	β-1,4-葡萄糖的直链多糖，是天然纤维素经酸水解至极限聚合度的产物。白色细小结晶性可流动粉末，颗粒大小一般为 2 ～ 80μm。可压成自身黏合的小片，并可在水中迅速分散。不溶于水、稀酸和有机溶剂，微溶于氢氧化钠溶液。具有亲水亲油性，能在水中胀润，并带负电，可吸附溶液中的金属离子和阳离子物质	ADI：不作特殊规定（JECFA，2009），LD_{50}：21.5g/kg（小鼠，经口）	可按生产需要适量使用于各类食品（表 A.2 中编号为 1～4、6 ～ 68 的食品类别除外）
32	纤维素	02.012/460	GB 1886.374—2024	120	抗结剂、稳定剂和凝固剂、增稠剂	与微晶纤维素的化学本质相同，分子量分布范围更广。余见“微晶纤维素”	ADI：不作特殊规定（JECFA，2009），LD_{50}：21.5g/kg（小鼠，经口）	（干酪、再制干酪、干酪制品及干酪类似品）、（面糊、裹粉、煎炸粉）、焙烤食品、西式火腿类、肉灌肠类、酿造酱、香辛料酱（如芥末酱、青芥酱）、调味酱、胶原蛋白肠衣，按生产需要适量使用

序号	食品添加剂名称	CNS 号 / INS 号	执行标准	在标准文本中的页码	食品添加剂功能分类	食品添加剂功能特点	食品添加剂安全性指标	食品添加剂使用范围和剂量
33	亚铁氰化钾，亚铁氰化钠	02.001，02.008/536，535	GB 25581—2010，GB 29214—2012	123	抗结剂	化学式 $K_4Fe(CN)_6 \cdot H_2O$、$Na_4Fe(CN)_6 \cdot H_2O$。黄色和柠檬黄色晶体。能防止食盐潮解。因铁与氰基的结合力很强，高于400℃才可能分解产生氰化钾，日常烹调温度下亚铁氰化钾分解的可能性极小，故毒性低	ADI：0.025mg/kg（JECFA，2006，以亚铁氰化钾计），LD_{50}：6400mg/kg（大鼠，经口）	盐及代盐制品，最大使用量0.01g/kg（以亚铁氰根计）

3. 消泡剂——在食品加工过程中降低表面张力、消除泡沫的物质

序号	食品添加剂名称	CNS 号 / INS 号	执行标准	在标准文本中的页码	食品添加剂功能分类	食品添加剂功能特点	食品添加剂安全性指标	食品添加剂使用范围和剂量
34	高碳醇脂肪酸酯复合物	—/—	—	225	消泡剂	十八碳醇的硬脂酸酯、液体石蜡、硬脂酸三乙醇胺和硬脂酸组成的混合物。白色或淡黄色黏稠液体，不易燃，不易爆，不挥发，性质稳定	LD_{50}：大于15g/kg（大鼠，经口）	发酵工艺、大豆蛋白加工工艺加工助剂
35	聚甘油脂肪酸酯	—/—	GB 1886.178—2016	227	消泡剂	浅黄色至琥珀色油状至极黏稠液体或浅棕黄色至棕色塑性或硬性蜡状固体。第一功能作用是乳化剂。消泡是乳化剂的功能之一	ADI：0 ～ 25mg/kg（JECFA，2006），LD_{50}：大于10g/kg（大鼠，经口）	制糖工艺加工助剂

续表

序号	食品添加剂名称	CNS 号 / INS 号	执行标准	在标准文本中的页码	食品添加剂功能分类	食品添加剂功能特点	食品添加剂安全性指标	食品添加剂使用范围和剂量
36	聚氧丙烯甘油醚	—/—	GB 1886.297—2018	227	消泡剂	无色或黄色非挥发性油状液体，难溶于水，热稳定性好。其分子能迅速进入泡沫表面，伸展扩散而消泡	LD_{50}：大于 10g/kg（小鼠，经口）	发酵工艺加工助剂
37	聚氧丙烯氧化乙烯甘油醚	—/—	GB 1886.298—2018	227	消泡剂	无色或黄色非挥发性油状液体，溶于有机溶剂，在冷水中分散较热水中容易。适用于比较稠厚的发酵液消泡	LD_{50}：379.4mg/kg（小鼠，经口）	发酵工艺加工助剂
38	聚氧乙烯聚氧丙烯胺醚	—/—	GB 1886.72—2016	227	消泡剂	无色或微黄色非挥发性油状液体，溶于有机溶剂，在冷水中分散较热水中容易	LD_{50}：14.7g/kg（小鼠，经口）	发酵工艺加工助剂
39	聚氧乙烯聚氧丙烯季戊四醇醚	—/—	GB 30609—2014	227	消泡剂	无色透明油状液体，难溶于水，溶于有机溶剂，不溶于煤油等矿物油，与酸、碱不发生化学反应，热稳定性良好。分子量在 3000 以上时有良好的消泡效果	LD_{50}：12.6g/kg（雌性小鼠，经口），LD_{50}：17.1g/kg（雄性小鼠，经口）	发酵工艺加工助剂
40	蔗糖聚氧丙烯醚	—/—	GB 1886.259—2016	227	消泡剂	黄色油状液体，分散于冷水	LD_{50}：5.84g/kg（小鼠，经口）	发酵工艺、制糖工艺加工助剂

4. 抗氧化剂——能防止或延缓油脂或食品成分氧化分解、变质，提高食品稳定性的物质

序号	食品添加剂名称	CNS 号 / INS 号	执行标准	在标准文本中的页码	食品添加剂功能分类	食品添加剂功能特点	食品添加剂安全性指标	食品添加剂使用范围和剂量
41	茶多酚（又名维多酚，简称“TP”）	04.005/—	GB 1886.211—2016	24	抗氧化剂	自由基吸收剂；有广谱抗菌作用；有不可克服的茶色泽和涩味；易水溶，油溶性差，油相使用需要媒溶。 茶多酚是茶叶中三十几种酚类物质的总称，包括儿茶素类、黄酮醇类、花青素、酚酸等。其中活性物质儿茶素约占多酚总量的 80%。 茶多酚的抗氧化能力高于一般非酚性或单羟基酚类抗氧剂（如 BHA、BHT 等），在植物油中的抗氧化活性约为 BHT 的 3 倍。茶多酚的抗氧化效果是维生素 E 的 4～7 倍，而且与维生素 E、抗坏血酸和苹果酸、柠檬酸及酒石酸都有协同作用。 茶多酚对金黄色葡萄球菌、福氏痢疾杆菌、伤寒杆菌、大肠埃希菌、绿脓杆菌、肺炎杆菌、黄曲霉菌等的生长繁殖有显著的抑制作用，是一种广谱性的抗菌剂。对细菌生长繁殖的最低抑制浓度为 0.005%～0.10%	暂无 INS 号，无 ADI 值。LD_{50}: 3715mg/kg（大鼠，经口）	基本不含水的脂肪和油、糕点、焙烤食品馅料及表面用挂浆（仅限含油脂馅料）、腌腊肉制品类，最大使用量 0.4g/kg（以油脂中儿茶素计）；果酱、水果调味糖浆，最大使用量 0.5g/kg（以儿茶素计）；熟制坚果与籽类（仅限油炸坚果与籽类）、油炸面制品、即食谷物［包括碾轧燕麦（片）］、方便米面制品、膨化食品，最大使用量 0.2g/kg（以油脂中儿茶素计）；酱卤肉制品类、（熏、烧、烤）肉类、油炸肉类、西式火腿类、肉灌肠类、发酵肉制品类、预制水产品（半成品）、熟制水产品（可直接食用）、水产品罐头，最大使用量 0.3g/kg（以油脂中儿茶素计）；复合调味料、植物蛋白饮料，最大使用量 0.1g/kg（以儿茶素计）；蛋白固体饮料，最大使用量 0.8g/kg（以儿茶素计）

续表

序号	食品添加剂名称	CNS 号 / INS 号	执行标准	在标准文本中的页码	食品添加剂功能分类	食品添加剂功能特点	食品添加剂安全性指标	食品添加剂使用范围和剂量
42	茶多酚棕榈酸酯	04.021/—	GB 1886.360—2022	25	抗氧化剂	油溶性提高，作用与茶多酚同，无异味。在高温氧化试验（油脂氧化稳定性测定仪，温度 120℃，通空气量 20L/h）的实验中，茶多酚棕榈酸酯的作用仅次于特丁基对苯二酚（TBHQ）	国家卫生和计划生育委员会公告（2014 年第 11 号）	基本不含水的脂肪和油，最大使用量 0.6g/kg
43	茶黄素	04.023/—	GB 1886.378—2024	25	抗氧化剂	茶黄素是茶多酚物质氧化形成的一类具有苯骈卓酚酮的化合物的总称，有 12 种组分，其中茶黄素（TF）、茶黄素-3-没食子酸酯（TFMG）、茶黄素-3′-没食子酸酯（TFM′G）、茶黄素-3,3′-双没食子酸酯（TFBG）是 4 种最主要的茶黄素成分。易溶于水、甲醇、乙醇、丙酮、正丁醇和乙酸乙酯，难溶于乙醚，不溶于三氯甲烷和苯；水溶液呈弱酸性，pH 值约 5.7，在碱性溶液中有自动氧化的倾向，且随 pH 值的增加而加强；抗氧化作用远高于茶多酚，而且没有茶多酚的涩味。水溶液呈鲜明的橙黄色	国家卫生和计划生育委员会公告（2016 年第 8 号）	脂肪、油和乳化脂肪制品（黄油和浓缩黄油除外）、胶基糖果、焙烤食品，最大使用量 0.4g/kg；熟制坚果与籽类（仅限油炸坚果与籽类）、坚果与籽类罐头、油炸面制品、即食谷物［包括碾轧燕麦（片）］、方便米面制品、碳酸饮料、特殊用途饮料、风味类饮料、其他类饮料、果冻、茶制品（包括调味茶和代用茶）、膨化食品，最大使用量 0.2g/kg；预制肉制品、熟肉制品、水产及其制品（09.01 鲜水产除外），最大使用量 0.3g/kg；复合调味料、植物蛋白饮料，最大使用量 0.1g/kg；固体饮料，最大使用量 0.8g/kg

序号	食品添加剂名称	CNS 号 / INS 号	执行标准	在标准文本中的页码	食品添加剂功能分类	食品添加剂功能特点	食品添加剂安全性指标	食品添加剂使用范围和剂量
44	丁基羟基茴香醚（简称“BHA”）	04.001/320	GB 1886.12—2015	30	抗氧化剂	自由基吸收剂；对动物油脂的抗氧化效果优于植物油脂；兼具抗氧化和抗菌作用；酚类的蒸发异味较明显；用量超过 0.2g/kg 时抗氧化效果反而下降。 BHA 可以在油煎或烘烤的温度下使用，并在此过程中随油进入食品中，对食品起到抗氧化作用。 BHA 因分子中具有酚羟基而有相当强的抗菌力，100～200mg/L 的 BHA 可抑制金色葡萄球菌、蜡状芽孢杆菌、鼠伤寒沙门杆菌、枯草芽孢杆菌等的生长；用 280mg/L 可阻止寄生曲霉孢子的生长，能阻碍黄曲霉毒素的生成	ADI：0～0.5mg/kg（JECFA，2006），LD_{50}：2.2～5g/kg（大鼠，经口）	脂肪、油和乳化脂肪制品（黄油和浓缩黄油除外）、熟制坚果与籽类（仅限油炸坚果与籽类）、坚果与籽类罐头、油炸面制品、杂粮粉、即食谷物［包括碾轧燕麦（片）］、方便米面制品、饼干、腌腊肉制品类、（风干、烘干、压干）等水产品、固体复合调味料（仅限鸡肉粉）、膨化食品，最大使用量 0.2g/kg（以油脂中的含量计）；胶基糖果，最大使用量 0.4g/kg
45	二丁基羟基甲苯（简称“BHT”）	04.002/321	GB 1886.388—2025	31	抗氧化剂	自由基吸收剂；稳定性好，遇金属离子不变色，对热稳定；抗氧化效果稍逊于 BHA；酚类的蒸发异味较低	ADI：0～0.3mg/kg（JECFA，2006），LD_{50}：890mg/kg（大鼠，经口）	脂肪、油和乳化脂肪制品（黄油和浓缩黄油除外）、熟制坚果与籽类（仅限油炸坚果与籽类）、坚果与籽类罐头、油炸面制品、其他杂粮制品（仅限脱水马铃薯制品）、即食谷物［包括碾轧燕麦（片）］、方便米面制品、饼干、腌腊肉制品类、（风干、烘干、压干）等水产品、膨化食品，最大使用量 0.2g/kg（以油脂中的含量计）；胶基糖果，最大使用量 0.4g/kg

续表

序号	食品添加剂名称	CNS 号 / INS 号	执行标准	在标准文本中的页码	食品添加剂功能分类	食品添加剂功能特点	食品添加剂安全性指标	食品添加剂使用范围和剂量
46	甘草抗氧化物	04.008/—	GB 1886.89—2015	39	抗氧化剂	可抑制油脂光氧化作用，清除自由基能力强；耐光、耐氧、耐热；不溶于水，溶于有机溶剂，在乙醇中的溶解度为 11.7%；主要成分为黄酮类化合物的混合物；有甘草的特殊风味。与维生素C、维生素E混合使用有相乘效果	暂无 INS 号，无 ADI 值。LD_{50}：大于10g/kg(大鼠，经口)。GRAS	基本不含水的脂肪和油、熟制坚果与籽类（仅限油炸坚果与籽类）、油炸面制品、方便米面制品、饼干、腌腊肉制品类、酱卤肉制品类、(熏、烧、烤）肉类、油炸肉类、西式火腿类、肉灌肠类、发酵肉制品类、腌制水产品、膨化食品，最大使用量 0.2g/kg（以甘草酸计）
47	混合三烯生育酚浓缩物	—/—	—	新增公告	抗氧化剂	见“维生素 E”	国家卫生健康委公告 2024 年第 2 号	植物油脂，最大使用量 0.2g/kg（以总生育酚和总三烯生育酚计）
48	4-己基间苯二酚	04.013/586	GB 1886.249—2016	5	抗氧化剂	酪氨酸酶抑制剂，用于防止虾头褐变；有刺激性臭味，收敛性极强，能使舌头失去知觉；能与乙醇、植物油互溶，微溶于石油醚和水	ADI：不作限制性规定（JECFA，2006），LD_{50}：550mg/kg(大鼠，经口）	鲜水产（仅限虾类），按生产需要适量使用（残留量≤ 1mg/kg）
49	抗坏血酸钙	04.009/302	GB 1886.43—2015	63	抗氧化剂	克服了抗坏血酸易氧化的缺点，抗氧化作用优于抗坏血酸；溶于水，微溶于乙醇；10%水溶液的pH值为6.8～7.4	ADI：不作特殊规定（JECFA，2006），LD_{50}：15g/kg（大鼠，经口）	可按生产需要适量使用于各类食品（表 A.2 中编号为 1～62、64～68 的食品类别除外）；去皮或预切的鲜水果、去皮或切块或切丝的蔬菜，最大使用量 1.0g/kg（以抗坏血酸钙残留量计）

续表

序号	食品添加剂名称	CNS号/INS号	执行标准	在标准文本中的页码	食品添加剂功能分类	食品添加剂功能特点	食品添加剂安全性指标	食品添加剂使用范围和剂量
50	抗坏血酸钠	04.015/301	GB 1886.44—2016	63	抗氧化剂	作用与抗坏血酸大致相同，有中性和溶解度高的优点，2%水溶液的pH值为6.5～8.0，溶解度62g/100mL；在干燥状态下稳定，在潮湿情况下易氧化分解	ADI值不作特殊规定（JECFA，2006），LD_{50}大于5000mg/kg（大鼠，经口）	可按生产需要适量使用于各类食品（表A.2中编号为1～62、68的食品类别除外）
51	抗坏血酸棕榈酸酯	04.011/304	GB 1886.230—2016	63	抗氧化剂	白色或淡黄色粉末，略有柑橘气味；难溶于水，溶于植物油，易溶于乙醇；在植物油中单独使用或与其他抗氧化剂混合使用都非常有效，添加0.01%的抗坏血酸棕榈酸酯比添加0.02%的BHA或BHT都更有效；抗坏血酸棕榈酸酯保护煎炸用油和油炸食品的能力非常强，经高温、长时间的油炸使用后，仍有抗氧化能力	ADI值0～1.25mg/kg（JECFA，2006），LD_{50}大于10g/kg（大鼠，经口）	乳粉和奶油粉及其调制产品（01.03.01乳粉和奶油粉除外）、脂肪、油和乳化脂肪制品（黄油和浓缩黄油除外）、即食谷物［包括碾轧燕麦（片）］、方便米面制品、面包，最大使用量0.2g/kg（以油脂中的含量计）；婴幼儿配方食品、婴幼儿辅助食品，最大使用量0.05g/kg（以油脂中抗坏血酸计）；茶（类）饮料，最大使用量0.2g/kg（以即饮状态计）
52	抗坏血酸棕榈酸酯（酶法）	04.024/304	—	64	抗氧化剂	以棕榈酸或棕榈酸乙酯和抗坏血酸为原料，经脂肪酶催化合成，非化学合成。余见“抗坏血酸棕榈酸酯”	ADI：0～1.25mg/kg（JECFA，2006），LD_{50}大于10g/kg（大鼠，经口）	脂肪、油和乳化脂肪制品（02.02.01.01黄油和浓缩黄油除外）、调制乳粉和调制奶油粉（以脂肪中抗坏血酸计）、面包、方便米面制品、茶（类）饮料，最大使用量0.2g/kg；婴幼儿配方食品、婴幼儿辅助食品，最大使用量0.05g/kg（以油脂中抗坏血酸计）

续表

序号	食品添加剂名称	CNS 号 / INS 号	执行标准	在标准文本中的页码	食品添加剂功能分类	食品添加剂功能特点	食品添加剂安全性指标	食品添加剂使用范围和剂量
53	磷脂	04.010/322	GB 1886.358—2022	75	抗氧化剂、乳化剂	磷脂分子上脂肪酸极易氧化，起自由基吸收剂作用。磷脂的乳化剂功能应用更广。余见乳化剂部分介绍	ADI：不作特殊规定（JECFA，2006），LD_{50} 大于 10g/kg（大鼠，经口）	可按生产需要适量使用于各类食品（表 A.2 中编号为 1～4、6、8～53、59～68 的食品类别除外）
54	硫代二丙酸二月桂酯	04.012/389	GB 1886.79—2015	75	抗氧化剂	过氧化物中断剂；硫代二丙酸二月桂酯高温加工时不分解，加热升华的稳定性远远高于 BHA 和 TBHQ；长期存放的稳定性非常高；对于常用食用油脂如猪油和花生油等都具有良好的抗氧化性能；与酚类抗氧剂并用可产生协同效应	ADI：0～3mg/kg（JECFA，2006），LD_{50}：15g/kg（小鼠，经口）	经表面处理的鲜水果、经表面处理的新鲜蔬菜、熟制坚果与籽类（仅限油炸坚果与籽类）、油炸面制品、膨化食品，最大使用量 0.2g/kg
55	没食子酸丙酯（简称“PG”）	04.003/310	GB 1886.14—2015	81	抗氧化剂	自由基吸收剂；对植物油抗氧化效果好，对动物油的效果优于 BHA，一般复配使用；不耐热，对光不稳定，与铁、铜等金属离子反应会变色	ADI：0～1.4mg/kg（JECFA，2006），LD_{50}：3600mg/kg（大鼠，经口）	脂肪、油和乳化脂肪制品（黄油和浓缩黄油除外）、熟制坚果与籽类（仅限油炸坚果与籽类）、坚果与籽类罐头、油炸面制品、方便米面制品、饼干、腌腊肉制品类、（风干、烘干、压干）等水产品、固体复合调味料（仅限鸡肉粉）、膨化食品，最大使用量 0.1g/kg（以油脂中的含量计）；胶基糖果，最大使用量 0.4g/kg

续表

序号	食品添加剂名称	CNS 号 / INS 号	执行标准	在标准文本中的页码	食品添加剂功能分类	食品添加剂功能特点	食品添加剂安全性指标	食品添加剂使用范围和剂量
56	迷迭香提取物	04.017/392	GB 1886.172—2016	82	抗氧化剂	自由基吸收剂；水溶性提取物含迷迭香酸、绿原酸等，脂溶性提取物含迷迭香酚、鼠尾草酸、鼠尾草酚等；迷迭香酚的抗氧化活性是 BHA 的 5 倍，鼠尾草酚的抗氧化活性与 BHA 相当	LD_{50}：12g/kg（小鼠，经口）。GRAS	植物油脂、脂肪含量 80% 以上的乳化制品、02.02 类（纯脂肪）以外的脂肪乳化制品［包括混合的和（或）调味的脂肪乳化制品］、固体复合调味料，最大使用量 0.7g/kg；动物油脂、加工坚果与籽类、油炸面制品、预制肉制品、酱卤肉制品类、（熏、烧、烤）肉类、油炸肉类、西式火腿类、肉灌肠类、发酵肉制品类、半固体复合调味料、液体复合调味料、膨化食品，最大使用量 0.3g/kg；植物蛋白饮料，最大使用量 0.15g/kg（以即饮状态计）
57	羟基酪醇	—/—	—	新增公告	抗氧化剂	是橄榄油中发现的强抗氧化剂、自由基吸收剂；在人体中具有消炎、扩张血管和抗菌作用，能够防止动脉粥样硬化，降低某些癌症的发病率	国家卫健委公告 2024 年第 3 号	植物油脂，最大使用量 0.05g/kg

序号	食品添加剂名称	CNS号/INS号	执行标准	在标准文本中的页码	食品添加剂功能分类	食品添加剂功能特点	食品添加剂安全性指标	食品添加剂使用范围和剂量
58	羟基硬脂精（又名氧化硬脂精）	00.017/387	GB 1886.253—2016	92	抗氧化剂	油脂抑晶剂；在棕榈油、椰子油、动物油中使用能降低结晶温度3～5℃，冷冻时间延迟3～5倍	ADI：0～25mg/kg（JECFA，2006），LD_{50}：15g/kg（大鼠，经口）	基本不含水的脂肪和油，最大使用量0.5g/kg
59	特丁基对苯二酚（简称“TBHQ”）	04.007/319	GB 26403—2011	112	抗氧化剂	自由基吸收剂；含二个酚羟基，抗氧化能力强，能用于含多不饱和脂肪酸油脂（如鱼油）的抗氧化；耐高温，可用于油炸食品，最高承受温度可达230℃；不影响食品的色泽、风味。 二个酚羟基使其具有更强的抗菌作用，在许可浓度范围内，能抑制几乎所有细菌和酵母菌生长，对黄曲霉等有很好的抑制作用。 TBHQ对稳定油脂的颜色和气味没有作用	ADI：0～0.7mg/kg（JECFA，2006），LD_{50}：700～1000mg/kg（大鼠，经口）	脂肪、油和乳化脂肪制品（黄油和浓缩黄油除外）、熟制坚果与籽类、坚果与籽类罐头、油炸面制品、方便米面制品、糕点、饼干、焙烤食品馅料及表面用挂浆、腌腊肉制品类、（风干、烘干、压干）等水产品、膨化食品，最大使用量0.2g/kg（以油脂中的含量计）

续表

序号	食品添加剂名称	CNS 号 / INS 号	执行标准	在标准文本中的页码	食品添加剂功能分类	食品添加剂功能特点	食品添加剂安全性指标	食品添加剂使用范围和剂量
60	维生素 E(包括 *dl*-*α*-生育酚，*d*-*α* 生育酚，混合生育酚浓缩物）	04.016/307	GB 1886.233—2016	118	抗氧化剂	自由基吸收剂；起效速度比合成抗氧化剂快，但抗氧化活性弱，维护时间短；对动物油脂的抗氧化效果优于植物油；对光照和辐射的耐受好，对包装材料阻光的要求低；在 50 ～ 100℃的条件下，抗氧化活性的顺序为 δ 型＞ γ 型＞ β 型＞ α 型	ADI：0 ～ 2mg/kg（JECFA，2006），LD_{50}：5g/kg（大鼠，经口）	调制乳、熟制坚果与籽类（仅限油炸坚果与籽类）、油炸面制品、膨化食品，最大使用量 0.2g/kg（以油脂中的含量计）；基本不含水的脂肪和油、复合调味料，按生产需要适量使用；水油状脂肪乳化制品、02.02 类以外的脂肪乳化制品［包括混合的和（或）调味的脂肪乳化制品］，最大使用量 0.5g/kg；即食谷物［包括碾轧燕麦（片）］，最大使用量 0.085g/kg；方便米面制品、面糊、蛋白饮料、蛋白固体饮料，最大使用量 0.2g/kg；果蔬汁（浆）类饮料、其他型碳酸饮料、［茶、咖啡、植物（类）］饮料、特殊用途饮料、风味饮料，最大使用量 0.2g/kg（以即饮状态计）
61	乙二胺四乙酸二钠钙	04.020/385	GB 1886.314—2020	131	抗氧化剂	金属离子螯合剂，阻止可变价离子催化产生自由基	ADI：0 ～ 2.5mg/kg（JECFA，2006），LD_{50}：10g/kg（大鼠，经口）	复合调味料，最大使用量 0.075g/kg
62	D-异抗坏血酸及其钠盐（包括 D-异抗坏血酸，D-异抗坏血酸钠）	04.004，04.018/315，316	GB 1886.49—2016，GB 1886.28—2016	6	抗氧化剂、护色剂	抗氧化能力高于 L-抗坏血酸钠；干燥状态下相当稳定，溶液状态不稳定	ADI：不作特殊规定（JECFA，2006），LD_{50}：18g/kg（大鼠，经口）	可按生产需要适量使用于各类食品（表 A.2 中编号为 1 ～ 62、64 ～ 68 的食品类别除外）；葡萄酒，最大使用量 0.15g/kg（以抗坏血酸计）

续表

序号	食品添加剂名称	CNS 号 / INS 号	执行标准	在标准文本中的页码	食品添加剂功能分类	食品添加剂功能特点	食品添加剂安全性指标	食品添加剂使用范围和剂量
63	植酸（又名肌醇六磷酸），植酸钠	04.006，04.025/391，—	GB 1886.237—2016，GB 1886.250—2016	142	抗氧化剂	金属离子螯合剂，阻止可变价离子催化产生自由基；对果蔬有保鲜作用，对鱼贝类可防止褐变，对乌贼、虾等可抑制磷酸铵镁结晶析出	LD_{50}：4300mg/kg（小鼠，经口）。可与多种金属离子螯合，属营养抑制剂	基本不含水的脂肪和油、加工水果、加工蔬菜（冷冻蔬菜和发酵蔬菜制品除外）、[装饰糖果、顶饰（非水果材料）和甜汁]、腌腊肉制品类、酱卤肉制品类、（熏、烧、烤）肉类、油炸肉类、西式火腿类、肉灌肠类、发酵肉制品类、调味糖浆、果蔬汁（浆）饮料（以即饮状态计），最大使用量 0.2g/kg（以植酸计）；鲜水产（仅限虾类），按生产需要适量使用（以植酸计，残留量≤ 20mg/kg）
64	竹叶抗氧化物	04.019/—	GB 30615—2014	143	抗氧化剂	强清除自由基及螯合金属离子作用；主要成分是黄酮（荭草苷等）、内酯（羟基香豆素等）和酚酸（绿原酸等）类化合物；溶于水和乙醇溶液。竹叶抗氧化物对水产品、鲜肉产品的保鲜效果良好，在琥珀桃仁中的功效高于 TBHQ	暂无 INS 号，无 ADI 值。LD_{50}：大于 10g/kg（小鼠，经口）	基本不含水的脂肪和油、熟制坚果与籽类（仅限油炸坚果与籽类）、油炸面制品、即食谷物 [包括碾轧燕麦（片）]、焙烤食品、腌腊肉制品类、酱卤肉制品类、（熏、烧、烤）肉类、油炸肉类、西式火腿类、肉灌肠类、发酵肉制品类、水产品及其制品 [鲜水产、预制水产品（半成品）除外]、果蔬汁（浆）类饮料（以即饮状态计）、茶（类）饮料（以即饮状态计）、膨化食品，最大使用量 0.5g/kg

5. 漂白剂——能够破坏、抑制食品的发色因素，使其褪色或使食品免于褐变的物质

序号	食品添加剂名称	CNS 号 / INS 号	执行标准	在标准文本中的页码	食品添加剂功能分类	食品添加剂功能特点	食品添加剂安全性指标	食品添加剂使用范围和剂量
65	二氧化硫及亚硫酸盐（包括二氧化硫，焦亚硫酸钾，焦亚硫酸钠，亚硫酸钠，亚硫酸氢钠，低亚硫酸钠）	05.001，05.002，05.003，05.004，05.005，05.006/220，224，223，221，222，—	GB 1886.213—2016，GB 25570—2010，GB 1886.7—2015，GB 1886.8—2015，GB 1886.46—2015	33	漂白剂、防腐剂、抗氧化剂	二氧化硫：无色有毒气体，溶于水中生成亚硫酸。亚硫酸钠、焦亚硫酸钾、焦亚硫酸钠：加热或遇酸即分解释放出二氧化硫，生成硫酸盐。亚硫酸氢钠：暴露于空气中极易失去部分二氧化硫，同时氧化成硫酸盐。低亚硫酸钠：极不稳定，易氧化分解，并可能燃烧，至190℃时可发生爆炸，是亚硫酸盐中还原力最强的。 二氧化硫及亚硫酸盐具有强还原性，能使食品中有色物质还原脱色；能防止食品的酶促褐变与非酶褐变，防止酚酶催化酚类物质形成醌及其聚合物、抑制由氨基与羰基聚合引起的非酶褐变；能抑制微生物生长，并抑制微生物活动所需的酶的活性；能抗氧化，通过抑制水果中氧化酶的活性，防止氧化酶引起营养成分破坏和色变。 因安全性不高，合规使用必须关注产品中二氧化硫残留量	ADI：全部 0 ～ 0.7mg/kg（JECFA，2006，以总二氧化硫计）。LD_{50}：焦亚硫酸钾、焦亚硫酸钠、亚硫酸钠、低亚硫酸钠，600 ～ 700mg/kg（兔子，经口）；亚硫酸氢钠，115mg/kg（大鼠，经口）	经表面处理的鲜水果、蔬菜罐头、干制的食用菌和藻类、食用菌和藻类罐头（仅限蘑菇罐头）、坚果与籽类罐头、生湿面制品（仅限拉面）、其他焙烤食品（仅限风味派）、调味糖浆、半固体复合调味料、果蔬汁（浆）（以即饮状态计）、果蔬汁（浆）类饮料（以即饮状态计），最大使用量 0.05g/kg；水果干类、果酱、腌渍的蔬菜、[可可制品、巧克力和巧克力制品（包括代可可脂巧克力及制品）以及糖果]、饼干、鲜水产（仅限于海水虾蟹类）、冷冻水产品及其制品（仅限于海水虾蟹类及其制品）、（赤砂糖、原糖、其他糖和糖浆），最大使用量 0.1g/kg；蜜饯，最大使用量 0.35g/kg；干制蔬菜、蔬菜罐头（仅限银条菜）、腐竹类（包括腐竹、油皮等），最大使用量 0.2g/kg；其他杂粮制品（仅限脱水马铃薯制品），最大使用量 0.4g/kg；食用淀粉、（白砂糖及白砂糖制

序号	食品添加剂名称	CNS 号 / INS 号	执行标准	在标准文本中的页码	食品添加剂功能分类	食品添加剂功能特点	食品添加剂安全性指标	食品添加剂使用范围和剂量
65	二氧化硫及亚硫酸盐（包括二氧化硫，焦亚硫酸钾，焦亚硫酸钠，亚硫酸钠，亚硫酸氢钠，低亚硫酸钠）							品、绵白糖、红糖、冰片糖），最大使用量 0.03g/kg；淀粉糖（食用葡萄糖、低聚异麦芽糖、果葡糖浆、麦芽糖、麦芽糊精、葡萄糖浆等），最大使用量 0.04g/kg；啤酒和麦芽饮料，最大使用量 0.01g/kg；配制酒、葡萄酒、果酒，最大使用量 0.25g/L（甜型葡萄酒、甜型果酒，最大使用量为 0.4g/L）（以上限量均以二氧化硫残留量计）
66	硫磺	05.007/—	GB 3150—2010	75	漂白剂、防腐剂	不可直接加入食品，只限用于熏蒸，通过燃烧产生的二氧化硫气体达到漂白、防腐目的	硫磺 ADI 以二氧化硫计，0～0.7mg/kg（JECFA，2006，以总二氧化硫计），LD_{50}：大于 175mg/kg（兔，经口）	水果干类、（赤砂糖、原糖、其他糖和糖浆），最大使用量 0.1g/kg；蜜饯，最大使用量 0.35g/kg；干制蔬菜，最大使用量 0.2g/kg；经表面处理的鲜食用菌和藻类，最大使用量 0.4g/kg；（白砂糖及白砂糖制品、绵白糖、红糖、冰片糖），最大使用量 0.03g/kg；香辛料及粉（仅限八角），最大使用量 0.15g/kg；其他（仅限魔芋粉），最大使用量 0.9g/kg（以上限量均以二氧化硫残留量计）

6. 膨松剂——在食品加工过程中加入的，能使产品形成致密多孔组织，从而使制品具有膨松、柔软或酥脆特性的物质

序号	食品添加剂名称	CNS 号 / INS 号	执行标准	在标准文本中的页码	食品添加剂功能分类	食品添加剂功能特点	食品添加剂安全性指标	食品添加剂使用范围和剂量
67	酒石酸氢钾	06.007/336	GB 25556—2010	57	膨松剂	无色或白色结晶，有愉快的清凉酸味；在碱性溶液中生成中性可溶性酒石酸钾钠、二氧化碳和水；产气较缓慢	ADI：0～30mg/kg（JECFA，2006），LD_{50}：6.81g/kg（小鼠，经口）	小麦粉及其制品（小麦粉、生湿面制品、生干面制品除外）、焙烤食品，按生产需要适量使用
68	硫酸铝钾（又名钾明矾），硫酸铝铵（又名铵明矾）	06.004，06.005/522，523	GB 1886.229—2016，GB 1886.342—2021	77	膨松剂、稳定剂	无色或白色结晶，略有甜味和收敛性涩味；与碱性膨松剂合用，产生二氧化碳和中性盐，能控制膨松剂产气的速度。 油炸食品在和面时加入，可使油炸食品松脆，用量为 10～30g/kg，虾片中用量约 6g/kg；在果蔬加工中作为保脆剂，用量约 0.1%；作为腌渍品的护色剂，用量为 0.2%～2%；用于海蜇的腌制脱水	ADI：1mg/kg（JECFA，2006，总铝的 ADI），LD_{50}：5～10g/kg（猫，经口）	豆类制品、油炸面制品、虾味片、（面糊、裹粉、煎炸粉）、焙烤食品，按生产需要适量使用［铝的残留量≤100mg/kg（干样品，以 Al 计）］；（粉丝、粉条），按生产需要适量使用［铝的残留量≤200mg/kg（干样品，以 Al 计）］；腌制水产品（仅限海蜇），按生产需要适量使用［铝的残留量≤500mg/kg（以即食海蜇中 Al 计）］
69	碳酸铵	06.009/503（i）	GB 1886.386—2025	109	膨松剂	碱性膨松剂；白色粉末，具有强烈的氨气味；对光和热均不稳定，在 58℃迅速分解成氨气、二氧化碳和水	ADI：不作特殊规定（FAO/WHO，1994），LD_{50}：96mg/kg（小鼠，静脉注射）	饼干，按生产需要适量使用

续表

序号	食品添加剂名称	CNS 号 / INS 号	执行标准	在标准文本中的页码	食品添加剂功能分类	食品添加剂功能特点	食品添加剂安全性指标	食品添加剂使用范围和剂量
70	碳酸钙（包括轻质碳酸钙，重质碳酸钙）	13.006/170（i）	GB 1886.214—2016	109	膨松剂、面粉处理剂、稳定剂	白色粉末，轻质碳酸钙平均粒径 1 ～ 3μm，重质碳酸钙平均粒径 5 ～ 10μm；与碳酸氢钠、硫酸铝钾等复配得到的膨松剂，遇热缓慢地释放二氧化碳，生成均匀的膨松结构体	ADI：不作特殊规定（JECFA，2006），LD_{50}: 6450mg/kg（大鼠，经口）	可按生产需要适量使用于各类食品（表 A.2 中编号为 1 ～ 68 的食品类别除外）；小麦粉，最大使用量 0.03g/kg
71	碳酸氢铵	06.002/503（ii）	GB 1888—2014	110	膨松剂	碱性膨松剂；无色到白色结晶性粉末，略带氨臭，对热不稳定，60℃以上迅速挥发，分解为氨、二氧化碳和水	ADI：不作特殊规定（JECFA，2006），LD_{50}: 1576mg/kg（兔，经口）	可按生产需要适量使用于各类食品（表 A.2 中编号为 1 ～ 56、58 ～ 68 的食品类别除外）
72	碳酸氢钠	06.001/500（ii）	GB 1886.2—2015	111	膨松剂、酸度调节剂、稳定剂	碱性膨松剂；白色结晶性粉末，对热不稳定，50℃以上分解释放二氧化碳和水，65℃以上迅速分解，遇酸立即分解释放二氧化碳和水；单独使用时，因受热分解后呈强碱性，容易使产品出现黄斑并影响口味	ADI：不作特殊规定（JECFA，2006），LD_{50}: 4220mg/kg（大鼠，经口）	可按生产需要适量使用于各类食品（表 A.2 中编号为 1 ～ 56、58 ～ 68 的食品类别除外）；大米制品（仅限发酵大米制品），按生产需要适量使用

7. 胶基糖果中基础剂物质——赋予胶基糖果起泡、增塑、耐咀嚼等作用的物质

序号	食品添加剂名称	CNS 号 / INS 号	执行标准	在标准文本中的页码	食品添加剂功能分类	食品添加剂功能特点	食品添加剂安全性指标	食品添加剂使用范围和剂量
73	巴拉塔树胶	—/—	GB 1886.359—2022	未列入文本	胶基糖果中基础剂物质	由产于圭亚那和委内瑞拉等地的巴拉塔树的乳胶制得；硬度较高，弹性较差	大鼠食用含巴拉塔树胶 0.05% ～ 1.6% 饲料 6 个月无副作用	胶基糖果，按生产需要适量使用
74	丁二烯-苯乙烯橡胶（丁苯橡胶）	—/—	GB 1886.359—2022	未列入文本	胶基糖果中基础剂物质	浅黄色有韧性片状或块状物，具有轻微橡胶味；丁二烯和苯乙烯的比例分别为 75∶25 和 50∶50	GRAS	胶基糖果，按生产需要适量使用
75	节路顿胶	—/—	GB 1886.359—2022	未列入文本	胶基糖果中基础剂物质	天然植物源性凝结物，块状树脂，由树脂部分和树胶部分组成，加热至 37℃时质地较软；产于马来西亚、印度尼西亚	GRAS	胶基糖果，按生产需要适量使用
76	聚丁烯	—/—	GB 1886.359—2022	未列入文本	胶基糖果中基础剂物质	以异丁烯为主和少量正丁烯共聚而成，无色或浅黄色黏稠性液体，无臭或稍有臭气	大鼠食用含聚丁烯 0.2% ～ 2.0% 饲料 6 个月无副作用	胶基糖果，按生产需要适量使用
77	聚乙烯	—/—	GB1886.359—2022	未列入文本	胶基糖果中基础剂物质	乙烯聚合而成，白色、半透明的树脂，在低温时能保持一定的柔软度	无资料	胶基糖果，按生产需要适量使用
78	聚异丁烯	—/—	GB 1886.359—2022	未列入文本	胶基糖果中基础剂物质	由异丁烯及少量正丁烯共聚而成，无色、无味、无毒的黏稠或半固体状物质	LD_{50}：29g/kg（小鼠，经口）。GRAS	胶基糖果，按生产需要适量使用

续表

序号	食品添加剂名称	CNS 号 / INS 号	执行标准	在标准文本中的页码	食品添加剂功能分类	食品添加剂功能特点	食品添加剂安全性指标	食品添加剂使用范围和剂量
79	来开欧胶	—/—	GB 1886.359—2022	未列入文本	胶基糖果中基础剂物质	主要成分是香树素乙酸盐和聚异戊二烯，灰白色，切开后内呈雪白色的块状固体，无味无臭	无资料	胶基糖果，按生产需要适量使用
80	茨茨棕树胶	—/—	GB 1886.359—2022	未列入文本	胶基糖果中基础剂物质	主要由树脂和树胶组成，灰白色，切开后内呈雪白色的块状固体	无资料	胶基糖果，按生产需要适量使用
81	糖胶树胶	—/—	GB 1886.359—2022	未列入文本	胶基糖果中基础剂物质	主要产于墨西哥尤卡坦、危地马拉和中美洲的人心果树乳液凝聚成的粉红至红棕色片状树胶，含橡胶和杜仲胶，常温下为有弹性和可塑性的树胶状物质，加热后为糖浆状黏稠体	GRAS	胶基糖果，按生产需要适量使用
82	天然橡胶（乳胶固形物）	—/—	GB 1886.359—2022	未列入文本	胶基糖果中基础剂物质	白色有韧性片状或块状胶体，常温下有较高弹性，略有塑性，低温时结晶硬化	无资料	胶基糖果，按生产需要适量使用
83	异丁烯-异戊二烯共聚物（丁基橡胶）	—/—	GB 1886.359—2022	未列入文本	胶基糖果中基础剂物质	异丁烯和异戊二烯经共聚而形成的线性聚合物，再经硫化交联成网状结构，异戊二烯含量 1.5% ～ 4.5%，白色或淡灰色，无臭无味	无资料	胶基糖果，按生产需要适量使用

8. 着色剂——赋予食品色泽和改善食品色泽的物质

序号	食品添加剂名称	CNS 号 / INS 号	执行标准	在标准文本中的页码	食品添加剂功能分类	食品添加剂功能特点	食品添加剂安全性指标	食品添加剂使用范围和剂量
84	β-阿朴 -8′-胡萝卜素醛	08.018/160e	GB 31620—2014	8	着色剂	异戊二烯类合成着色剂；带金属光泽深紫色晶体，稀溶液呈黄色至橙色；易溶于氯仿，微溶于植物油，能分散于热水；不耐光、氧	ADI：0 ～ 5mg/kg（JECFA，2006）	风味发酵乳、糖果、焙烤食品，最大使用量 0.015g/kg；再制干酪及干酪制品，最大使用量 0.018g/kg；冷冻饮品（食用冰除外），最大使用量 0.020g/kg；半固体复合调味料，最大使用量 0.005g/kg；饮料类［包装饮用水、果蔬汁（浆）、浓缩果蔬汁（浆）除外］，最大使用量 0.010g/kg
85	赤藓红及其铝色淀（包括赤藓红，赤藓红铝色淀）	08.003/127	GB 17512.1—2010，GB 17512.2—2010	26	着色剂	水溶性非偶氮类合成着色剂；红色至红褐色粉末（赤藓红铝色淀为红色粉末）；水溶液呈樱桃红色；耐热、耐还原性好，耐光、耐酸性差，适用于焙烤食品，在酸性环境中易沉淀；着色力强，对蛋白染色更佳	ADI：0 ～ 0.1mg/kg（JECFA，2006），LD_{50}：6.8g/kg（小鼠，经口）	（蜜饯类、凉果类）、［可可制品、巧克力和巧克力制品（包括代可可脂巧克力及制品）以及糖果（可可制品除外）］、糕点上彩装、酿造酱、复合调味料、果蔬汁（浆）类饮料、碳酸饮料、风味饮料（仅限果味饮料）、配制酒，最大使用量 0.05g/kg；装饰性果蔬，最大使用量 0.1g/kg；熟制坚果与籽类（仅限油炸坚果与籽类）、膨化食品，最大使用量 0.025g/kg；肉灌肠类、肉罐头类，最大使用量 0.015g/kg，以赤藓红计

续表

序号	食品添加剂名称	CNS 号 / INS 号	执行标准	在标准文本中的页码	食品添加剂功能分类	食品添加剂功能特点	食品添加剂安全性指标	食品添加剂使用范围和剂量
86	靛蓝及其铝色淀（包括靛蓝，靛蓝铝色淀）	08.008/132	GB 28317—2012，GB 1886.357—2022	29	着色剂	水溶性非偶氮类合成着色剂；暗紫色至暗紫褐色粉末（靛蓝铝色淀为蓝色粉末）；水溶液呈蓝色；耐热、耐光、耐酸性好，耐盐、耐碱性差，易还原，着色力较弱	ADI：0 ～ 5mg/kg（JECFA，2006），LD_{50}：大于 2.5g/kg（大鼠，经口）	（蜜饯类、凉果类）、[可可制品、巧克力和巧克力制品（包括代可可脂巧克力及制品）以及糖果（可可制品除外）]、糕点上彩装、焙烤食品馅料及表面用挂浆（仅限饼干夹心）、果蔬汁（浆）类饮料、碳酸饮料、风味饮料（仅限果味饮料）、配制酒，最大使用量 0.1g/kg；装饰性果蔬，最大使用量 0.2g/kg；腌渍的蔬菜，最大使用量 0.01g/kg；熟制坚果与籽类（仅限油炸坚果与籽类）、膨化食品（仅限使用靛蓝），最大使用量 0.05g/kg；胶基糖果以外的其他糖果，最大使用量 0.3g/kg。以靛蓝计
87	二氧化钛	08.011/171	GB 1886.341—2021	35	着色剂	其他类着色剂（以钛铁矿为原料）；白色粉末；水、油均不溶；性能稳定，着色力、遮盖力强	ADI：不作限制性规定（JECFA，2010），LD_{50}：大于 12g/kg（小鼠，经口）	果酱、胶基糖果、[装饰糖果、顶饰（非水果材料）和甜汁]、调味糖浆，最大使用量 5.0g/kg；（蜜饯类、凉果类）、话化类、熟制坚果与籽类（仅限油炸坚果与籽类）、除胶基糖果以外的其他糖果、果冻、膨化食品，最大使用量 10.0g/kg；[可可制品、巧克力和巧克力

序号	食品添加剂名称	CNS 号 / INS 号	执行标准	在标准文本中的页码	食品添加剂功能分类	食品添加剂功能特点	食品添加剂安全性指标	食品添加剂使用范围和剂量
87	二氧化钛							制品（包括代可可脂巧克力及制品）]，最大使用量 2.0g/kg；其他杂粮制品（仅限脱水马铃薯制品）、(蛋黄酱、色拉酱)，最大使用量 0.5g/kg；其他（仅限魔芋凝胶制品），最大使用量 2.5g/kg；糖果和巧克力制品包衣、固体饮料、胶原蛋白肠衣，按生产需要适量使用
88	番茄红	08.150/—	GB 28316—2012	37	着色剂	番茄红是以番茄或番茄制品为原料，以超临界流体或有机溶剂为萃取介质制备的着色剂，其中番茄红素含量不低于 5.0%（质量分数），总类胡萝卜素含量不低于 5.5%（质量分数）。形态有深红色膏状物、油状液体或粉末	暂无 INS 号，无 ADI 值	风味发酵乳、饮料类［包装饮用水、果蔬汁（浆）、浓缩果蔬汁（浆）除外］，最大使用量 0.006g/kg；除胶基糖果以外的其他糖果，最大使用量 0.25g/kg；冷冻水产糜及其制品、熟制水产品（可直接食用），最大使用量 0.08g/kg；半固体复合调味料，最大使用量 0.125g/kg
89	番茄红素	08.017/160d（i）,160d（iii）	GB 1886.78—2016	37	着色剂	异戊二烯类合成着色剂；红色至紫红色晶体；油溶；不耐光、热、氧、酸，遇铜、铁离子破坏。 食品着色剂番茄红素不是营养补充剂，是以其他类胡萝卜素生产中常用的合成中间体为原料，经维蒂希缩合反应制得的合成品	ADI：不作限制性规定（JECFA，2009），LD_{50}：大于 20g/kg（小鼠，经口）	调制乳、风味发酵乳、饮料类［包装饮用水、果蔬汁（浆）、浓缩果蔬汁（浆）除外］，最大使用量 0.015g/kg；糖果，最大使用量 0.06g/kg；即食谷物［包括碾轧燕麦（片）］、焙烤食品、果冻，最大使用量 0.05g/kg；固体汤料，最大使用量 0.39g/kg；半固体复合调味料，最大使用量 0.04g/kg。以纯番茄红素计

续表

序号	食品添加剂名称	CNS 号 / INS 号	执行标准	在标准文本中的页码	食品添加剂功能分类	食品添加剂功能特点	食品添加剂安全性指标	食品添加剂使用范围和剂量
90	柑橘黄	08.143/—	GB 1886.346—2021	41	着色剂	异戊二烯类天然着色剂；橘黄色至深红色黏稠液体或膏状；乙醇水溶液呈亮黄色；油溶；耐光、耐热性差；对淀粉、蛋白质着色效果好	ADI未作评价（JECFA，2011）。LD_{50}：大于10g/kg（小鼠，经口）	可用按生产需要适量使用于各类食品（表A.2中编号为1～31、33～68的食品类别除外）
91	高粱红	08.115/—	GB 1886.32—2015	41	着色剂	酮类天然着色剂；深红棕色粉末；水溶液呈红棕色，酸性时色浅，pH小于3.5易沉淀，碱性时色深；水溶；耐热、光；遇铁离子呈深褐色；对蛋白质染色性好	暂无INS号，无ADI值。LD_{50}：大于10g/kg（小鼠，经口）	可按生产需要适量使用于各类食品（表A.2中编号为1～68的食品类别除外）
92	核黄素	08.148/101(i)，101（iii）	GB 14752—2010	45	着色剂	酮类着色剂，化学合成或生物发酵制得；橙黄色结晶性粉末；水溶液酸性时呈红色，碱性时呈橙紫色；水溶；耐热，不耐光、氧化、还原、碱	ADI：0～0.5mg/kg（JECFA，2006），LD_{50}：510mg/kg（小鼠，皮下注射）	其他杂粮制品（仅限脱水马铃薯制品），最大使用量0.3g/kg；方便米面制品、固体复合调味料，最大使用量0.05g/kg
93	黑豆红	08.114/—	GB 1886.115—2015	45	着色剂	多酚类天然着色剂；紫红色粉末；酸性水溶液呈鲜红色，中性水溶液呈红棕色，碱性水溶液呈深红棕色；水溶；不耐热、光、氧化、还原。遇铁、铅离子变棕褐色；着色效果好，色泽自然	暂无INS号，无ADI值。LD_{50}：大于19g/kg（小鼠，经口）	糖果、糕点上彩装、果蔬汁（浆）类饮料、风味饮料（仅限果味饮料）、配制酒，最大使用量0.8g/kg

续表

序号	食品添加剂名称	CNS 号 / INS 号	执行标准	在标准文本中的页码	食品添加剂功能分类	食品添加剂功能特点	食品添加剂安全性指标	食品添加剂使用范围和剂量
94	黑加仑红	08.122/163(iii)	GB 1886.311—2020	46	着色剂	多酚类天然着色剂；暗紫红色粉末、液体或黏稠状液体；酸性水溶液呈紫红色，pH 大于 7.44 呈蓝紫色；水溶；耐热、光，酸性环境下稳定	ADI：未作规定（JECFA，2010），LD_{50}：大于 10g/kg(小鼠，经口)	糕点上彩装、果酒，按生产需要适量使用；碳酸饮料，最大使用量 0.3g/kg
95	红花黄	08.103/—	GB 1886.61—2015	46	着色剂	其他类天然着色剂；黄色至暗棕色粉末、浸膏、液体；酸性溶液中呈黄色，碱性溶液中呈橙色；遇钙、锡、镁、铜、铝等离子褪色或变色，遇铁离子变黑；水溶；耐光、热；着色力强，色调稳定	ADI：未作评价（JECFA，2011），LD_{50}：5.5g/kg（小鼠，经口）	冷冻饮品（食用冰除外）、腌渍的蔬菜、熟制坚果与籽类（仅限油炸坚果与籽类）、方便米面制品、粮食制品馅料、腌腊肉制品类、调味品（盐及代盐制品、香辛料类除外）、膨化食品，最大使用量 0.5g/kg；水果罐头、蜜饯、装饰性果蔬、蔬菜罐头、糖果、杂粮罐头、糕点上彩装、果蔬汁（浆）类饮料、碳酸饮料、风味饮料（仅限果味饮料）、配制酒、果冻，最大使用量 0.2g/kg
96	红米红	08.111/—	GB 25534—2010	47	着色剂	多酚类天然着色剂；红色至紫红色粉末、浸膏、液体；pH 值 1～6 呈红色，pH 值 7～12 呈青褐色至黄色；水溶；耐热、光、酸，不耐氧化；遇锡离子变玫瑰红色，遇铁离子、铅离子褪色并沉淀	暂无 INS 号，无 ADI 值。LD_{50}：大于 21.5g/kg（大鼠，经口）	调制乳、冷冻饮品（食用冰除外）、糖果、含乳饮料、配制酒，按生产需要适量使用

序号	食品添加剂名称	CNS 号 / INS 号	执行标准	在标准文本中的页码	食品添加剂功能分类	食品添加剂功能特点	食品添加剂安全性指标	食品添加剂使用范围和剂量
97	红曲黄色素	08.152/—	GB 1886.66—2015	47	着色剂	酮类着色剂，由红曲红磺化制成；橙红色至黄褐色粉末；水溶液有荧光性；水溶；不耐光；pH 值 3 ～ 8 稳定；着色力较强	暂无 INS 号，无 ADI 值。LD_{50}：大于 20.0g/kg（大鼠，经口）	方便米面制品、糕点、熟肉制品、卤蛋、（鸡精、鸡粉）、果蔬汁（浆）类饮料、蛋白饮料、碳酸饮料、固体饮料、风味饮料、配制酒、果冻，按生产需要适量使用
98	红曲米，红曲红	08.119，08.120/—	GB 1886.19—2015，GB 1886.181—2016	48	着色剂	酮类天然着色剂；红曲米：红曲霉发酵而成，红色颗粒或粉末；红曲红：红曲米萃取、精制而成，浅红色至黑紫色粉末、糊状、液体；溶液薄层呈鲜红色，厚层带黑褐色；溶于热水、氯仿、苯；耐光、氧化、还原；遇氯易褪色；着色力强，对蛋白质染色性好	暂无 INS 号，无 ADI 值。LD_{50}：大于 7g/kg（小鼠，腹腔注射）	调制乳、调制炼乳、冷冻饮品（食用冰除外）、果酱、腌渍的蔬菜、蔬菜泥（酱）（番茄沙司除外）、新型豆制品（大豆蛋白及其膨化食品、大豆素肉等）、腐乳类、熟制坚果与籽类（仅限油炸坚果与籽类）、糖果、[装饰糖果、顶饰（非水果材料）和甜汁]、方便米面制品、粮食制品馅料、饼干、腌腊肉制品类、熟肉制品、蛋制品（改变其物理性状）[脱水蛋制品（如蛋白粉、蛋黄粉、蛋白片）、蛋液与液态蛋除外]、其他蛋制品、调味糖浆、调味品（盐及代盐制品、香辛料类除外）、果蔬汁（浆）类饮料、蛋白饮料、碳酸饮料、固体饮料、风味饮料（仅限果味饮料）、配制酒、果冻、膨化食品，按生产需要适量使用；风味发酵乳，最大使用量 0.8g/kg；糕点，最大使用量 0.9g/kg；焙烤食品馅料及表面用挂浆，最大使用量 1.0g/kg

续表

序号	食品添加剂名称	CNS 号 / INS 号	执行标准	在标准文本中的页码	食品添加剂功能分类	食品添加剂功能特点	食品添加剂安全性指标	食品添加剂使用范围和剂量
99	*β*-胡萝卜素	08.010/160a（i），160a（iii），160a（iv）	GB 28310—2012（发酵法），GB 1886.317—2021（盐藻来源），GB 1886.366—2023（化学合成）	9	着色剂	异戊二烯类着色剂；发酵法，暗红色至红棕色结晶或结晶性粉末；盐藻来源，深红色油悬浮液、粉末或颗粒；化学合成，红色至红褐色，结晶或结晶性粉末；稀溶液呈黄色至橙色；油溶；不耐热、光、氧、酸，弱碱环境下较稳定	ADI：0 ～ 5mg/kg（JECFA，2006），LD_{50}: 21.5g/kg（小鼠，经口）	调制乳、风味发酵乳、调制乳粉和调制奶油粉、熟化干酪、再制干酪及干酪制品、干酪类似品、以乳为主要配料的即食风味食品或其预制产品（不包括冰淇淋和风味发酵乳）、水油状脂肪乳化制品（黄油和浓缩黄油除外）、02.02 类以外的脂肪乳化制品[包括混合的和（或）调味的脂肪乳化制品]、脂肪类甜品、冷冻饮品（食用冰除外）、（醋、油或盐渍水果）、水果罐头、果酱、蜜饯、水果甜品（包括果味液体甜品）、蔬菜泥（酱）（番茄沙司除外）、其他加工蔬菜、其他加工食用菌和藻类、加工坚果与籽类、油炸面制品、杂粮罐头、方便米面制品、冷冻米面制品、谷类和淀粉类甜品（如米布丁、木薯布丁）、粮食制品馅料、（面糊、裹粉、煎炸粉）、焙烤食品、冷冻水产糜及其制品、预制水产品（半成品）、熟制水产品（可直接食用）、蛋制品（改变其物理性状）[脱水蛋制品（如蛋白

续表

序号	食品添加剂名称	CNS 号 / INS 号	执行标准	在标准文本中的页码	食品添加剂功能分类	食品添加剂功能特点	食品添加剂安全性指标	食品添加剂使用范围和剂量
99	β-胡萝卜素							粉、蛋黄粉、蛋白片）、蛋液与液态蛋除外]、液体复合调味料、植物饮料、果冻，最大使用量 1.0g/kg；稀奶油及其类似品（01.05.01 稀奶油除外）、调理肉制品（生肉添加调理料）、熟肉制品，最大使用量 0.02g/kg；非熟化干酪、发酵酒（葡萄酒除外），最大使用量 0.6g/kg；其他油脂或油脂制品（仅限植脂末），最大使用量 0.065g/kg；除 04.01.02.05 以外的果酱（如印度酸辣酱）、糖果、水产品罐头，最大使用量 0.5g/kg；装饰性果蔬、[可可制品、巧克力和巧克力制品（包括代可可脂巧克力及制品）]、膨化食品，最大使用量 0.1g/kg；发酵的水果制品、干制蔬菜、蔬菜罐头、食用菌和藻类罐头，最大使用量 0.2g/kg；腌渍的蔬菜、腌渍的食用菌和藻类，最大使用量 0.132g/kg；糖果和巧克力制品包衣、[装饰糖果、顶饰（非水果材料）和甜汁]，最大使用量 20.0g/kg；即食

续表

序号	食品添加剂名称	CNS 号 / INS 号	执行标准	在标准文本中的页码	食品添加剂功能分类	食品添加剂功能特点	食品添加剂安全性指标	食品添加剂使用范围和剂量
99	β-胡萝卜素							谷物［包括碾轧燕麦（片）］，最大使用量 0.4g/kg；肉制品的可食用动物肠衣类，最大使用量 5.0g/kg；其他蛋制品，最大使用量 0.15g/kg；调味糖浆，最大使用量 0.05g/kg；固体复合调味料、半固体复合调味料、果蔬汁（浆）类饮料、蛋白饮料类、碳酸饮料、茶（类）饮料、咖啡（类）饮料、特殊用途饮料、风味饮料，最大使用量 2.0g/kg
100	花生衣红	08.134/—	GB 1886.323—2021	50	着色剂	酮类天然着色剂；浅褐色至深褐色粉末；中性溶液呈红色，碱性溶液呈咖啡色，酸性环境不溶；溶于热水、乙醚、氯仿等；耐热、光、氧化、酸碱、金属离子；着色力强	暂无 INS 号，无 ADI 值。LD_{50}：大于 10g/kg（小鼠，经口）	糖果、饼干、肉灌肠类，最大使用量 0.4g/kg；碳酸饮料，最大使用量 0.1g/kg

续表

序号	食品添加剂名称	CNS 号 / INS 号	执行标准	在标准文本中的页码	食品添加剂功能分类	食品添加剂功能特点	食品添加剂安全性指标	食品添加剂使用范围和剂量
101	姜黄	08.102/100（ii）	GB 1886.60—2015	52	着色剂	其他类天然着色剂（姜科类植物姜黄的根茎提取物)；黄色至深红棕色粉末、浸膏或液体；酸性溶液呈淡黄色，碱性溶液呈深红褐色；遇铁离子、钼离子、钛离子、铬离子等由黄色变红褐色；水溶；不耐光、热、氧化；着色力强	ADI：不作特殊规定（JECFA，2006），LD_{50}：大于 2g/kg（小鼠，经口）	调制乳粉和调制奶油粉，最大使用量 0.4g/kg；腌渍的蔬菜，最大使用量 0.01g/kg；粉圆，最大使用量 1.2g/kg；即食谷物［包括碾轧燕麦（片）]，最大使用量 0.03g/kg；（面糊、裹粉、煎炸粉），最大使用量 0.25g/kg；膨化食品，最大使用量 0.2g/kg；冷冻饮品（食用冰除外）、果酱、（蜜饯类、凉果类）、装饰性果蔬、熟制坚果与籽类（仅限油炸坚果与籽类）、［可可制品、巧克力和巧克力制品（包括代可可脂巧克力及制品）以及糖果]、方便米面制品、焙烤食品、调味品（盐及代盐制品、香辛料类除外）、饮料类［包装饮用水、果蔬汁（浆）、浓缩果蔬汁（浆）除外]、配制酒、果冻，按生产需要适量使用

续表

序号	食品添加剂名称	CNS 号 / INS 号	执行标准	在标准文本中的页码	食品添加剂功能分类	食品添加剂功能特点	食品添加剂安全性指标	食品添加剂使用范围和剂量
102	姜黄素	08.132/100（i）	GB 1886.76—2015	53	着色剂	酚类天然着色剂（姜黄精制品）；橙黄色结晶或结晶性粉末；酸性溶液呈浅黄色，碱性溶液中呈红褐色；遇金属离子，尤其铁离子变色，10mg/kg 以上时变为红褐色；与氢氧化镁形成色淀，呈黄红色；溶于乙醇、丙二醇、冰醋酸；不耐光，耐热、耐氧化；着色力强	ADI：0 ～ 3mg/kg（JECFA，2006），LD_{50}：大于 1500mg/kg（小鼠，皮下注射）	冷冻饮品（食用冰除外），最大使用量 0.15g/kg；[可可制品、巧克力和巧克力制品（包括代可可脂巧克力及制品）以及糖果]、碳酸饮料、果冻，最大使用量 0.01g/kg；糖果，最大使用量 0.7g/kg；[装饰糖果、顶饰（非水果材料）和甜汁]、方便米面制品、调味糖浆，最大使用量 0.5g/kg；（面糊、裹粉、煎炸粉），最大使用量 0.3g/kg；复合调味料，最大使用量 0.1g/kg；熟制坚果与籽类（仅限油炸坚果与籽类）、粮食制品馅料、膨化食品，按生产需要适量使用

续表

序号	食品添加剂名称	CNS 号 / INS 号	执行标准	在标准文本中的页码	食品添加剂功能分类	食品添加剂功能特点	食品添加剂安全性指标	食品添加剂使用范围和剂量
103	焦糖色（加氨生产）	08.110/150c	GB 1886.64—2015	53	着色剂	以蔗糖、淀粉糖浆、木糖母液等为主要原料，在铵基化合物存在下，加或不加酸或碱制得，不使用亚硫酸盐。 黑褐色液体、粉末或颗粒，有焦糖香味；易溶于水，不溶于普通有机溶剂及油脂；水溶液呈红棕色，透明无浑浊或沉淀。对光和热稳定；具有胶体特性，有等电点。在啤酒、酱油中稳定	ADI：0 ～ 200mg/kg（JECFA，2006），LD_{50}：大于 1.9g/kg（大鼠，经口）	调制炼乳（包括加糖炼乳及使用了非乳原料的调制炼乳等）、冷冻饮品（食用冰除外）、含乳饮料，最大使用量 2.0g/kg；果酱，最大使用量 1.5g/kg；（面糊、裹粉、煎炸粉），最大使用量 12.0g/kg；食醋，最大使用量 1.0g/kg；风味饮料（仅限果味饮料），最大使用量 5.0g/kg；果冻，最大使用量 50.0g/kg；白兰地、配制酒、调香葡萄酒、啤酒和麦芽饮料，最大使用量 50.0g/L；威士忌、朗姆酒，最大使用量 6.0g/L；其他蒸馏酒（仅限龙舌兰酒），最大使用量 1.0g/L；黄酒，最大使用量 30.0g/L；[可可制品、巧克力和巧克力制品（包括代可可脂巧克力及制品）以及糖果]、粉圆、即食谷物 [包括碾轧燕麦（片）]、饼干、调味糖浆、酱油、酿造酱、复合调味料、果蔬汁（浆）类饮料，按生产需要适量使用

续表

序号	食品添加剂名称	CNS 号 / INS 号	执行标准	在标准文本中的页码	食品添加剂功能分类	食品添加剂功能特点	食品添加剂安全性指标	食品添加剂使用范围和剂量
104	焦糖色（苛性硫酸盐法）	08.151/150b	GB 1886.64—2015	54	着色剂	以蔗糖、淀粉糖浆、木糖母液等为主要原料，在亚硫酸盐存在下，加或不加酸或碱制得，不使用铵基化合物。在酒精中稳定	ADI：0～160mg/kg（JECFA，2006），LD_{50}：大于 1.9g/kg（大鼠，经口）	白兰地、威士忌、朗姆酒、配制酒，最大使用量 6.0g/L
105	焦糖色（普通法）	08.108/150a	GB 1886.64—2015	55	着色剂	以蔗糖、淀粉糖浆、木糖母液等为主要原料，加或不加酸或碱制得，不使用亚硫酸盐和铵基化合物。在酒精中稳定	ADI：不作特殊规定（JECFA，2006），LD_{50}：大于 1.9g/kg（大鼠，经口）	果酱，最大使用量 1.5g/kg；膨化食品，最大使用量 2.5g/kg；威士忌、朗姆酒，最大使用量 6.0g/L；其他蒸馏酒（仅限龙舌兰酒）最大使用量 1.0g/L；调制炼乳（包括加糖炼乳及使用了非乳原料的调制炼乳等）、冷冻饮品（食用冰除外）、豆干再制品、[可可制品、巧克力和巧克力制品（包括代可可脂巧克力及制品）以及糖果]、即食谷物 [包括碾轧燕麦（片）]、（面糊、裹粉、煎炸粉）、饼干、焙烤食品馅料及表面用挂浆（仅限风味派馅料）、调理肉制品、调味糖浆、食醋、酱油、酿造酱、复合调味料、果蔬汁（浆）类饮料、含乳饮料、其他蛋白饮料、风味饮料（仅限果味饮料）、白兰地、配制酒、调香葡萄酒、黄酒、啤酒和麦芽饮料、果冻，按生产需要适量使用

续表

序号	食品添加剂名称	CNS 号 / INS 号	执行标准	在标准文本中的页码	食品添加剂功能分类	食品添加剂功能特点	食品添加剂安全性指标	食品添加剂使用范围和剂量
106	焦糖色（亚硫酸铵法）	08.109/150d	GB 1886.64—2015	56	着色剂	以蔗糖、淀粉糖浆、木糖母液等为主要原料，在亚硫酸盐和铵基化合物同时存在下，加或不加酸或碱制得。带强负电荷，在酸中稳定，主要应用于饮料	ADI：0～200mg/kg（JECFA，2006），LD_{50}：大于1.9g/kg（大鼠，经口）	调制炼乳（包括加糖炼乳及使用了非乳原料的调制炼乳等），最大使用量1.0g/kg；冷冻饮品（食用冰除外）、含乳饮料，最大使用量2.0g/kg；即食谷物［包括碾轧燕麦（片）］、（面糊、裹粉、煎炸粉），最大使用量2.5g/kg；饼干、复合调味料，最大使用量50.0g/kg；焙烤食品馅料及表面用挂浆（仅限风味派馅料），最大使用量7.5g/kg；酿造酱、料酒及制品、茶（类）饮料，最大使用量10.0g/kg；咖啡（类）饮料、植物饮料，最大使用量0.1g/kg；白兰地、配制酒、调香葡萄酒、啤酒和麦芽饮料，最大使用量50.0g/L；威士忌、朗姆酒，最大使用量6.0g/L；其他蒸馏酒（仅限龙舌兰酒），最大使用量1.0g/L；黄酒，最大使用量30.0g/L

续表

序号	食品添加剂名称	CNS 号 / INS 号	执行标准	在标准文本中的页码	食品添加剂功能分类	食品添加剂功能特点	食品添加剂安全性指标	食品添加剂使用范围和剂量
107	金樱子棕	08.131/—	GB 1886.310—2020	57	着色剂	多酚类天然着色剂；棕黑色粉末；水溶液随浓度增加呈黄色、橙黄、橙红至茶色；水溶；耐光、氧化；遇锡离子变玫瑰红色，铁离子、铅离子褪色并沉淀，着色力较强	暂无 INS 号，无 ADI 值。LD_{50}：48g/kg（小鼠，经口）	糕点，最大使用量 0.9g/kg；焙烤食品馅料及表面用挂浆、碳酸饮料，最大使用量 1.0g/kg；配制酒，最大使用量 0.2g/kg
108	菊花黄浸膏	08.113/—	GB 1886.113—2015	58	着色剂	多酚类天然着色剂；棕褐色黏稠状液体；酸性时黄色，碱性时呈橙黄色；水溶；耐热、光；着色力强，色泽鲜艳	暂无 INS 号，无 ADI 值。LD_{50}：22.5g/kg（小鼠，经口）	[可可制品、巧克力和巧克力制品（包括代可可脂巧克力及制品）以及糖果]、糕点上彩装、果蔬汁（浆）类饮料、风味饮料（仅限果味饮料），最大使用量 0.3g/kg
109	可可壳色	08.118/—	GB 1886.30—2015	65	着色剂	多酚类天然着色剂；深棕色粉末；水溶液呈巧克力色，pH 值小于 4 时易沉淀；水溶；耐热、光、氧化；对蛋白质和淀粉的染色性较好	暂无 INS 号，无 ADI 值。LD_{50}：大于 10g/kg（小鼠，经口）	冷冻饮品（食用冰除外）、饼干，最大使用量 0.04g/kg；[可可制品、巧克力和巧克力制品（包括代可可脂巧克力及制品）以及糖果]、糕点上彩装，最大使用量 3.0g/kg；面包，最大使用量 0.5g/kg；糕点，最大使用量 0.9g/kg；焙烤食品馅料及表面用挂浆、配制酒，最大使用量 1.0g/kg；植物蛋白饮料，最大使用量 0.25g/kg；碳酸饮料，最大使用量 2.0g/kg

续表

序号	食品添加剂名称	CNS 号 / INS 号	执行标准	在标准文本中的页码	食品添加剂功能分类	食品添加剂功能特点	食品添加剂安全性指标	食品添加剂使用范围和剂量
110	喹啉黄及其铝色淀（包括喹啉黄，喹啉黄铝色淀）	08.016/104	GB 1886.104—2024	66	着色剂	水溶性非偶氮类合成着色剂；黄色粉末或颗粒，色泽鲜艳	ADI：0 ～ 10mg/kg（JECFA，2006），LD_{50}：大于 2g/kg（大鼠，经口）	糖果和巧克力制品包衣（仅限糖果包衣），最大使用量 0.3g/kg（以喹啉黄计）；配制酒，最大使用量 0.1g/kg
111	辣椒橙	08.107/—	GB 1886.105—2016	66	着色剂	异戊二烯类天然着色剂；橙色至橙红色油状液体；油溶；耐热、光；着色力强，色泽鲜艳	暂无 INS 号，无 ADI 值。LD_{50}：大于 17g/kg（小鼠，经口）	糕点，最大使用量 0.9g/kg；焙烤食品馅料及表面用挂浆，最大使用量 1.0g/kg；冷冻饮品（食用冰除外）、糖果、糕点上彩装、饼干、熟肉制品、冷冻水产糜及其制品、半固体复合调味料，按生产需要适量使用
112	辣椒红	08.106/160c（ii）	GB 1886.34—2015	67	着色剂	异戊二烯类天然着色剂；纯品为有光泽的深红色针状结晶，一般品为深红色油状液体；油溶；耐热、耐酸性强，200℃不变色；对可见光稳定，在紫外线下易褪色；铁、铜离子可使其褪色，遇铝离子、锡离子、铅离子可产生沉淀；乳化性好，可用于罐藏肉类食品着色；着色力强，色泽鲜艳，色价高	ADI：未作规定（JECFA，2006），LD_{50}：大于 75g/kg（雄性小鼠，经口）	冷冻米面制品，最大使用量 2.0g/kg；糕点，最大使用量 0.9g/kg；焙烤食品馅料及表面用挂浆，最大使用量 1.0g/kg；冷冻饮品（食用冰除外）、腌渍的蔬菜、腌渍的食用菌和藻类、豆干类、豆干再制品、新型豆制品（大豆蛋白及其膨化食品、大豆素肉等）、熟制坚果与籽类（仅限油炸坚果与籽类）、[可可制品、巧克力和巧克力制品（包括代可可脂巧克力及制品）]、糖果、方便米面制品、粮食制品馅料、（面糊、裹粉、

续表

序号	食品添加剂名称	CNS 号 / INS 号	执行标准	在标准文本中的页码	食品添加剂功能分类	食品添加剂功能特点	食品添加剂安全性指标	食品添加剂使用范围和剂量
112	辣椒红							煎炸粉）、糕点上彩装、饼干、调理肉制品、腌腊肉制品类、熟肉制品、冷冻水产糜及其制品、熟制水产品（可直接食用）、调味品［盐及代盐制品、香辛料及粉、香辛料酱（如芥末酱、青芥酱）、其他香辛料加工品类除外］、果蔬汁（浆）类饮料、蛋白饮料、果冻、膨化食品、其他（仅限魔芋凝胶制品），按生产需要适量使用
113	蓝锭果红	08.136/—	GB 1886.369—2023	69	着色剂	多酚类天然着色剂；深红色至紫红色粉末；水溶液 pH 值 3.0 时呈鲜艳红色，随着 pH 值提高，颜色变紫；水溶；不耐热、光；遇铁离子变黑、锰离子变暗、锡离子变紫，并生成大量沉淀	暂无 INS 号，无 ADI 值。LD_{50}：大于 21.05g/kg（大鼠，经口）	冷冻饮品（食用冰除外）、果蔬汁（浆）类饮料、风味饮料，最大使用量 1.0g/kg；糖果、糕点，最大使用量 2.0g/kg；糕点上彩装，最大使用量 3.0g/kg
114	亮蓝及其铝色淀（包括亮蓝，亮蓝铝色淀）	08.007/133	GB 1886.217—2016，GB 1886.218—2016	70	着色剂	水溶性非偶氮类合成着色剂；红紫至蓝紫色粉末或颗粒（亮蓝铝色淀为蓝色粉末）；水溶液呈带绿光蓝色；耐碱、耐热、耐光、耐盐性好；耐还原性优于偶氮类着色剂；水溶液遇金属离子缓慢沉淀；着色力强	ADI：0～12.5mg/kg（JECFA，2006），LD_{50}：大于 2g/kg（大鼠，经口）	风味发酵乳、调制炼乳、冷冻饮品（食用冰除外）、（蜜饯类、凉果类）、腌渍的蔬菜、腌渍的食用菌和藻类、熟制豆类、加工坚果与籽类、虾味片、糕点上彩装、焙烤食品馅料及表面用挂浆（仅

续表

序号	食品添加剂名称	CNS 号 / INS 号	执行标准	在标准文本中的页码	食品添加剂功能分类	食品添加剂功能特点	食品添加剂安全性指标	食品添加剂使用范围和剂量
114	亮蓝及其铝色淀（包括亮蓝，亮蓝铝色淀）							限饼干夹心）、调味糖浆、果蔬汁（浆）类饮料、含乳饮料、碳酸饮料、风味饮料（仅限果味饮料）、配制酒、果冻，最大使用量 0.025g/kg；果酱、水果调味糖浆、半固体复合调味料，最大使用量 0.5g/kg；装饰性果蔬、粉圆，最大使用量 0.1g/kg；熟制坚果与籽类（仅限油炸坚果与籽类）、焙烤食品馅料及表面用挂浆（仅限风味派馅料）（仅限使用亮蓝）、膨化食品（仅限使用亮蓝），最大使用量 0.05g/kg；［可可制品、巧克力和巧克力制品（包括代可可脂巧克力及制品）以及糖果］，最大使用量 0.3g/kg；即食谷物（仅限可可玉米片），最大使用量 0.015g/kg；鱼子制品（仅限使用亮蓝）、固体饮料，最大使用量 0.2g/kg；香辛料及粉、香辛料酱，最大使用量 0.01g/kg；饮料类［包装饮用水、果蔬汁（浆）、浓缩果蔬汁（浆）除外］，最大使用量 0.02g/kg

续表

序号	食品添加剂名称	CNS 号 / INS 号	执行标准	在标准文本中的页码	食品添加剂功能分类	食品添加剂功能特点	食品添加剂安全性指标	食品添加剂使用范围和剂量
115	萝卜红	08.117/—	GB 25536—2010	78	着色剂	多酚类天然着色剂；红色至深红色粉末或液体；水溶液 pH2.0 ～ 8.0，呈橙红、粉红、鲜红、紫罗兰色；水溶；不耐热、光、氧化；遇铜离子可加速降解，变为蓝色，遇铁离子可变为锈黄色；维生素 C 有保护作用；着色力强，色彩鲜艳	暂无 INS 号，无 ADI 值。LD_{50}：大于 15g/kg（小鼠，经口）	冷冻饮品（食用冰除外）、果酱、糖果、糕点、食醋、复合调味料、果蔬汁（浆）类饮料、风味饮料（仅限果味饮料）、配制酒、果冻，按生产需要适量使用
116	玫瑰茄红	08.125/—	GB 28312—2012	81	着色剂	多酚类天然着色剂；红色至红紫色粉末或液体；水溶液酸性时呈鲜红色，中性至碱性时呈红色至紫色；水溶；对铜离子、铁离子、锌离子不稳定	暂无 INS 号，无 ADI 值。LD_{50}：大于 9260mg/kg（小鼠，经口）	糖果、果蔬汁（浆）类饮料、风味饮料（仅限果味饮料）、配制酒，按生产需要适量使用
117	柠檬黄及其铝色淀（包括柠檬黄，柠檬黄铝色淀）	08.005/102	GB 4481.1—2010，GB 4481.2—2010	84	着色剂	水溶性偶氮类合成着色剂；橙黄或亮橙色粉末或颗粒（柠檬黄铝色淀为黄色粉末）；中性或酸性水溶液呈金黄色，遇碱稍变红，还原时褪色；耐热、耐光性好，耐氧化性较差，着色力强，坚牢度高。柠檬黄不在体内贮积，绝大部分以原形排出体外，少量代谢为无毒性物质。生产原料对氨基苯磺酸、酒石酸及 2-萘酚 -6-磺酸也都基本无毒	ADI：0 ～ 7.5mg/kg（JECFA，2006），LD_{50}：12.75g/kg（小鼠，经口）	风味发酵乳、调制炼乳、冷冻饮品（食用冰除外）、焙烤食品馅料及表面用挂浆（仅限风味派馅料）（仅限使用柠檬黄）、焙烤食品馅料及表面用挂浆（仅限饼干夹心）、果冻，最大使用量 0.05g/kg；果酱、水果调味糖浆、半固体复合调味料，最大使用量 0.5g/kg；蜜饯、装饰性果蔬、腌渍的蔬菜、腌渍的食用菌

续表

序号	食品添加剂名称	CNS 号 / INS 号	执行标准	在标准文本中的页码	食品添加剂功能分类	食品添加剂功能特点	食品添加剂安全性指标	食品添加剂使用范围和剂量
117	柠檬黄及其铝色淀（包括柠檬黄，柠檬黄铝色淀）							和藻类、熟制豆类、加工坚果与籽类、[可可制品、巧克力和巧克力制品（包括代可可脂巧克力及制品）以及糖果（05.01.01除外）]、虾味片、糕点上彩装、香辛料酱、饮料类［包装饮用水、果蔬汁（浆）、浓缩果蔬汁（浆）除外]、配制酒、膨化食品，最大使用量 0.1g/kg；除胶基糖果以外的其他糖果、（面糊、裹粉、煎炸粉）、焙烤食品馅料及表面用挂浆（仅限布丁、糕点用馅料及表面用挂浆）、其他调味糖浆，最大使用量 0.3g/kg；粉圆、固体复合调味料，最大使用量 0.2g/kg；即食谷物［包括碾轧燕麦（片）]，最大使用量 0.08g/kg；谷类和淀粉类甜品（如米布丁、木薯布丁），最大使用量 0.06g/kg；蛋卷，最大使用量 0.04g/kg；鱼子制品（仅限使用柠檬黄）、液体复合调味料，最大使用量 0.15g/kg。以柠檬黄计

续表

序号	食品添加剂名称	CNS 号 / INS 号	执行标准	在标准文本中的页码	食品添加剂功能分类	食品添加剂功能特点	食品添加剂安全性指标	食品添加剂使用范围和剂量
118	葡萄皮红	08.135/163（ii）	GB 28313—2012	90	着色剂	多酚类天然着色剂；红色至紫色粉末、颗粒或液体；水溶液酸性时呈红色至紫红色，碱性时呈暗蓝色，遇铁离子呈暗紫色；水溶；不耐热、光、氧化；着色力较弱，聚磷酸盐能使色调稳定	ADI：0～2.5mg/kg（JECFA，2006），LD_{50}：大于 10.8g/kg（雌性小鼠，经口）	冷冻饮品（食用冰除外）、配制酒，最大使用量 1.0g/kg；果酱，最大使用量 1.5g/kg；糖果、焙烤食品，最大使用量 2.0g/kg；饮料类［包装饮用水、果蔬汁（浆），浓缩果蔬汁（浆）除外］，最大使用量 2.5g/kg
119	日落黄及其铝色淀（包括日落黄，日落黄铝色淀）	08.006/110	GB 6227.1—2010，GB 1886.224—2016	93	着色剂	水溶性偶氮类合成着色剂；橙色粉末或颗粒（日落黄铝色淀为橙黄色粉末）；水溶液呈黄色，遇碱呈红褐色，还原时褪色；耐酸、耐热、耐光性好；着色力强，坚牢度高	ADI：0～2.5mg/kg（JECFA，2006），LD_{50}：大于 2g/kg（大鼠，经口）	调制乳、风味发酵乳、调制炼乳、含乳饮料，最大使用量 0.05g/kg；冷冻饮品（食用冰除外），最大使用量 0.09g/kg；水果罐头（仅限西瓜酱罐头）、蜜饯、熟制豆类、加工坚果与籽类、［可可制品、巧克力和巧克力制品（包括代可可脂巧克力及制品）以及糖果（05.01.01、05.04 除外）］、虾味片、糕点上彩装、焙烤食品馅料及表面用挂浆（仅限饼干夹心）、果蔬汁（浆）类饮料、乳酸菌饮料、植物蛋白饮料、碳酸饮料、特殊用途饮料、风味饮料、配制酒、膨化食品（仅限使用日落黄），最大使用量 0.1g/kg；果酱、水果调味糖浆、半固体复合调味料，

续表

序号	食品添加剂名称	CNS 号 / INS 号	执行标准	在标准文本中的页码	食品添加剂功能分类	食品添加剂功能特点	食品添加剂安全性指标	食品添加剂使用范围和剂量
119	日落黄及其铝色淀（包括日落黄，日落黄铝色淀）							最大使用量 0.5g/kg；装饰性果蔬、粉圆、鱼子制品、复合调味料，最大使用量 0.2g/kg；巧克力和巧克力制品（除 05.01.01 以外的可可制品）、除胶基糖果以外的其他糖果、糖果和巧克力制品包衣、（面糊、裹粉、煎炸粉）、焙烤食品馅料及表面用挂浆（仅限布丁、糕点用馅料及表面用挂浆）、其他调味糖浆，最大使用量 0.3g/kg；谷类和淀粉类甜品（如米布丁、木薯布丁），最大使用量 0.02g/kg；固体饮料，最大使用量 0.6g/kg；果冻，最大使用量 0.025g/kg。以日落黄计
120	桑椹红	08.129/—	GB 1886.345—2021	99	着色剂	多酚类天然着色剂；紫红色或紫黑色粉末或黏稠状液体；水溶液酸性时呈紫红色，中性时呈紫色，碱性时呈蓝紫色；水溶；遇铁、铜、锌等金属离子，颜色极不稳定；着色力强	暂无 INS 号，无 ADI 值。LD_{50}：大于 26.8g/kg（小鼠，经口）	果糕类、果冻，最大使用量 5.0g/kg；糖果，最大使用量 2.0g/kg；果蔬汁（浆）类饮料、风味饮料、果酒，最大使用量 1.5g/kg

序号	食品添加剂名称	CNS 号 / INS 号	执行标准	在标准文本中的页码	食品添加剂功能分类	食品添加剂功能特点	食品添加剂安全性指标	食品添加剂使用范围和剂量
121	沙棘黄	08.124/—	GB 1886.319—2021	100	着色剂	多酚类天然着色剂；橙黄色至黄褐色浸膏或粉末；溶液酸性时呈紫红色，中性时呈紫色，碱性时呈蓝紫色；油溶；耐热、光，不耐酸；遇铁、钙等金属离子变色；着色力较强	暂无 INS 号，无 ADI 值。LD_{50}：大于 21.5g/kg（小鼠，经口）	氢化植物油，最大使用量 1.0g/kg；糕点上彩装，最大使用量 1.5g/kg
122	酸性红（又名偶氮玉红）	08.013/122	GB 28309—2012	108	着色剂	水溶性偶氮类合成着色剂；红褐色至暗红褐色粉末或颗粒；水溶液呈带蓝的红色，发浅黄色荧光；耐热、耐光、耐碱、耐氧化、耐还原性好；着色力强，坚牢度高	ADI：0 ～ 4mg/kg（FAO/WHO，1994），LD_{50}：大于 10g/kg（小鼠，经口）	冷冻饮品（食用冰除外）、[可可制品、巧克力和巧克力制品（包括代可可脂巧克力及制品）以及糖果]、焙烤食品馅料及表面用挂浆（仅限饼干夹心），最大使用量 0.05g/kg
123	天然胡萝卜素	08.147/160a（ii）	GB 31624—2014	113	着色剂	异戊二烯类天然着色剂（以胡萝卜、棕榈果油、甘薯或其他可食用植物为原料，经溶剂萃取、精制而成）；红棕色至棕色，或橙色至暗橙色，固体或液体；油溶；耐热、酸，不耐光、氧化；着色力弱	ADI：600mg/kg（JECFA，2008），LD_{50}：大于 21.5g/kg（小鼠，经口）	可按生产需要适量使用于各类食品（表 A.2 中编号为 1 ～ 68 的食品类别除外）
124	天然苋菜红	08.130/—	GB 1886.110—2015	113	着色剂	其他类天然着色剂；紫红色无定形粉末；水溶液 pH 值小于 9 时呈紫红色，pH 值大于 9 时呈黄色；水溶；不耐光、热、酸	暂无 INS 号，无 ADI 值。LD_{50}：大于 10g/kg（大鼠，经口）	蜜饯、装饰性果蔬、糖果、糕点上彩装、果蔬汁（浆）类饮料、碳酸饮料、风味饮料（仅限果味饮料）、配制酒、果冻，最大使用量 0.25g/kg

续表

序号	食品添加剂名称	CNS 号 / INS 号	执行标准	在标准文本中的页码	食品添加剂功能分类	食品添加剂功能特点	食品添加剂安全性指标	食品添加剂使用范围和剂量
125	甜菜红	08.101/162	GB 1886.111—2015	114	着色剂	其他类天然着色剂；紫红色液体、粉末或颗粒；水溶液呈红色至紫红色，碱性呈黄色；水溶；不耐热、氧化、还原；铜离子、铁离子对吸光度有一定影响；着色力强，色泽稳定	ADI：未作评价（JECFA，2007），LD_{50}：大于 10g/kg（大鼠，经口）	可按生产需要适量使用于各类食品（表 A.2 中编号为 1 ～ 68 的食品类别除外）
126	苋菜红及其铝色淀（包括苋菜红，苋菜红铝色淀）	08.001/123	GB 4479.1—2010，GB 1886.219—2016	120	着色剂	水溶性偶氮类合成着色剂；红褐色至暗红褐色粉末或颗粒（苋菜红铝色淀为紫红色粉末）；水溶液呈带蓝光红色，遇碱呈暗红色；水溶；耐热、耐光、耐氧化性好；易被细菌分解；不适用于含还原性物质食品，不适合发酵食品；着色力较弱	ADI：0 ～ 0.5mg/kg（JECFA，2006），LD_{50}：大于 10g/kg（小鼠，经口）	冷冻饮品（食用冰除外），最大使用量 0.025g/kg；果酱、水果调味糖浆，最大使用量 0.3g/kg；蜜饯、腌渍的蔬菜、[可可制品、巧克力和巧克力制品（包括代可可脂巧克力及制品）以及糖果]、糕点上彩装、焙烤食品馅料及表面用挂浆（仅限饼干夹心）、果蔬汁（浆）类饮料、碳酸饮料、固体饮料、风味饮料（仅限果味饮料）、配制酒、果冻，最大使用量 0.05g/kg；装饰性果蔬，最大使用量 0.1g/kg；固体汤料，最大使用量 0.2g/kg。以苋菜红计

续表

序号	食品添加剂名称	CNS 号 / INS 号	执行标准	在标准文本中的页码	食品添加剂功能分类	食品添加剂功能特点	食品添加剂安全性指标	食品添加剂使用范围和剂量
127	橡子壳棕	08.126/—	GB 1886.387—2025	121	着色剂	橡子壳棕是从橡子果壳中提取的天然色素，主要成分为儿茶酚、花色素连有糖基的化合物。棕红色浸膏，0.5% ～ 1% 水溶液由黄色、橙黄色到橙红色，10% 以上呈茶色，透明。碱性条件下呈棕色，酸性条件下呈红棕色。溶于水、稀乙醇，不溶于油脂、乙醚和石油醚。耐热、耐光、耐氧化；pH 3.5 ～ 7 条件下稳定；易与金属反应产生深棕色沉淀	LD_{50}：大于 15g/kg（小鼠、大鼠，经口）	可乐型碳酸饮料，最大使用量 1.0g/kg；配制酒，最大使用量 0.3g/kg
128	新红及其铝色淀（包括新红，新红铝色淀）	08.004/—	GB 14888.1—2010，GB 14888.2—2010	122	着色剂	水溶性偶氮类合成着色剂；红褐色粉末或颗粒（新红铝色淀为红色粉末）；水溶液呈艳红色；水溶；遇铁、铜易变色，对氧化还原较为敏感；着色力较弱	ADI：0 ～ 0.1mg/kg（上海市卫生防疫站，1982），LD_{50}：大于 10g/kg（小鼠，经口）	装饰性果蔬，最大使用量 0.1g/kg；[可可制品、巧克力和巧克力制品（包括代可可脂巧克力及制品）以及糖果（05.01.01 可可制品除外）]、糕点上彩装、果蔬汁（浆）类饮料、碳酸饮料、风味饮料（仅限果味饮料）、配制酒，最大使用量 0.05g/kg。以新红计

续表

序号	食品添加剂名称	CNS 号 / INS 号	执行标准	在标准文本中的页码	食品添加剂功能分类	食品添加剂功能特点	食品添加剂安全性指标	食品添加剂使用范围和剂量
129	胭脂虫红及其铝色淀（包括胭脂虫红，胭脂虫红铝色淀）	08.145/120	GB 1886.315—2021	124	着色剂	醌类天然着色剂；红色至深红（紫）色液体或粉末（胭脂虫红铝色淀为块状或粉末）；水溶液 pH 值小于 4 时呈橙色至橙红色，pH 值 5 ～ 6 时呈红色至紫红色，pH 值大于 7 时呈紫红色至紫色；水溶；耐光、热；钙离子、铁离子、锌离子会破坏胭脂虫红的稳定性；在酸性环境下稳定；对蛋白质染色性好	ADI：0 ～ 5mg/kg（JECFA，2006），LD_{50}：大于 8.89g/kg（小鼠，经口）	风味发酵乳、半固体复合调味料、果冻，最大使用量 0.05g/kg；调制乳粉和调制奶油粉、果酱、焙烤食品、饮料类［包装饮用水、果蔬汁（浆）、浓缩果蔬汁（浆）除外］，最大使用量 0.6g/kg；调制炼乳、冷冻饮品（食用冰除外），最大使用量 0.15g/kg；（干酪、再制干酪、干酪制品及干酪类似品）、熟制坚果与籽类（仅限油炸坚果与籽类）、膨化食品（仅限用胭脂虫红），最大使用量 0.1g/kg；代可可脂巧克力及其制品、糖果、方便米面制品，最大使用量 0.3g/kg；粉圆、复合调味料，最大使用量 1.0g/kg；即食谷物［包括碾轧燕麦（片）］，最大使用量 0.2g/kg；（面糊、裹粉、煎炸粉）、熟肉制品，最大使用量 0.5g/kg；调理肉制品，最大使用量 0.08g/kg；半固体复合调味料、果冻，最大使用量 0.05g/kg；配制酒，最大使用量 0.25g/kg；胶原蛋白肠衣，按生产需要适量使用。以胭脂红酸计

续表

序号	食品添加剂名称	CNS 号 / INS 号	执行标准	在标准文本中的页码	食品添加剂功能分类	食品添加剂功能特点	食品添加剂安全性指标	食品添加剂使用范围和剂量
130	胭脂红及其铝色淀（包括胭脂红，胭脂红铝色淀）	08.002/124	GB 1886.220—2016，GB 1886.221—2016	125	着色剂	水溶性偶氮类合成着色剂；红色至深红色粉末或颗粒（胭脂红铝色淀为红色粉末）；水溶液呈红色，遇碱呈褐色；水溶；耐热、耐光性好；对细菌分解和还原性的耐受较弱，不适合发酵食品；着色力较弱	ADI：0 ～ 4mg/kg（JECFA，2006），LD_{50}：大于 19.3g/kg（小鼠，经口）	调制乳、风味发酵乳、调制炼乳、冷冻饮品（食用冰除外）、蜜饯、腌渍的蔬菜、[可可制品、巧克力和巧克力制品（包括代可可脂巧克力及制品）以及糖果（装饰糖果、顶饰和甜汁除外）]、虾味片、糕点上彩装、焙烤食品馅料及表面用挂浆（仅限饼干夹心、糕点用馅料及表面用挂浆）、果蔬汁（浆）类饮料、含乳饮料、碳酸饮料、风味饮料（仅限果味饮料）、配制酒、果冻、膨化食品（仅限使用胭脂红），最大使用量 0.05g/kg；调制乳粉和调制奶油粉，最大使用量 0.15g/kg；水果罐头、装饰性果蔬、糖果和巧克力制品包衣，最大使用量 0.1g/kg；果酱、水果调味糖浆、半固体复合调味料（蛋黄酱、沙拉酱除外），最大使用量 0.5g/kg；蛋卷，最大使用量 0.01g/kg；肉制品的可食用动物肠衣类、植物蛋白饮料、胶原蛋白肠衣，最大使用量 0.025g/kg；鱼子制品，最大使用量 0.16g/kg(仅限使用胭脂红)；调味糖浆、（蛋黄酱、沙拉酱），最大使用量 0.2g/kg。以胭脂红计

续表

序号	食品添加剂名称	CNS 号 / INS 号	执行标准	在标准文本中的页码	食品添加剂功能分类	食品添加剂功能特点	食品添加剂安全性指标	食品添加剂使用范围和剂量
131	胭脂树橙（又名红木素，降红木素）	08.144/160b	GB 1886.316—2021	127	着色剂	异戊二烯类天然着色剂；深红棕色至紫红色粉末、悬浮液或溶液；水溶液为橙至黄色，染色性非常好；对漂白剂的抵抗能力较强，不易氧化；受阳光照射分解褪色；主要成分为红木素和降红木素，溶于碱性溶液，在酸性溶液中沉淀	ADI：红木素 0～12mg/kg，降红木素 0～0.6mg/kg，混合提取物未定（JECFA，2007），LD_{50}：大于 35mg/kg（大鼠，经口）	熟化干酪、再制干酪及干酪制品、冷冻饮品（食用冰除外）、果酱、代可可脂巧克力及其制品、糖果、焙烤食品、饮料类［包装饮用水、果蔬汁（浆）、浓缩果蔬汁（浆）除外］、果冻，最大使用量 0.6g/kg；人造黄油（人造奶油）及其类似制品（如黄油和人造黄油混合品），最大使用量 0.05g/kg；其他油脂或油脂制品（仅限植脂末），最大使用量 0.02g/kg；巧克力和巧克力制品（除 05.01.01 以外的可可制品）、西式火腿类、肉灌肠类，最大使用量 0.025g/kg；粉圆，最大使用量 0.15g/kg；即食谷物［包括碾轧燕麦（片）］，最大使用量 0.07g/kg；方便米面制品，最大使用量 0.012g/kg；（面糊、裹粉、煎炸粉）、膨化食品，最大使用量 0.01g/kg；复合调味料，最大使用量 0.1g/kg；胶原蛋白肠衣，按生产需要适量使用

序号	食品添加剂名称	CNS 号 / INS 号	执行标准	在标准文本中的页码	食品添加剂功能分类	食品添加剂功能特点	食品添加剂安全性指标	食品添加剂使用范围和剂量
132	杨梅红	08.149/—	GB 31622—2014	128	着色剂	其他类天然着色剂；紫红色至红黑色粉末；水溶液 pH 值小于 4 时呈橙色至橙红色，pH 值 5 ～ 6 时呈红色至紫红色，pH 值大于 7 时呈紫红色至紫色；水溶；耐光、热	ADI：0 ～ 5mg/kg（JECFA，2006），LD_{50}：大于 8.89g/kg（小鼠，经口）	冷冻饮品（食用冰除外）、糖果、糕点上彩装、配制酒（仅限配制果酒）、果冻，最大使用量 0.2g/kg；饮料类［包装饮用水、果蔬汁（浆）、浓缩果蔬汁（浆）除外］，最大使用量 0.1g/kg
133	氧化铁黑，氧化铁红	08.014，08.015/172(i)，172（ii）	GB 1886.251—2016，GB 1886.252—2016	129	着色剂	其他类着色剂；氧化铁黑（Fe_3O_4），黑色粉末；氧化铁红（Fe_2O_3），红色粉末；水、油均不溶；性能稳定	ADI：0 ～ 0.5mg/kg（JECFA，2008），LD_{50}：大于 15g/kg（Fe_2O_3）（大鼠，经口）	糖果和巧克力制品包衣，最大使用量 0.02g/kg
134	叶黄素	08.146/161b(i)	GB 26405—2011	129	着色剂	异戊二烯类天然着色剂；橘黄色至橘红色粉末；油溶；耐光、耐热性差；可被维生素 C 降解；叶黄素酯稳定增强；着色力较强	ADI：0 ～ 2mg/kg（JECFA，2006），LD_{50}：大于 10g/kg（小鼠，经口）	调制乳、风味发酵乳、以乳为主要配料的即食风味食品或其预制产品（不包括冰淇淋和风味发酵乳）、果酱、杂粮罐头、谷物和淀粉类甜品（仅限谷类甜品罐头）、饮料类［包装饮用水、果蔬汁（浆）、浓缩果蔬汁（浆）除外］、果冻，最大使用量 0.05g/kg；冷冻饮品（食用冰除外）、冷冻米面制品，最大使用量 0.1g/kg；糖果、方便米面制品、焙烤食品，最大使用量 0.15g/kg

续表

序号	食品添加剂名称	CNS 号 / INS 号	执行标准	在标准文本中的页码	食品添加剂功能分类	食品添加剂功能特点	食品添加剂安全性指标	食品添加剂使用范围和剂量
135	叶绿素铜	08.153/141（i）	GB 1886.361—2022	130	着色剂	吡咯类着色剂，以铜离子取代天然叶绿素中的镁离子而成；青绿色至深绿色蜡状或胶状固体；溶于乙醚、乙醇、正己烷及石油醚，不溶于水及 50% 的乙醇；耐光性好；加酸则铜离子被氢置换为脱镁叶绿素，色转浅，加碱则皂化成铜叶绿酸的碱金属盐，可溶于水	ADI：0 ～ 15mg/kg（JECFA，2006），LD_{50}：大于 400mg/kg（小鼠，静脉注射）	稀奶油、糖果、焙烤食品，按生产需要适量使用
136	叶绿素铜钠盐，叶绿素铜钾盐	08.009，08.155/141（ii）	GB 26406—2011，GB 1886.307—2020	130	着色剂	吡咯类着色剂，以桑叶、蚕沙等为原料，经皂化、铜代制成；叶绿素铜钠盐：墨绿色至黑色粉末；叶绿素铜钾盐：深绿色至深黑色粉末；水溶液为透明的翠绿，偏酸性时遇钙离子沉淀；水溶；耐热、光；着色力强，坚牢度高	ADI：0 ～ 15mg/kg（JECFA，2006），LD_{50}：大于 10g/kg（小鼠，经口）	冷冻饮品（食用冰除外）、蔬菜罐头、熟制豆类、加工坚果与籽类、糖果、粉圆、焙烤食品、饮料类［包装饮用水、果蔬汁（浆）、浓缩果蔬汁（浆）除外］、配制酒、果冻，最大使用量均为 0.5g/kg；果蔬汁（浆）类饮料，按生产需要适量使用

续表

序号	食品添加剂名称	CNS 号 / INS 号	执行标准	在标准文本中的页码	食品添加剂功能分类	食品添加剂功能特点	食品添加剂安全性指标	食品添加剂使用范围和剂量
137	诱惑红及其铝色淀（包括诱惑红，诱惑红铝色淀）	08.012/129	GB 1886.222—2016，GB 1886.223—2016	136	着色剂	水溶性偶氮类合成着色剂；暗红色粉末或颗粒（诱惑红铝色淀为红色粉末）；水溶液呈微带黄色的红色；水溶；耐酸、耐光、耐热性好，在 10% 柠檬酸溶液中无变化，耐碱、耐氧化还原性差，着色力强，坚牢度高	ADI：0 ～ 7mg/kg（JECFA，2006），LD_{50}：10g/kg（小鼠，经口）	冷冻饮品（食用冰除外）、水果干类（仅限苹果干）、即食谷物［包括碾压燕麦（片）］（仅限可可玉米片），最大使用量 0.07g/kg；装饰性果蔬、糕点上彩装、肉制品的可食用动物肠衣类、配制酒（仅限使用诱惑红）、胶原蛋白肠衣，最大使用量 0.05g/kg；熟制豆类、加工坚果与籽类、焙烤食品馅料及表面用挂浆（仅限饼干夹心）、饮料类［包装饮用水、果蔬汁（浆）、浓缩果蔬汁（浆）除外］、膨化食品（仅限使用诱惑红），最大使用量 0.1g/kg；［可可制品、巧克力和巧克力制品（包括代可可脂巧克力及制品）以及糖果］、调味糖浆，最大使用量 0.3g/kg；粉圆，最大使用量 0.2g/kg；西式火腿类、果冻，最大使用量 0.025g/kg；肉灌肠类，最大使用量 0.015g/kg；固体复合调味料，最大使用量 0.04g/kg；半固体复合调味料（蛋黄酱、沙拉酱除外），最大使用量 0.5g/kg。以诱惑红计

续表

序号	食品添加剂名称	CNS号/INS号	执行标准	在标准文本中的页码	食品添加剂功能分类	食品添加剂功能特点	食品添加剂安全性指标	食品添加剂使用范围和剂量
138	玉米黄	08.116/—	GB 1886.318—2021	137	着色剂	异戊二烯类天然着色剂；黄色至黄褐色或橙红色粉末、黏稠状或液体；油溶；耐光性差，耐热、耐酸碱、耐还原性较好；对铝、铁、铜等离子极不稳定；着色力较强	ADI：0～2mg/kg（JECFA，2006），LD_{50}：18.24g/kg（小鼠，经口）	氢化植物油、糖果，最大使用量5.0g/kg
139	越橘红	08.105/—	GB 1886.364—2022	137	着色剂	多酚类天然着色剂；深红色至紫红色粉末；水溶液酸性时呈红色，碱性时呈橙紫色；水溶；不耐热、光、氧化；遇铁、铜等金属离子褪色	暂无INS号，无ADI值。LD_{50}：大于25g/kg（小鼠，经口）	冷冻饮品（食用冰除外）、果蔬汁（浆）类饮料、风味饮料（仅限果味饮料），按生产需要适量使用
140	藻蓝	08.137/—	GB 1886.309—2020	137	着色剂	吡咯类天然着色剂；蓝色粉末或液体；水溶液pH 3.5～10.5呈海蓝色，pH 4～8颜色稳定，pH 3.4为等电点；水溶；耐光，不耐热；着色力强	暂无INS号，无ADI值。LD_{50}：大于30g/kg（大鼠，经口）GRAS	冷冻饮品（食用冰除外）、糖果、香辛料及粉、果蔬汁（浆）类饮料、风味饮料、果冻，最大使用量0.8g/kg

续表

序号	食品添加剂名称	CNS 号 / INS 号	执行标准	在标准文本中的页码	食品添加剂功能分类	食品添加剂功能特点	食品添加剂安全性指标	食品添加剂使用范围和剂量
141	栀子黄	08.112/164	GB 7912—2010	140	着色剂	异戊二烯类天然着色剂；橙黄色至橘红色粉末，黄褐色浸膏，或黄褐色至橘红色液体；水溶液呈透明鲜艳黄色；易溶于热水，中性或碱性时耐光、耐热性好，酸性时差；遇铁离子变黑；着色力强，对蛋白质和淀粉染色效果好	LD_{50}：大于 2g/kg（小鼠，经口）。有弱蓄积性，无致突变作用	人造黄油（人造奶油）及其类似制品（如黄油和人造黄油混合品）、腌渍的蔬菜、熟制坚果与籽类（仅限油炸坚果与籽类）、方便米面制品、粮食制品馅料、饼干、熟肉制品（仅限禽肉熟制品）、调味品（盐及代盐制品、香辛料类除外）、固体饮料，最大使用量 1.5g/kg；冷冻饮品（食用冰除外）、（蜜饯类、凉果类）、坚果与籽类罐头、[可可制品、巧克力和巧克力制品（包括代可可脂巧克力及制品）以及糖果]、生干面制品、果蔬汁（浆）类饮料、风味饮料（仅限果味饮料）、配制酒、果冻、膨化食品，最大使用量 0.3g/kg；生湿面制品、焙烤食品馅料及表面用挂浆，最大使用量 1.0g/kg；糕点，最大使用量 0.9g/kg

续表

序号	食品添加剂名称	CNS 号 / INS 号	执行标准	在标准文本中的页码	食品添加剂功能分类	食品添加剂功能特点	食品添加剂安全性指标	食品添加剂使用范围和剂量
142	栀子蓝	08.123/165	GB 28311—2012	141	着色剂	其他类天然着色剂；蓝色至深紫蓝色粉末、颗粒或液体；水溶液 pH3 ～ 8 时呈鲜明蓝色；水溶；耐热，不耐光；pH5 ～ 8 颜色稳定；遇亚锡离子、铁离子产生沉淀；着色力强	ADI：不需特殊规定（JECFA，2010），LD_{50}：16.7g/kg（小鼠，经口）	冷冻饮品（食用冰除外）、焙烤食品，最大使用量 1.0g/kg；果酱、糖果，最大使用量 0.3g/kg；腌渍的蔬菜、熟制坚果与籽类（仅限油炸坚果与籽类）、方便米面制品、粮食制品馅料、调味品（盐及代盐制品、香辛料类除外）、果蔬汁（浆）类饮料、蛋白饮料、固体饮料、膨化食品，最大使用量 0.5g/kg；风味饮料（仅限果味饮料）、配制酒，最大使用量 0.2g/kg
143	植物炭黑	08.138/153	GB 28308—2012	142	着色剂	其他类着色剂（以植物为原料，经炭化、精制而成）；黑色粉末；水、油均不溶；性能稳定	ADI：未作规定（JECFA，2010），LD_{50}：大于 15g/kg（大鼠，经口）	风味发酵乳、冷冻饮品（食用冰除外）、果酱、糖果、糕点、饼干、复合调味料、膨化食品，最大使用量 5.0g/kg；粉圆，最大使用量 1.5g/kg；豆干类、加工坚果与籽类、胶原蛋白肠衣，按生产需要适量使用

续表

序号	食品添加剂名称	CNS 号 / INS 号	执行标准	在标准文本中的页码	食品添加剂功能分类	食品添加剂功能特点	食品添加剂安全性指标	食品添加剂使用范围和剂量
144	紫草红	08.140/—	GB 28315—2012	144	着色剂	醌类天然着色剂；深紫红色油状或液体；色调随 pH 值而变化，pH4～6 呈红色，pH7 呈红紫色，pH8 呈紫色，pH9 呈蓝紫色，pH10 呈蓝色；遇铁离子呈深紫色，遇铅离子呈蓝色，遇锡离子呈深红色；在油脂中呈鲜红色；油溶；耐热性好；着色力中等	暂无 INS 号，无 ADI 值。LD_{50}：4640mg/kg（小鼠，经口）	冷冻饮品（食用冰除外）、饼干、果蔬汁（浆）类饮料、风味饮料（仅限果味饮料）、果酒，最大使用量 0.1g/kg；糕点，最大使用量 0.9g/kg；焙烤食品馅料及表面用挂浆，最大使用量 1.0g/kg
145	紫甘薯色素	08.154/—	GB 1886.244—2016	144	着色剂	多酚类天然着色剂；红色至紫黑色粉末、颗粒或液体；水溶液呈红色至紫红色，碱性呈蓝紫色；水溶；pH 为 3 时对热稳定性，pH 大于 6 时热稳定性明显下降；耐光；遇金属离子无明显变化	卫生部公告（2012 年第 6 号）	冷冻饮品（食用冰除外）、糕点上彩装、配制酒，最大使用量 0.2g/kg；糖果、果蔬汁（浆）类饮料，最大使用量 0.1g/kg
146	紫胶红（又名虫胶红）	08.104/—	GB 1886.17—2015	145	着色剂	醌类天然着色剂；鲜红色粉末；水溶液 pH 值小于 4.0 时呈橙黄色，pH 值 4.0～5.0 时呈鲜红色，pH 值大于 6.0 时呈紫红色，pH 值大于 12 时褪色；遇铁离子变黑；溶于水、乙醇、丙二醇，溶解度低；酸性时耐热、光；对金属离子不稳定；pH 值近中性时着色力弱，酸性时较好	暂无 INS 号，无 ADI 值。LD_{50}：1.8g/kg（大鼠，经口）	果酱、[可可制品、巧克力和巧克力制品（包括代可可脂巧克力及制品）以及糖果]、焙烤食品馅料及表面用挂浆（仅限风味派馅料）、复合调味料、果蔬汁（浆）类饮料、碳酸饮料、风味饮料（仅限果味饮料）、配制酒，最大使用量 0.5g/kg

9. 护色剂——能与肉及肉制品中呈色物质作用，使之在食品加工、保藏等过程中不致被分解、破坏，呈现良好色泽的物质

序号	食品添加剂名称	CNS 号 / INS 号	执行标准	在标准文本中的页码	食品添加剂功能分类	食品添加剂功能特点	食品添加剂安全性指标	食品添加剂使用范围和剂量
147	葡萄糖酸亚铁	09.005/579	GB 1903.10—2015	90	护色剂	亚铁离子与单宁类物质生成稳定的络合物，保持色泽持久稳定；不对食品口感产生影响。葡萄糖酸亚铁溶液呈酸性，添加后要关注食品的 pH 值	ADI：不作特殊规定（JECFA，2006），LD_{50}：2237mg/kg（大鼠，经口）	腌渍的蔬菜（仅限橄榄），最大使用量 0.15g/kg（以铁计）
148	硝酸钠，硝酸钾	09.001，09.003/251，252	GB 1886.5—2015，GB 29213—2012	121	护色剂、防腐剂	通过还原为亚硝酸盐而起作用；硝酸盐和亚硝酸盐使用的最佳 pH 为 5.5 左右，pH6 时抑菌作用较强，pH6.5 时作用较弱，pH7 时无抑菌作用	ADI：0 ～ 3.7mg/kg（JECFA，2006），LD_{50}：硝酸钠 1100 ～ 2000mg/kg，硝酸钾 3750mg/kg（大鼠，经口）	腌腊肉制品类、酱卤肉制品类、（熏、烧、烤）肉类、油炸肉类、西式火腿类、肉灌肠类、发酵肉制品类，最大使用量 0.5g/kg［以亚硝酸钠（钾）计，残留量≤ 30mg/kg］
149	亚硝酸钠，亚硝酸钾	09.002，09.004/250，249	GB 1886.11—2016，GB 1886.94—2016	123	护色剂、防腐剂	与血红蛋白、肌红蛋白反应，生成亚硝基血红蛋白、亚硝基肌红蛋白，遇热后释放出巯基，变成亚硝基血色原，使肉呈现鲜红色；色泽持久稳定，并有特殊香味以及防腐作用；亚硝酸盐的 LD_{50} 属于中等毒性强度，使用限量严格，不但规定了最高添加量 0.15g/kg，而且规定了加工后的残留量	ADI：0 ～ 0.06mg/kg（JECFA，2006），LD_{50}：亚硝酸钠 85mg/kg，亚硝酸钾 200mg/kg（大鼠，经口）	腌腊肉制品类、酱卤肉制品类、（熏、烧、烤）肉类、油炸肉类、西式火腿类、肉灌肠类、发酵肉制品类、肉罐头类，最大使用量 0.15g/kg，西式火腿类残留量≤ 70mg/kg，肉罐头类残留量≤ 50mg/kg，其余品种残留量≤ 30mg/kg。以亚硝酸钠计

10. 乳化剂——能改善乳化体中各种构成相之间的表面张力，形成均匀分散体或乳化体的物质

序号	食品添加剂名称	CNS 号 / INS 号	执行标准	在标准文本中的页码	食品添加剂功能分类	食品添加剂功能特点	食品添加剂安全性指标	食品添加剂使用范围和剂量
150	铵磷脂	10.033/442	GB 1886.83—2016	20	乳化剂	离子型乳化剂；HLB 值 11.3；可以显著降低巧克力浆料黏度	ADI：0 ～ 30mg/kg（JECFA，2006）	巧克力和巧克力制品、除 05.01.01 以外的可可制品，最大使用量 10.0g/kg
151	丙二醇脂肪酸酯	10.020/477	GB 1886.236—2016	22	乳化剂、稳定剂	非离子型乳化剂；HLB 值约为 2 ～ 3，油包水型；发泡性好，适用于糕点和奶油的发泡剂，发泡能力取决于单酯含量；热稳定性好，但乳化力弱，很少单独使用。丙二醇脂肪酸酯能改善面制品口感，使其耐煮，不糊汤，能延缓糕点因淀粉老化而引起的产品硬化	ADI：0 ～ 25mg/kg（JECFA，2006），LD_{50}：10g/kg（大鼠，经口）	乳及乳制品（特殊膳食用食品涉及品种、巴氏杀菌乳、灭菌乳和高温杀菌乳、发酵乳、乳粉和奶油粉、稀奶油除外）、冷冻饮品（食用冰除外），最大使用量 5.0g/kg；（脂肪、油和乳化脂肪制品）（基本不含水的脂肪和油、黄油和浓缩黄油除外）、西式糕点，最大使用量 10.0g/kg；熟制坚果与籽类（仅限油炸坚果与籽类）、油炸面制品、膨化食品，最大使用量 2.0g/kg；糕点，最大使用量 3.0g/kg；复合调味料，最大使用量 20.0g/kg
152	达瓦树胶	10.043/419	—	28	乳化剂	达瓦树胶是宽叶榆绿木树干的胶状分泌物经加工制得的产品，是由阿拉伯糖、半乳糖、葡糖醛酸、甘露糖、木糖、鼠李糖等组成的多糖，含 2% ～ 4% 的蛋白质。与阿拉伯胶相比，达瓦树胶的蛋白质结构含有较多的疏水性氨基酸，具有更好的乳化性能。在高盐和酸性环境下稳定，可用作香料、乳化剂、增稠剂	ADI：无特殊规定。GRAS	其他特殊膳食用食品（特殊医学用途配方食品，仅限 10 岁以上人群），最大使用量为 3.0g/kg

续表

序号	食品添加剂名称	CNS 号 / INS 号	执行标准	在标准文本中的页码	食品添加剂功能分类	食品添加剂功能特点	食品添加剂安全性指标	食品添加剂使用范围和剂量
153	单，双甘油脂肪酸酯	10.006/471	GB 1886.65—2015	28	乳化剂、被膜剂	非离子型乳化剂；普通商品是单甘酯和双甘酯的混合物，脂肪酸可以是月桂酸、油酸、硬脂酸等，因结构不同，HLB 值 =3 ～ 8；最广泛的商品形式是分子蒸馏单硬脂酸甘油酯，纯度 99%，HLB 值 3.8，油包水型；蜡质感，无不良风味，可溶于食用油，或分散在 80℃以上热水中。在食品中具有乳化、分散、抗淀粉老化等作用。单月桂酸甘油酯具有很强的抑菌效果	ADI：不作限制性规定（JECFA，2006）。GRAS	可按生产需要适量使用于各类食品（表 A.2 中编号为 1 ～ 4、6 ～ 11、13 ～ 14、16 ～ 30、32 ～ 53、59 ～ 68 的食品类别除外）；黄油和浓缩黄油，最大使用量 20.0g/kg；生干面制品，最大使用量 30.0g/kg；赤砂糖、原糖、其他糖和糖浆，最大使用量 6.0g/kg；香辛料类，最大使用量 5.0g/kg
154	改性大豆磷脂	10.019/—	GB 1886.238—2016	39	乳化剂	磷脂的改性多为乙酰化或羟基化改性，HLB 值增至 10 ～ 12，降低油水之间界面张力的能力 8 倍于磷脂；水包油型乳化剂	ADI：不作特殊规定（JECFA，2006）	可按生产需要适量使用于各类食品（表 A.2 中编号为 1 ～ 68 的食品类别除外）
155	果胶	20.006/440	GB 25533—2010	42	乳化剂、稳定剂、增稠剂	兼具乳化剂和增稠剂作用，食品工业中果胶用作增稠剂的居多。见增稠剂部分的介绍	ADI：不需特殊规定（JECFA，2006），LD_{50}：4000mg/kg（大鼠，经口）	可按生产需要适量使用于各类食品（表 A.2 中编号为 1 ～ 4、6 ～ 9、11 ～ 30、33 ～ 46、48 ～ 49、54 ～ 68 的食品类别除外）；果蔬汁（浆），最大使用量 3.0g/kg

序号	食品添加剂名称	CNS 号 / INS 号	执行标准	在标准文本中的页码	食品添加剂功能分类	食品添加剂功能特点	食品添加剂安全性指标	食品添加剂使用范围和剂量
156	琥珀酸单甘油酯	10.038/472g	GB 1886.185—2016	49	乳化剂	非离子型乳化剂；HLB 值 5～7，介于水包油（O/W）和油包水（W/O）之间；耐酸、耐盐；不溶于冷水，可分散于热水；不溶于甘油，可溶于热的丙二醇、乙醇、大豆油、猪油；可与小麦粉中的谷蛋白结合，提高发酵面团的持气性，提高面包的体积和弹性，有抗老化、减少烘烤时水分散失和提高面包芯柔软性的效果	ADI：不作特殊规定（JECFA，2010）。GRAS	调制乳、以乳为主要配料的即食风味食品或其预制产品（不包括冰淇淋和风味发酵乳）、焙烤食品、含乳饮料，最大使用量 5.0g/kg；干酪类似品、[脂肪、油和乳化脂肪制品（基本不含水的脂肪和油、黄油和浓缩黄油除外）]，最大使用量 10.0g/kg；果蔬汁（浆）类饮料、蛋白饮料、[茶、咖啡、植物（类）饮料]，最大使用量 2.0g/kg；固体饮料，最大使用量 20.0g/kg（按稀释 10 倍计算）
157	聚甘油蓖麻醇酸酯（简称“PGPR”）	10.029/476	GB 1886.95—2015	59	乳化剂、稳定剂	非离子型乳化剂；HLB 值 2～4，油包水型乳化剂；具有良好的热稳定性；用于巧克力生产，既能降低巧克力浆的黏度，又能降低巧克力浆的屈服应力；与卵磷脂复配使用可减薄巧克力涂层厚度，改善巧克力口感	ADI：0～7.5mg/kg（JECFA，2006），LD_{50}：大于 46.5g/kg（小鼠，经口）	水油状脂肪乳化制品（黄油和浓缩黄油除外）、调制稀奶油，最大使用量 10.0g/kg；[可可制品、巧克力和巧克力制品（包括代可可脂巧克力及制品）]、糖果和巧克力制品包衣、[装饰糖果、顶饰（非水果材料）和甜汁（仅限巧克力涂层）]、半固体复合调味料，最大使用量 5.0g/kg

续表

序号	食品添加剂名称	CNS 号 / INS 号	执行标准	在标准文本中的页码	食品添加剂功能分类	食品添加剂功能特点	食品添加剂安全性指标	食品添加剂使用范围和剂量
158	聚甘油脂肪酸酯	10.022/475	GB 1886.178—2016	59	乳化剂、稳定剂、增稠剂、抗结剂	非离子型乳化剂；HLB 值跨度很广，三聚甘油单硬脂酸酯的 HLB 值为 6.2，四聚甘油单硬脂酸酯的 HLB 值为 8.4，六聚甘油单硬脂酸酯的 HLB 值为 11.0；耐热、耐酸，适用于酸乳、酸性饮料等；有良好的充气作用，并可用于抑制结晶形成；能显著提高豆乳制品稳定性，防止沉淀、分层、油圈等现象的产生；能使冰淇淋外观光滑、干湿适当、膨胀率高、口感细腻滑润、保型性好、抑制冰晶成长	ADI：0 ～ 25mg/kg（JECFA，2006），LD_{50}：大于 10g/kg（大鼠，经口）	调制乳、调制乳粉和调制奶油粉、稀奶油及其类似品（01.05.01 稀奶油除外）、植物油（仅限煎炸用油）、冷冻饮品（食用冰除外）、熟制坚果与籽类（仅限油炸坚果与籽类）、[可可制品、巧克力和巧克力制品（包括代可可脂巧克力及制品）]、即食谷物[包括碾轧燕麦（片）]、方面米面制品、（面糊、裹粉、煎炸粉）、焙烤食品、调味品（盐及代盐制品、香辛料类除外）（仅限用于膨化食品的调味料、固体复合调味料、半固体复合调味料）、饮料类[包装饮用水、果蔬汁（浆）、浓缩果蔬汁（浆）除外]、果冻、膨化食品，最大使用量 10.0g/kg；（脂肪、油和乳化脂肪制品）（基本不含水的脂肪和油、黄油和浓缩黄油除外），最大使用量 20.0g/kg；糖果，最大使用量 5.0g/kg

续表

序号	食品添加剂名称	CNS号/INS号	执行标准	在标准文本中的页码	食品添加剂功能分类	食品添加剂功能特点	食品添加剂安全性指标	食品添加剂使用范围和剂量
159	卡拉胶	20.007/407	GB 1886.169—2016	62	乳化剂、稳定剂、增稠剂	兼具乳化剂和增稠剂作用，食品工业中卡拉胶用作增稠剂的居多。见增稠剂部分介绍	ADI：不作特殊规定（JECFA，2006），LD_{50}：大于5g/kg(大鼠，经口)	可按生产需要适量使用于各类食品（表A.2中编号为1～4、6～9、11～30、32～49、54～61、63～68的食品类别除外）；生干面制品，最大使用量8.0g/kg；赤砂糖、原糖、其他糖和糖浆，最大使用量5.0g/kg；婴幼儿配方食品，最大使用量0.3g/L(以即食状态计)
160	酪蛋白酸钠（又名酪朊酸钠）	10.002/—	GB 1886.212—2016	69	乳化剂、其他	阴离子型乳化剂；HLB值23.3，水包油型乳化剂；兼具乳化剂和增稠剂作用；热稳定性好，起泡性高，可用于各类食品。酪蛋白酸钠有很好的增黏力和蛋白特有的起泡性，能使产品内脂肪分布均匀，气泡稳定；能增强肉的黏结性，可增强鱼糕弹性，并能保留水分，几乎不脱水不收缩	ADI：不作特殊规定（JECFA，2006），LD_{50}：400～500g/kg（大鼠，经口）	可按生产需要适量使用于各类食品（表A.2中编号为1～68的食品类别除外）；婴儿配方食品、较大婴儿和幼儿配方，最大使用量1.0g/kg（以即食状态计，作为花生四烯酸和二十二碳六烯酸载体）
161	酶解大豆磷脂	10.040/—	GB 30607—2014	82	乳化剂	HLB值8～9的大豆磷脂在溶血磷脂酶的作用下，水解掉甘油上的一个脂肪酸，形成的Sn-2溶血磷脂或Sn-1溶血磷脂。Sn-2溶血磷脂和Sn-1溶血磷脂在常温下能够发生结构互换。酶解大豆磷脂的乳化能力比普通磷脂提高4～5倍	ADI：不作特殊规定（JECFA，2006）。GRAS	可按生产需要适量使用于各类食品（表A.2中编号为1～68的食品类别除外）

续表

序号	食品添加剂名称	CNS 号 / INS 号	执行标准	在标准文本中的页码	食品添加剂功能分类	食品添加剂功能特点	食品添加剂安全性指标	食品添加剂使用范围和剂量
162	磷脂	04.010/322	GB 1886.358—2022	75	抗氧化剂、乳化剂	非离子型乳化剂；大豆 HLB 值 3～4，蛋黄 HLB 值 3～6，油包水型乳化剂：磷脂的溶解性能兼具水溶性和油溶性，易溶于油，可在水中形成胶体分散体系，表现出一定的水溶性。磷脂天然、安全，乳化能力强，可用于油包水或水包油体系，能在高温、酸碱环境中保持稳定	ADI：不作特殊规定（JECFA，2006），LD_{50} 大于 10g/kg（大鼠，经口）	可按生产需要适量使用于各类食品（表 A.2 中编号为 1 ～ 4、6、8 ～ 53、59 ～ 68 的食品类别除外）
163	木松香甘油酯	10.041/445（iii）	GB 1886.359—2022	83	乳化剂	木松香甘油酯由浅色松香与食用级甘油酯化而成，非离子型乳化剂；淡黄至淡褐色易碎透明玻璃状块状物；不溶于水，溶于亚麻籽油等，略溶于乙醇。具有辅助呈色能力，帮助食品级油墨快速清晰转印在食品包衣表面；固化迅速，耐摩擦，不褪色	GRAS	糖果和巧克力制品包衣，最大使用量 0.32g/kg
164	木糖醇酐单硬脂酸酯	10.007/—	GB 1886.116—2015	83	乳化剂	非离子型乳化剂；HLB 值 5.2，油包水型乳化剂；不溶于水，能分散于热水中，溶于热酒精，无异味。用于面包加工，可使面包体积明显增大，松软、有弹性、色泽好；用于糖果，可使其组织结构疏松，口感细腻、均匀，不黏牙、不糊口	ADI：0 ～ 25mg/kg，LD_{50}：大于 10g/kg（大鼠，经口），LD_{50}：大于 9.5g/kg（小鼠，经口）	氢化植物油、糖果，最大使用量 5.0g/kg；面包、糕点，最大使用量 3.0g/kg

续表

序号	食品添加剂名称	CNS 号 / INS 号	执行标准	在标准文本中的页码	食品添加剂功能分类	食品添加剂功能特点	食品添加剂安全性指标	食品添加剂使用范围和剂量
165	柠檬酸脂肪酸甘油酯	10.032/472c	GB 29951—2013	87	乳化剂	甘油与脂肪酸、柠檬酸共同酯化的产物；非离子型乳化剂；HLB 值 4 ～ 6，油包水型乳化剂；不溶于水，可溶于乙醇；具有乳化、分散、螯合、控制脂肪凝集等作用。用于冰淇淋、巧克力、糖果起增效增溶作用；与金属离子络合，起抗氧化增效剂作用；具有抑制产品光照褪色的作用，可抑制产品的褐变	ADI：不作限制性规定（JECFA，2006）。GRAS	可按生产需要适量使用于各类食品（表 A.2 中编号为 1 ～ 68 的食品类别除外）；婴幼儿配方食品，最大使用量 24.0g/kg
166	氢化松香甘油酯	10.013/—	GB 10287—2012	92	乳化剂	HLB 值 3 左右，氢化松香甘油酯主要成分为二氢化松香酸甘油酯。淡黄色至琥珀色的透明玻璃状固体，软化点 80 ～ 90℃；味苦；不溶于水和乙醇，可溶于植物油、精油及有机溶剂；具有很好的抗氧化性能	LD_{50}：大于 21.5g/kg（大鼠，经口），LD_{50}：大于 20g/kg（小鼠，经口）。GRAS	经表面处理的鲜水果，最大使用量 0.5g/kg；果蔬汁（浆）类饮料、风味饮料（仅限果味饮料），最大使用量 0.1g/kg
167	乳酸脂肪酸甘油酯	10.031/472b	GB 1886.93—2015	97	乳化剂	非离子型乳化剂；HLB 值 3 ～ 7，油包水型乳化剂；不溶于冷水，能分散于热水，溶于热异丙醇、热的油脂；具有乳化、降黏、控制油脂结晶等作用。用于肉制品可改善香肠及火腿的持水性，用于面团可改善结构，增大烘焙体积，防止淀粉老化	ADI：不作限制性规定（JECFA，2006）。GRAS	可按生产需要适量使用于各类食品（表 A.2 中编号为 1 ～ 68 的食品类别除外）；稀奶油，最大使用量 5.0g/kg

序号	食品添加剂名称	CNS 号 / INS 号	执行标准	在标准文本中的页码	食品添加剂功能分类	食品添加剂功能特点	食品添加剂安全性指标	食品添加剂使用范围和剂量
168	乳糖醇（又名 4-β-D 吡喃半乳糖-D-山梨醇）	19.014/966	GB 1886.98—2024	97	乳化剂、稳定剂、增稠剂、甜味剂	食品工业中乳糖醇主要用作甜味剂。见甜味剂部分介绍	ADI 值：不作特殊规定（JECFA，2006），LD_{50}：大于 10g/kg（小鼠，经口）	可按生产需要适量使用于各类食品（表 A.2 中编号为 1～4、6～49、54～68 的食品类别除外）
169	司盘类［包括山梨醇酐单月桂酸酯（又名司盘 20），山梨醇酐单棕榈酸酯（又名司盘 40），山梨醇酐单硬脂酸酯（又名司盘 60），山梨醇酐三硬脂酸酯（又名司盘 65），山梨醇酐单油酸酯（又名司盘 80）］	10.024，10.008，10.003，10.004，10.005/493，495，491，492，494	GB 25551—2010，GB 25552—2010，GB 25553—2010，GB 29220—2012，GB 13482—2011	107	乳化剂	非离子型乳化剂；司盘 20 HLB 值 8.6，司盘 40 HLB 值 6.7，司盘 60 HLB 值 4.7，司盘 65 HLB 值 2.1，司盘 80 HLB 值 4.3；乳化能力强，乳液透明度高；热稳定性和水解稳定性高；略有焦糖甜味，有油脂味。食品体系多采用司盘 60、司盘 65 和司盘 80	ADI：0～25mg/kg（JECFA，2006），LD_{50}：司盘 20、司盘 40、司盘 65、司盘 80，大于 10g/kg（大鼠，经口）；司盘 60，31g/kg（大鼠，经口）	调制乳、（冰淇淋、雪糕类）、经表面处理的鲜水果、经表面处理的新鲜蔬菜、除胶基糖果以外的其他糖果、面包、糕点、饼干、果蔬汁（浆）类饮料、固体饮料（速溶咖啡除外），最大使用量 3.0g/kg；稀奶油（淡奶油）及其类似品（01.05.01 稀奶油除外）、氢化植物油、［可可制品、巧克力和巧克力制品（包括代可可脂巧克力及制品）］、速溶咖啡、干酵母，最大使用量 10.0g/kg；脂肪、油和乳化脂肪制品（植物油脂、动物油脂、无水黄油、无水乳脂、黄油和浓缩黄油除外），最大使用量 15.0g/kg；豆类制品，最大使用量 1.6g/kg（以每千克豆类的使用量计）；植物蛋白饮料，最大使用量 6.0g/kg；风味饮料（仅限果味饮料），最大使用量 0.5g/kg

续表

序号	食品添加剂名称	CNS 号 / INS 号	执行标准	在标准文本中的页码	食品添加剂功能分类	食品添加剂功能特点	食品添加剂安全性指标	食品添加剂使用范围和剂量
170	双乙酰酒石酸单双甘油酯（简称“DATEM”）	10.010/472e	GB 25539—2010	104	乳化剂、增稠剂	非离子型乳化剂；HLB 值 8.0 ～ 9.2；油溶，可分散于热水；具有良好的发泡作用，用于掼奶油等体系；能增强面团的弹性、韧性和持气性，改善组织结构；有微量乙酸气味。双乙酰酒石酸单双甘油酯用于稀奶油可使产品滑润细腻，用于黄油和浓缩黄油能防止油脂析出，提高稳定性；用于植脂末可使产品乳液均一稳定，口感细腻；用于面团能增强面团弹性、韧性和持气性，减少面团弱化度，降低面团的黏度；用于方便面，能加速水的润湿和渗透，方便食用	ADI：0 ～ 50mg/kg（JECFA，2009），LD_{50}：大于 10g/kg（大鼠，经口）	调制乳、脂肪类甜品、其他油脂或油脂制品（仅限植脂末）、除 04.01.02.05 以外的果酱（如印度酸辣酱）、谷类和淀粉类甜品（如米布丁、木薯布丁）、（面糊、裹粉、煎炸粉）、其他再制蛋、其他蛋制品（赤砂糖、原糖、其他糖和糖浆）、液体复合调味料、果蔬汁（浆）类饮料、蛋白饮料、碳酸饮料、[茶、咖啡、植物（类）饮料]、特殊用途饮料、风味饮料、果酒，最大使用量 5.0g/kg；风味发酵乳、乳粉和奶油粉及其调制产品（01.03.01 乳粉和奶油粉除外）、（干酪、再制干酪、干酪制品及干酪类似品）、以乳为主要配料的即食风味食品或其预制产品（不包括冰淇淋和风味发酵乳）、水油状脂肪乳化制品、[02.02 类以外的脂肪乳化制品，包括混合的和（或）调味的脂肪乳化制品]、冷冻饮品（食用冰除外）、水果干类、干制蔬菜、除胶基糖果以外的其他

续表

序号	食品添加剂名称	CNS 号 / INS 号	执行标准	在标准文本中的页码	食品添加剂功能分类	食品添加剂功能特点	食品添加剂安全性指标	食品添加剂使用范围和剂量
170	双乙酰酒石酸单双甘油酯（简称“DATEM”）							糖果、[装饰糖果、顶饰（非水果材料）和甜汁]、生湿面制品、生干面制品、油炸面制品、方便米面制品、冷冻米面制品、预制肉制品、熟肉制品、水产及其制品[鲜水产、预制水产品（半成品）除外]、半固体复合调味料、发酵酒（葡萄酒除外），最大使用量 10.0g/kg；稀奶油（淡奶油）及其类似品，最大使用量 6.0g/kg；（醋、油或盐）渍水果、蜜饯，最大使用量 1.0g/kg；果泥、装饰性果蔬、水果甜品（包括果味液体甜品）、发酵的水果制品、腌渍的蔬菜、经水煮或油炸的蔬菜、其他加工蔬菜、腌渍的食用菌和藻类、经水煮或油炸的藻类、其他加工食用菌和藻类、熟制豆类、果冻，最大使用量 2.5g/kg；胶基糖果，最大使用量 50.0g/kg；杂粮粉、食用淀粉，最大使用量 3.0g/kg；焙烤食品、膨化食品，最大使用量 20.0g/kg；香辛料类，最大使用量 0.001g/kg

序号	食品添加剂名称	CNS号/INS号	执行标准	在标准文本中的页码	食品添加剂功能分类	食品添加剂功能特点	食品添加剂安全性指标	食品添加剂使用范围和剂量
171	吐温类[包括聚氧乙烯(20)山梨醇酐单月桂酸酯(又名吐温20),聚氧乙烯(20)山梨醇酐单棕榈酸酯(又名吐温40),聚氧乙烯(20)山梨醇酐单硬脂酸酯(又名吐温60),聚氧乙烯(20)山梨醇酐单油酸酯(又名吐温80)]	10.025,10.026,10.015,10.016/432,434,435,433	GB 29221—2012,GB 29222—2012,GB 25553—2010,GB 25554—2010	117	乳化剂、稳定剂	非离子型乳化剂;吐温20 HLB值16.9,吐温40 HLB值15.6,吐温60 HLB值14.9,吐温80 HLB值15.4;乳化能力强,乳液透明度高;热稳定性和水解稳定性高;略有苦味,有油脂味;吐温60和吐温80一般用于食品体系,吐温20和吐温40一般用于乳化香精等食品添加剂	ADI:0～25mg/kg(JECFA,2006),LD_{50}:吐温20、吐温40、吐温60,大于10g/kg(大鼠,经口);吐温80,25g/kg(大鼠,经口)	调制乳、冷冻饮品(食用冰除外),最大使用量1.5g/kg;稀奶油、调制稀奶油、液体复合调味料,最大使用量1.0g/kg;水油状脂肪乳化制品(黄油和浓缩黄油除外)、02.02类以外的脂肪乳化制品[包括混合的和(或)调味的脂肪乳化制品]半固体复合调味料,最大使用量5.0g/kg;面包,最大使用量2.5g/kg;糕点、含乳饮料、植物蛋白饮料,最大使用量2.0g/kg;固体复合调味料,最大使用量4.5g/kg;饮料类[包装饮用水、果蔬汁(浆)、浓缩果蔬汁(浆)、固体饮料除外]、胶原蛋白肠衣,最大使用量0.5g/kg;果蔬汁(浆)类饮料,最大使用量0.75g/kg

续表

序号	食品添加剂名称	CNS 号 / INS 号	执行标准	在标准文本中的页码	食品添加剂功能分类	食品添加剂功能特点	食品添加剂安全性指标	食品添加剂使用范围和剂量
172	辛，癸酸甘油酯	10.018/—	GB 28302—2012	122	乳化剂	辛，癸酸甘油酯是辛酸甘油酯和癸酸甘油酯的混合物。非离子型乳化剂；HLB 值 12.5，水包油型乳化剂；无色无味，低黏度，有良好的乳化性、延伸性和润滑性；耐高温，长时间煮炸后黏度几乎不变，不易氧化；主要用于香精香料、冷饮制品、乳制品、乳化剂复配等	LD_{50}：15g/kg（大鼠，经口）	乳粉和奶油粉及其调制产品（01.03.01 乳粉和奶油粉除外）、氢化植物油、（冰淇淋、雪糕类）、[可可制品、巧克力和巧克力制品（包括代可可脂巧克力及制品）以及糖果]、饮料类[包装饮用水、果蔬汁（浆）、浓缩果蔬汁（浆）除外]，按生产需要适量使用
173	辛烯基琥珀酸淀粉钠	10.030/1450	GB 1886.370—2023	122	乳化剂、其他	辛烯基琥珀酸淀粉钠分子量较大，在油水界面可形成一层强度很大的薄膜，可以稳定水包油型的乳浊液，HLB 值大于 10；在酸碱性的溶液中都有好的稳定性；适用于酸奶油、酸性乳饮料、耐酸植脂末等的乳化。应用于肉浆可以明显增强弹性、持水性和黏性；应用于微胶囊壁材，可替代阿拉伯胶；能掩盖一些不良风味如涩味、苦味、腥味等	ADI：不作特殊规定（JECFA，2006）	可按生产需要适量使用于各类食品（表 A.2 中编号为 1 ～ 4、6 ～ 68 的食品类别除外）；婴儿配方食品，最大使用量 1.0g/L（作为花生四烯酸和二十二碳六烯酸载体，以即食状态计）；较大婴儿和幼儿配方食品，最大使用量 50.0g/L（作为花生四烯酸和二十二碳六烯酸载体，以即食状态计）；特殊医学用途婴儿配方食品，最大使用量 150.0g/kg（仅限粉状产品，液态产品按照稀释倍数折算）

续表

序号	食品添加剂名称	CNS 号 / INS 号	执行标准	在标准文本中的页码	食品添加剂功能分类	食品添加剂功能特点	食品添加剂安全性指标	食品添加剂使用范围和剂量
174	乙酰化单、双甘油脂肪酸酯	10.027/472a	GB 1886.80—2015	132	乳化剂	非离子型乳化剂；HLB 值 2.5 ～ 3.5，油包水型乳化剂；能保持脂肪 α-晶型；增加泡沫稳定性；具有在 0℃以下保持液态或塑化态的性能，保证高脂食品（如冰淇淋、掼奶油）的充气性；能形成弹性膜，有利于食品的涂层保鲜；有乙酸气味	ADI：不作限制性规定（JECFA，2006），LD_{50}：大于 10g/kg（大鼠，经口）	可按生产需要适量使用于各类食品（表 A.2 中编号为 1 ～ 68 的食品类别除外）
175	硬脂酸钙	10.039/—	GB 1886.102—2016	134	乳化剂、抗结剂	离子型乳化剂；HLB 值为 6.7；精细白色蓬松粉末，不溶于水、冷的乙醇和乙醚，微溶于热的乙醇和乙醚；在空气中有吸水性	ADI：不作特殊规定（JECFA，2006），LD_{50}：大于 10g/kg（大鼠，经口）	香辛料及粉、固体复合调味料，最大使用量 20.0g/kg
176	硬脂酸钾	10.028/—	GB 31623—2014	134	乳化剂、抗结剂	离子型乳化剂；HLB 值 20，水包油型乳化剂，具有很高的乳化效率；白色晶体粉末，有轻微的脂肪气味；易溶于热水、乙醇，缓溶于冷水，水溶液呈强碱性；对硬水敏感，能与硬水生成钙皂，使乳状液变性或被破坏	ADI：不作特殊规定（JECFA，2006）。GRAS	糕点，最大使用量 0.18g/kg；香辛料及粉，最大使用量 20.0g/kg
177	硬脂酸镁	02.006/470（iii）	GB 1886.91—2016	134	乳化剂、抗结剂	离子型乳化剂；HLB 值约为 7；白色松散粉末，手感滑腻；室温下水中溶解度仅 77 ～ 79mg/L，能溶解于热乙醇中	ADI：不作特殊规定（JECFA，2006），LD_{50}：大于 2g/kg（兔，经口）	蜜饯，最大使用量 0.8g/kg；可可制品、巧克力和巧克力制品（包括代可可脂巧克力及制品）以及糖果，按生产需要适量使用

续表

序号	食品添加剂名称	CNS 号 / INS 号	执行标准	在标准文本中的页码	食品添加剂功能分类	食品添加剂功能特点	食品添加剂安全性指标	食品添加剂使用范围和剂量
178	硬脂酰乳酸钠（SSL），硬脂酰乳酸钙（CSL）	10.011，10.009/481(i)，482（i）	GB 1886.92—2016，GB 1886.179—2016	135	乳化剂、稳定剂	阴离子型乳化剂；SSL 的 HLB 值 8.3，CSL 的 HLB 值 5.1；乳化剂亲水基团与麦胶蛋白结合，疏水基团与麦谷蛋白相结合，形成面筋-蛋白的复合物，使面筋网络更为细致而有弹性；疏水基团能进入直链淀粉的螺旋构型中，使面筋蛋白和淀粉结合紧密，在面团调制过程中提高弹性、延伸性和韧性；有类似焦糖气味。SSL 或 CSL 能提高发酵面团的持气性和焙烤成品的体积，组织柔软均一，防止老化，不易塌陷；能提高面团的持水性，降低面团在冷冻过程中的水分迁移；还可作为液体蛋白和冷冻蛋白的起泡剂	ADI：0 ～ 20mg/kg（JECFA，2006），LD_{50}：27g/kg（大鼠，经口）	调制乳、风味发酵乳、其他油脂或油脂制品（仅限粉末油脂）、（冰淇淋、雪糕类）、果酱、[装饰糖果、顶饰（非水果材料）和甜汁]、专用小麦粉（如自发粉、饺子粉等）、生湿面制品、发酵面制品、其他杂粮制品（仅限脱水马铃薯制品）、面包、糕点、饼干、肉灌肠类、调味糖浆、蛋白饮料、[茶、咖啡、植物（类）饮料]、特殊用途饮料、风味饮料，最大使用量 2.0g/kg；稀奶油、调制稀奶油、稀奶油类似品、水油状脂肪乳化制品（黄油和浓缩黄油除外）、[02.02 类以外的脂肪乳化制品，包括混合的（或）调味的脂肪乳化制品]，最大使用量 5.0g/kg；植物油脂，最大使用量 0.3g/kg；其他油脂或油脂制品（仅限植脂末），最大使用量 10.0g/kg
179	皂树皮提取物	10.042/999	GB 1886.379—2024	138	乳化剂	皂树的树皮、树干或枝条的水提取物，有效成分是皂树皂苷；作为乳化剂用于饮料，能使饮料稳定均一，不分层；乳化能力强，能制备胡萝卜素含量 3% 的乳剂，传统乳化剂一般只能制备胡萝卜素含量 1% 的乳剂	ADI：0 ～ 1mg/kg（以皂素计）（JECFA，2005）	果蔬汁（浆）类饮料、蛋白饮料、碳酸饮料、特殊用途饮料、风味饮料，最大使用量 0.05g/kg（以皂素计）

续表

序号	食品添加剂名称	CNS 号 / INS 号	执行标准	在标准文本中的页码	食品添加剂功能分类	食品添加剂功能特点	食品添加剂安全性指标	食品添加剂使用范围和剂量
180	蔗糖脂肪酸酯	10.001/473	GB 1886.27—2015	139	乳化剂	非离子型乳化剂；有单酯和多酯，三酯以上属油包水型；最广泛的商品形式是蔗糖单硬脂酸酯，HLB 值 16，水包油型乳化剂；水溶液微甜，柔和。蔗糖脂肪酸酯可使淀粉的特殊碘反应消失，提高淀粉的糊化温度，有效防止淀粉老化。具有良好的充气作用，使发酵食品体积增大；能降低巧克力的黏度，延长食品保质期等，是应用最广泛的乳化剂之一	ADI：0 ～ 30mg/kg（JECFA，2010），LD_{50}：30g/kg（大鼠，经口）	调制乳、焙烤食品，最大使用量 3.0g/kg；风味发酵乳、冷冻饮品（食用冰除外）、经表面处理的鲜水果、杂粮罐头、肉及肉制品（生、鲜肉除外）、鲜蛋（用于鸡蛋保鲜）、饮料类［包装饮用水、果蔬汁（浆）、浓缩果蔬汁（浆）除外］，最大使用量 1.5g/kg；稀奶油，最大使用量 2.5g/kg；调制稀奶油、稀奶油类似品、基本不含水的脂肪和油、水油状脂肪乳化制品（黄油和浓缩黄油除外）、［02.02 类以外的脂肪乳化制品，包括混合的和（或）调味的脂肪乳化制品］、［可可制品、巧克力和巧克力制品（包括代可可脂巧克力及制品）以及糖果］，最大使用量 10.0g/kg；果酱、专用小麦粉（如自发粉、饺子粉等）、（面糊、裹粉、煎炸粉）、调味糖浆、调味品（盐及代盐制品、香辛料类除外）、其他（仅限即食菜肴），最大使用量 5.0g/kg；生湿面制品、生干面制品、方便米面制品、果冻，最大使用量 4.0g/kg

11. 酶制剂——由动物或植物的可食或非可食部分直接提取，或由传统或通过基因修饰的微生物（包括但不限于细菌、放线菌、真菌菌种）发酵、提取制得，用于食品加工，具有特殊催化功能的生物制品

序号	食品添加剂名称	CNS 号 / INS 号	执行标准	在标准文本中的页码	食品添加剂功能分类	食品添加剂功能特点	食品添加剂安全性指标	食品添加剂使用范围和剂量
181	D-阿洛酮糖-3-差向异构酶	—/—	GB 1886.174—2024	230	酶制剂	D-阿洛酮糖-3-差向异构酶催化 D-果糖生成 D-阿洛酮糖。阿洛酮糖的甜度为蔗糖的 70%，热量为蔗糖的 10% 左右，可发生美拉德反应，具备防龋齿、抑制血糖升高、提供饱腹感等特殊功效	—	由枯草芽孢杆菌（酶制剂的基因片段来源于瘤胃球菌 CAG55）、枯草芽孢杆菌（酶制剂的基因片段来源于瘤胃球菌 5139BFAA）、闪烁梭菌 ATCC35704 发酵制得
182	阿拉伯呋喃糖苷酶	—/—	GB 1886.174—2024	231	酶制剂	阿拉伯呋喃糖苷酶最适 pH 为 5.0，最适温度为 65℃；催化含阿拉伯糖的聚合物中以 α-(1,2)、α-(1,3) 或 α-(1,5) 连接的阿拉伯呋喃糖基的水解，主要功能是协同其他水解酶水解半纤维素等大分子物质。用于谷物加工，有助于分离谷物淀粉、谷物蛋白和谷物纤维；用于面包生产，在烘焙时面包芯膨胀减缓，使面包体积增大，面包芯更松软；用于果汁生产，有助于果汁澄清；用于啤酒生产，有助于麦汁过滤	—	由黑曲霉、李氏木霉（酶制剂的基因片段来源于嗜松篮状菌 *Talaromyces pinophilus*）发酵制得

续表

序号	食品添加剂名称	CNS 号 / INS 号	执行标准	在标准文本中的页码	食品添加剂功能分类	食品添加剂功能特点	食品添加剂安全性指标	食品添加剂使用范围和剂量
183	氨基肽酶	—/—	GB 1886.174—2024	232	酶制剂	氨基肽酶最适反应温度50℃，最适pH7.5；从肽链的氨基末端逐一水解释放氨基酸，可配合内切蛋白酶作用，减少或降解蛋白酶解液中苦味肽，脱除苦味、提高蛋白水解度	GRAS	由米曲霉、李氏木霉（酶制剂的基因片段来源于棒曲霉）发酵制得
184	*α*-半乳糖苷酶	—/—	GB 1886.174—2024	230	酶制剂	*α*-半乳糖苷酶最适pH为4.5～5.0，最适温度50～60℃。对*α*-D-半乳糖苷类寡糖有良好的降解作用，能分解棉籽糖和水苏糖中的*α*-1，6-糖苷键，提高豆类食品的营养	GRAS	由黑曲霉发酵制得
185	半纤维素酶	—/—	GB 1886.174—2024	232	酶制剂	①纤维素与半纤维素共同存在于大多数植物细胞壁中，半纤维素是除纤维素和果胶物质以外，溶于碱的植物细胞壁多糖的总称。半纤维素是杂多糖聚合物，主要糖基有D-木糖、D-甘露糖、D-葡萄糖、D-半乳糖、L-阿拉伯糖、4-氧甲基-D-葡萄糖醛酸及少量L-鼠李糖、L-岩藻糖等。	ADI：不作特殊规定（JECFA，2006）	由黑曲霉发酵制得

续表

序号	食品添加剂名称	CNS 号 / INS 号	执行标准	在标准文本中的页码	食品添加剂功能分类	食品添加剂功能特点	食品添加剂安全性指标	食品添加剂使用范围和剂量
185	半纤维素酶					②半纤维素酶是一组酶的总称，主要包含木聚糖酶、葡聚糖酶、甘露聚糖酶等，经半纤维素酶的复合酶解，产生小分子多糖或者单糖。 ③黑曲霉 AG11 最适 pH 为 4.5 ～ 5.0，黑曲霉 Tieghem 变种最适 pH 为 3.5 ～ 5.0，棘孢曲霉最适 pH 为 4.0 ～ 6.0。在 30℃下维持 24h 活性仍为 100% 的 pH 值范围分别为 3.5 ～ 10，2.5 ～ 6，4 ～ 7；在 pH 5.6 下维持 15min 活性仍为 100% 的温度分别为 50℃、60℃、70℃。 ④半纤维素酶、纤维素酶、果胶酶一般复合使用，在果蔬加工中可提高果蔬汁的出汁率，并使果蔬汁澄清；半纤维素酶用于处理咖啡豆，可提高咖啡的溶出率；半纤维素酶添加于小麦粉中，可促进面团发酵，增大面团体积		

序号	食品添加剂名称	CNS号/INS号	执行标准	在标准文本中的页码	食品添加剂功能分类	食品添加剂功能特点	食品添加剂安全性指标	食品添加剂使用范围和剂量
186	菠萝蛋白酶	—/—	GB/T 23527.1—2023	232	酶制剂	①菠萝蛋白酶无底物专一性；水解肽键和酰胺键；活性中心为巯基。 ②最适温度55℃，最适pH值6～8，等电点为pH9.35。 ③温度超过50℃时明显失活，3mmol/L Ca^{2+}提高菠萝蛋白酶稳定性效果最好。Fe^{3+}、Fe^{2+}、Cu^{2+}等使菠萝蛋白酶稳定性下降，其中Fe^{3+}的影响最大。 ④菠萝蛋白酶主要用于啤酒抗寒（冷后浑）、肉类嫩化等	ADI：不作限制性规定（JECFA，2006）。GRAS	由菠萝果实（主要利用其外皮）及茎经压榨、提取、干燥而制得
187	单宁酶	—/—	GB 1886.174—2024	233	酶制剂	单宁是一类水溶性酚类化合物，在植物界中广泛分布，尤其在红葡萄酒中含量较多，呈干涩的口感。将单宁用单宁酶水解后，应用于茶饮料加工中可防止茶饮料的冷后浑浊，不仅提高得率，而且提高风味强度。最适pH 5.5～6.0，最适温度45～50℃，pH稳定范围在3.0～8.0，热稳定范围在60～70℃	—	由米曲霉发酵制得

续表

序号	食品添加剂名称	CNS号/INS号	执行标准	在标准文本中的页码	食品添加剂功能分类	食品添加剂功能特点	食品添加剂安全性指标	食品添加剂使用范围和剂量
188	蛋白酶（包括乳凝块酶）	—/—	GB/T 23527.1—2023	232	酶制剂	一组通过微生物发酵产生的蛋白酶。 ①中性蛋白酶，最适pH为7.5～7.8，最适温度45～55℃。等电点pH8～9；含锌酶，受EDTA或磷酸盐抑制；不稳定，容易自溶，即使在低温冰冻干燥，也会造成分子量明显减小；水解产物的风味好，无异味。耐热性中性蛋白酶来源于嗜热脂解地芽孢杆菌，最适pH为7.0～8.5，最适温度65～70℃，在pH 5.5～8.5下稳定。Ca^{2+}维持酶的构象，有Ca^{2+}存在最高温度可达80℃。 ②碱性蛋白酶，最适pH为8.5，最适温度50～60℃，pH值低于6或大于11时很快失活；对EDTA、重金属和巯基试剂不敏感，Ca^{2+}对酶的稳定有利；对热稳定性较差；在微生物蛋白酶中水解产物的风味最好。 ③酸性蛋白酶，最适pH为2.5～3.5，最适温度55℃，pH值3～6，温度30～55℃范围内稳定	ADI：未作规定（JECFA，2010，米曲霉）；不作特殊规定（JECFA，2006，枯草芽孢杆菌）。GRAS	由寄生内座壳（栗疫菌）、地衣芽孢杆菌、黑曲霉、解淀粉芽孢杆菌、枯草芽孢杆菌、米黑根毛霉、米曲霉、乳克鲁维酵母（酶制剂的基因片段来源于小牛胃）、微小毛霉、蜂蜜曲霉、嗜热脂解地芽孢杆菌、枯草芽孢杆菌（酶制剂的基因片段来源于水生栖热菌）、枯草芽孢杆菌（酶制剂的基因片段来源于解淀粉芽孢杆菌）、枯草芽孢杆菌（酶制剂的基因片段来源于克劳氏碱性卤杆菌）、热解蛋白无氧芽孢杆菌、李氏木霉、李氏木霉（酶制剂的基因片段来源于樟绒枝霉）发酵制得

序号	食品添加剂名称	CNS 号 / INS 号	执行标准	在标准文本中的页码	食品添加剂功能分类	食品添加剂功能特点	食品添加剂安全性指标	食品添加剂使用范围和剂量
189	蛋白质谷氨酰胺酶	—/—	GB 1886.174—2024	233	酶制剂	蛋白质谷氨酰胺酶是一种新型的脱酰胺酶，专一性强，仅作用于蛋白质侧链中的谷氨酰胺基团，不产生蛋白质交联反应，作用于植物蛋白可显著提高溶解性、乳化性、起泡性等诸多性能。最适 pH 6.5，最适温度 45℃	—	由解朊金黄杆菌发酵制得
190	α-淀粉酶	—/—	GB/T 24401—2009	230	酶制剂	α-淀粉酶需要钙离子保护酶活稳定性，没有钙离子时酶活力完全消失。 ①高温 α-淀粉酶最适温度 90 ～ 95℃，最适 pH 为 6.0 ～ 6.5，钙离子浓度只需 50 ～ 70mg/kg，自来水中含有钙离子即可满足要求。 ②中温 α-淀粉酶由解淀粉芽孢杆菌或枯草芽孢杆菌发酵生产，最适温度 60 ～ 70℃，最适 pH 为 6.0 ～ 6.4，pH5 以下迅速失活。钙离子浓度要求 150 ～ 250mg/L。 ③真菌 α-淀粉酶的最适作用温度为 55℃左右，超过 60℃开始失活，其热稳定性远比芽孢杆菌的酶低，最适 pH 为 4.0 ～ 6.0	ADI：以必要性为限（JECFA，2006）。GRAS	高温 α-淀粉酶由嗜热脂解地芽孢杆菌、地衣芽孢杆菌（酶制剂的基因片段来源于嗜热脂解地芽孢杆菌）、枯草芽孢杆菌（酶制剂的基因片段来源于嗜热脂解地芽孢杆菌）发酵生产； 中温 α-淀粉酶由解淀粉芽孢杆菌或枯草芽孢杆菌发酵生产； 真菌 α-淀粉酶由黑曲霉（酶制剂的基因片段来源于微小根毛霉）、米根霉、米曲霉、李氏木霉（酶制剂的基因片段来源于白曲霉）发酵生产； 地衣芽孢杆菌（酶制剂的基因片段来源于嗜纤维菌）发酵生产的 α-淀粉酶最适温度 20 ～ 30℃；

续表

序号	食品添加剂名称	CNS 号 / INS 号	执行标准	在标准文本中的页码	食品添加剂功能分类	食品添加剂功能特点	食品添加剂安全性指标	食品添加剂使用范围和剂量
190	α-淀粉酶					④ α-淀粉酶能水解淀粉分子中的 α-1,4-葡萄糖苷键，使淀粉糊的黏度迅速下降，起“液化”作用，故又名液化型淀粉酶，液化酶，分解产物为麦芽糖、葡萄糖和糊精，不能分解支链淀粉的 α-1,6-糖苷键。 ⑤高温 α-淀粉酶应用于酒精、味精等用淀粉制备葡萄糖的生产环节。中温 α-淀粉酶用于啤酒生产，可实现无麦芽糖化，增加辅料比例。真菌 α-淀粉酶用于焙烤食品等，改善发酵面团的结构和体积，烘烤时使淀粉酶失活		猪或牛的胰腺可提取获得 α-淀粉酶

续表

序号	食品添加剂名称	CNS 号 / INS 号	执行标准	在标准文本中的页码	食品添加剂功能分类	食品添加剂功能特点	食品添加剂安全性指标	食品添加剂使用范围和剂量
191	β-淀粉酶	—/—	GB 1886.174—2024	231	酶制剂	①植物 β-淀粉酶的最适 pH 值 5.0 ～ 6.0，在 pH 值 5 ～ 8 范围内稳定，最适反应温度 50 ～ 60℃。 ②细菌 β-淀粉酶的最适 pH 值 6.0 ～ 7.0，最适反应温度约为 50℃。 ③ β-淀粉酶是一种外切酶，从淀粉非还原性末端水解 α-1,4-糖苷键生成麦芽糖，不能水解 α-1,6-糖苷键。支链淀粉经 β-淀粉酶作用后，50% ～ 60% 转化为麦芽糖，其余为极限糊精。 ④钙离子能降低 β-淀粉酶稳定性，该性质被用于分离纯化 α-淀粉酶。 ⑤ β-淀粉酶可用于啤酒麦汁糖化和制造麦芽糖	—	由植物（大麦、番薯、大豆、小麦和麦芽）提取获得，或由枯草芽孢杆菌、弯曲芽孢杆菌、地衣芽孢杆菌（酶制剂的基因片段来源于弯曲芽孢杆菌）发酵制得
192	多聚半乳糖醛酸酶	—/—	GB 1886.174—2024	233	酶制剂	多聚半乳糖醛酸酶是果胶主要降解酶之一，有内切多聚半乳糖醛酸酶和外切多聚半乳糖醛酸酶两种，能切断果胶的聚半乳糖醛酸链的 α-1,4-糖苷键（注意和果胶裂解酶的区别）。最适 pH 4.0 ～ 5.0，最适温度 50 ～ 55℃	—	由黑曲霉、米根霉、李氏木霉（酶制剂的基因片段来源于塔宾曲霉）发酵制得

续表

序号	食品添加剂名称	CNS 号 / INS 号	执行标准	在标准文本中的页码	食品添加剂功能分类	食品添加剂功能特点	食品添加剂安全性指标	食品添加剂使用范围和剂量
193	分支酶	—/—	GB 1886.174—2024	卫健委公告2025年第7号	酶制剂	分支酶主要用于增加淀粉的分支度，如在淀粉加工生产麦芽糊精过程中使用。同类酶的最适 pH 接近中性，最适温度 40 ～ 50℃	—	由枯草芽孢杆菌（酶制剂的基因片段来源于 *Rhodothermus obamensis*）发酵制得
194	甘油磷脂胆固醇酰基转移酶	—/—	GB 1886.174—2024	233	酶制剂	甘油磷脂胆固醇酰基转移酶在人体内的作用是在血浆中催化高密度脂蛋白中卵磷脂 Sn2 位不饱和脂肪酸转移给游离胆固醇，生成溶血卵磷脂和胆固醇酯。这个过程对维持正常的脂质代谢和胆固醇平衡非常重要，是调节血浆中高密度脂蛋白浓度的一个重要酶。食物中的胆固醇以胆固醇酯形式存在，甘油磷脂胆固醇酰基转移酶作为食品添加剂的作用可能是生成磷脂酰胆固醇，帮助胆固醇在体内转运，降低胆固醇在体内沉积的风险	—	由地衣芽孢杆菌（酶制剂的基因片段来源于杀鲑气单胞菌杀鲑亚种）发酵制得
195	谷氨酰胺酶	—/—	GB 1886.174—2024	233	酶制剂	谷氨酰胺酶最适 pH 为 6.5，最适温度 37℃；耐盐，20% 氯化钠中活力保持 70%；水解谷氨酰胺生成谷氨酸，在豆酱等食品发酵生产时起提鲜作用	LD_{50}：大于 10g/kg。GRAS	由解淀粉芽孢杆菌、地衣芽孢杆菌发酵制得

续表

序号	食品添加剂名称	CNS 号 / INS 号	执行标准	在标准文本中的页码	食品添加剂功能分类	食品添加剂功能特点	食品添加剂安全性指标	食品添加剂使用范围和剂量
196	谷氨酰胺转氨酶	—/—	GB 1886.174—2024	233	酶制剂	谷氨酰胺转氨酶最适 pH 为 6.0 ～ 7.0，最适温度 50℃，在 45 ～ 55℃范围内都有较高的活性，特别是在蛋白质食品体系中，该酶的热稳定性会显著提高；可催化蛋白质多肽发生分子内和分子间共价交联，在各种蛋白质分子之间或之内形成 ε-（γ-谷氨酰）赖氨酸键，从而改善蛋白质的结构和功能，如发泡性、乳化稳定性、热稳定性、保水性和凝胶能力等，改善效果显著，进而改善食品的风味、口感、质地和外观等	GRAS	由茂原链轮丝菌（又名茂源链霉菌）发酵制得
197	果胶裂解酶	—/—	GB 1886.174—2024	233	酶制剂	果胶裂解酶可水解高度甲酯化果胶主链的 α-1,4-D-糖苷键，形成小分子而降低果胶黏度；最适 pH 5.0，最适温度 50℃。余见果胶酶	GRAS	由黑曲霉、李氏木霉（酶制剂的基因片段来源于黑曲霉）发酵制得

续表

序号	食品添加剂名称	CNS 号 / INS 号	执行标准	在标准文本中的页码	食品添加剂功能分类	食品添加剂功能特点	食品添加剂安全性指标	食品添加剂使用范围和剂量
198	果胶酶	—/—	GB 1886.174—2024	233	酶制剂	①果胶是半乳糖醛酸部分甲酯的多糖聚合物，天然果胶以原果胶、果胶、果胶酸的形态，与纤维素一起存在于植物细胞壁，构成相邻细胞中间层黏结物，使植物组织细胞紧紧黏结在一起。 ②果胶酶是催化果胶中的甲酯水解，以及将多聚半乳糖醛酸分解成较小分子多聚物的酶的总称，含果胶裂解酶、聚半乳糖醛酸酶、果胶酯酶。 ③果胶裂解酶可水解高度甲酯化果胶主链的 α-1,4-D-糖苷键，形成小分子而降低黏度；聚半乳糖醛酸酶能切断聚半乳糖醛酸链（非甲酯化）的 α-1,4-糖苷键，促进分子裂解；果胶酯酶对果胶起解酯作用，形成果胶酸而降低黏度。 ④果胶酶最适温度 45～50℃，作用温度范围 10～60℃，最适pH值为3.5～4.0。 ⑤果胶酶用于果蔬汁生产，可降低料液黏度，利于压榨过滤，提高出汁率，并使果蔬汁澄清、稳定。在红葡萄酒生产中添加果胶酶，可提高色泽，有利于酒的老熟，增加酒香	ADI：不作特殊规定（JECFA，2006，黑曲霉），LD_{50}: 21.5g/kg（小鼠，经口）	由黑曲霉、米根霉发酵制得

续表

序号	食品添加剂名称	CNS号/INS号	执行标准	在标准文本中的页码	食品添加剂功能分类	食品添加剂功能特点	食品添加剂安全性指标	食品添加剂使用范围和剂量
199	果胶酯酶（果胶甲基酯酶）	—/—	GB 1886.174—2024	233	酶制剂	果胶酯酶是催化果胶的甲氧酯水解产生果胶酸和甲醇反应的酶，最适 pH3.5，最适温度 50℃。果汁生产时天然果胶会被果胶酯酶水解，果胶分子脱酯化后，遇钙离子会生成低酯果胶凝胶，使果汁浑浊和不稳定。在果酒酿造中，果胶酯酶的作用可能引起酒中甲醇含量超标。因此，生产果汁、果酒时应先预热处理，使果胶酯酶失活	GRAS	由黑曲霉、米曲霉（酶制剂的基因片段来源于针尾曲霉）、李氏木霉（酶制剂的基因片段来源于塔宾曲霉）发酵制得
200	*β*-果糖基转移酶	—/—	GB 1886.174—2024	231	酶制剂	也称 *β*-呋喃果糖苷酶，能以蔗糖为原料合成蔗果三糖等低聚糖。最适温度 45～50℃，最适 pH5.0～5.5；EDTA 对酶有激活作用	—	由斐济曲霉 *Aspergillus fijiensis* 发酵制得
201	过氧化氢酶	—/—	GB 1886.174—2024	233	酶制剂	黑曲霉来源过氧化氢酶最适 pH 6.5～7.0，最适温度 40℃；猪肝提取的过氧化氢酶最适 pH 7.0，最适温度 37℃。 过氧化氢酶用于除去水产品、瓜果、蔬菜、乳品、饮料、肉制品等各种食品及包装容器在保鲜、漂白、消毒后残留的过氧化氢	ADI：不作限制性规定（JECFA，2006，牛肝）；ADI：未作规定（JECFA，2010，溶壁微球菌）。GRAS	由黑曲霉、溶壁微球菌发酵制得或由牛、猪或马的肝脏提取制得

续表

序号	食品添加剂名称	CNS 号 / INS 号	执行标准	在标准文本中的页码	食品添加剂功能分类	食品添加剂功能特点	食品添加剂安全性指标	食品添加剂使用范围和剂量
202	过氧化物酶	—/—	GB 1886.174—2024	国家卫健委公告 2025 年第 3 号	酶制剂	过氧化物酶最适 pH 4.0 ～ 6.0，最适温度 40 ～ 45℃。过氧化物酶主要用于催化反应底物的氧化，如在乳酪乳清的脱色工艺中使用	ADI：不作特殊规定（JECFA，2006），LD_{50}：大于 2000mg/kg（大鼠，经口，辣根过氧化物酶）	由黑曲霉（酶制剂的基因片段来源于 *Marasmius scorodonius*）发酵制得
203	海藻糖酶	—/—	GB 1886.174—2024	234	酶制剂	海藻糖是 D-葡萄糖通过 α-1,1- 糖苷键连接的二糖，甜度是砂糖的 38% 左右，口感比较温润；可以抑制淀粉老化，具有保水性能，在很多食品中应用。李氏木霉来源海藻糖酶的最适 pH 4.4，等电点 pH5.7；海藻糖酶的最适温度 40 ～ 65℃，李氏木霉来源海藻糖酶的最适温度不详	—	由李氏木霉发酵制得
204	核酸酶	—/—	GB 1886.174—2024	233	酶制剂	核酸酶最适 pH 5.0，最适温度为 60℃。核酸酶可以水解 RNA 和热变性 DNA 的磷酸二酯键，得到 5′-核苷酸和 5′-脱氧核苷酸，5′-核苷酸具有强烈的增鲜作用。核酸酶应用于食品中具有增鲜和抑制异味的功能；在酵母抽提物等调味食品的生产中具有极其重要的作用	—	由橘青霉发酵制得

序号	食品添加剂名称	CNS号/INS号	执行标准	在标准文本中的页码	食品添加剂功能分类	食品添加剂功能特点	食品添加剂安全性指标	食品添加剂使用范围和剂量
205	环糊精葡萄糖苷转移酶	—/—	GB 1886.174—2024	234	酶制剂	环糊精葡萄糖苷转移酶最适 pH 7.5，最适温度 55℃。环糊精葡萄糖苷转移酶能够以淀粉为底物，水解生成少量的葡萄糖，生成*α*-环糊精/*β*-环糊精/*γ*-环糊精，也能以淀粉为糖基供体催化糖苷合成反应，对白藜芦醇、甜菊苷等进行糖基化修饰	—	由地衣芽孢杆菌（酶制剂的基因片段来源于高温厌氧杆菌）、热解蛋白无氧芽孢杆菌发酵制得
206	己糖氧化酶	—/—	GB 1886.174—2024	234	酶制剂	己糖氧化酶最适 pH 5.0，最适温度 30℃。己糖氧化酶是一种底物谱广泛的糖类氧化还原酶，能催化 D-葡萄糖、D-果糖、D-半乳糖、麦芽糖、乳糖等己糖和一些二糖的氧化，生成相应的内酯并释放出 H_2O_2。己糖氧化酶具有除氧、酸化、提高蛋白交联等应用功能，常用于啤酒、牛奶保鲜、蛋白脱糖、面包面粉改良、乳制品酸化和抑制病原微生物等	ADI：不作特殊规定（JECFA，2006）	由（多形）汉逊酵母（酶制剂的基因片段来源于皱波角叉菜）发酵制得

续表

序号	食品添加剂名称	CNS号/INS号	执行标准	在标准文本中的页码	食品添加剂功能分类	食品添加剂功能特点	食品添加剂安全性指标	食品添加剂使用范围和剂量
207	菊糖酶	—/—	GB 1886.174—2024	234	酶制剂	菊糖是存在于菊芋、菊苣、婆罗门参、大丽花等植物体内果糖分子通过β-2,1糖苷键连接成的果聚糖，不能被人体消化，具有膳食纤维功能。 菊糖酶最适温度55～58℃，最适pH值5.0。外切型菊糖酶从菊糖末端逐一切下单个果糖，内切型菊糖酶随机切断果聚糖的糖苷键。使用菊糖酶可由菊粉为原料生产超高果葡糖浆或生产低聚果糖	—	由黑曲霉发酵制得
208	壳聚糖酶	—/—	GB 1886.174—2024	234	酶制剂	壳聚糖酶最适pH 5.6，最适温度55℃。壳聚糖酶催化水解部分乙酰化壳聚糖中的β-1,4-氨基葡萄糖苷键，产生不同聚合度的壳寡糖。壳寡糖易溶于水，具有抗菌、延缓氧化、降低血液胆固醇、降低血压、抗感染、控制关节炎等生物活性	—	由枯草芽孢杆菌发酵制得

序号	食品添加剂名称	CNS 号 / INS 号	执行标准	在标准文本中的页码	食品添加剂功能分类	食品添加剂功能特点	食品添加剂安全性指标	食品添加剂使用范围和剂量
209	磷脂酶	—/—	GB 1886.174—2024	234	酶制剂	磷脂酶是一组能水解甘油磷脂的酶，根据水解位点的不同，可分为磷脂酶 A、磷脂酶 B、磷脂酶 C 和磷脂酶 D。磷脂酶 A 分别水解甘油 Sn1、Sn2 位点，生成溶血磷脂和脂肪酸；磷脂酶 B 作用于溶血磷脂 1、2 位酯键，既有水解作用又有转酰基作用；磷脂酶 C 水解甘油 Sn3 位点，生成二酰甘油和磷酸胆碱或其他磷酸碱基；磷脂酶 D 水解磷酸和碱基间酯键，生成磷脂酸和碱基。磷脂酶可用于植物油酶法脱胶，产品含磷低、口感好、贮藏稳定；可用于磷脂改性，能有效增加磷脂的乳化性能	ADI：不作特殊规定（JECFA，2007），LD_{50}：大于 10g/kg（小鼠，经口）	由动物胰腺提取
210	磷脂酶 A1	—/—	GB 1886.174—2024	234	酶制剂	磷脂酶 A1 水解甘油 Sn1 位点，生成溶血磷脂和脂肪酸。最适 pH 6.8，最适温度 40 ～ 45℃。主要应用在制备高乳化能力的溶血磷脂和油脂脱胶中	—	由米曲霉（酶制剂的基因片段来源于红聚颈腔菌）、黑曲霉（酶制剂的基因片段来源于莱色篮状菌 *Talaromyces leycettanus*）发酵制得

续表

序号	食品添加剂名称	CNS 号 / INS 号	执行标准	在标准文本中的页码	食品添加剂功能分类	食品添加剂功能特点	食品添加剂安全性指标	食品添加剂使用范围和剂量
211	磷脂酶 A2	—/—	GB 1886.174—2024	234	酶制剂	磷脂酶 A2 水解甘油 Sn2 位点，生成溶血磷脂和脂肪酸。最适 pH 4.0 ～ 5.0，最适温度 40 ～ 50℃。主要应用在制备高乳化能力的溶血磷脂和油脂脱胶中	—	由猪胰腺组织提取或黑曲霉（酶制剂的基因片段来源于猪胰腺组织）、李氏木霉（酶制剂的基因片段来源于烟曲霉）发酵制得
212	磷脂酶 C	—/—	GB 1886.174—2024	234	酶制剂	磷脂酶 C 水解甘油 Sn3 甘油与磷酸间的酯键，生成二酰甘油和磷酸胆碱或其他磷酸碱基，最适 pH 8.0，最适温度 40 ～ 50℃。主要应用在油脂脱胶中	—	由巴斯德毕赤酵母（酶制剂的基因片段来源于土壤中分离的编码磷脂酶 C 的微生物）、地衣芽孢杆菌（酶制剂的基因片段来源于苏云金芽孢杆菌）发酵制得
213	磷酸二酯酶 I	—/—	GB 1886.174—2024	新增公告	酶制剂	主要用于催化磷酸二酯键的水解，可在核苷酸类增味剂生产中使用	国家卫健委公告 2025 年第 1 号	由 *Leptographium procerum* 发酵制得
214	磷酸肌醇磷脂酶 C	—/—	GB 1886.174—2024	234	酶制剂	磷酸肌醇磷脂酶 C 是一种磷脂水解酶类，水解 4,5-二磷酸磷脂酰肌醇，产生 1,4,5-三磷酸肌醇和 1,2-二酰甘油	—	由荧光假单胞菌（酶制剂的基因片段来源于土壤中分离的编码磷酸肌醇磷脂酶 C 的微生物）、地衣芽孢杆菌（酶制剂的基因片段来源于假单胞菌）发酵制得

序号	食品添加剂名称	CNS 号 / INS 号	执行标准	在标准文本中的页码	食品添加剂功能分类	食品添加剂功能特点	食品添加剂安全性指标	食品添加剂使用范围和剂量
215	麦芽碳水化合物水解酶（α-麦芽碳水化合物水解酶，β-麦芽碳水化合物水解酶）	—/—	GB 1886.174—2024	234	酶制剂	麦芽碳水化合物水解酶最适 pH 6.8，最适温度 37℃。麦芽碳水化合物水解酶主要含 α-淀粉酶和 β-淀粉酶，能水解淀粉产生糊精、寡糖和单糖，也能从非还原端水解产生麦芽糖。主要用于生产饴糖、酒精、啤酒、威士忌、酵母，焙烤工业中作为小麦粉改良剂	ADI：不作特殊规定（JECFA，2006）	由麦芽和大麦提取制得
216	麦芽糖淀粉酶	—/—	GB 1886.174—2024	234	酶制剂	麦芽糖淀粉酶最适温度 55～65℃，最适 pH 值 4.5～5.5。麦芽糖淀粉酶是一种外切淀粉酶，能切断支链淀粉侧链上的葡萄糖苷键，缩短支链淀粉侧链的长度，生成麦芽寡糖。主要用于生产饴糖、酒精、啤酒、威士忌、酵母。焙烤工业中作为小麦粉改良剂，能明显改善面制品柔软度，延缓淀粉老化，延长货架期	—	由枯草芽孢杆菌、酿酒酵母、酿酒酵母（酶制剂的基因片段都来源于嗜热脂解地芽孢杆菌）、地衣芽孢杆菌（酶制剂的基因片段都来源于嗜热脂解地芽孢杆菌）发酵制得
217	麦芽四糖水解酶	—/—	GB 1886.174—2024	235	酶制剂	麦芽四糖水解酶最适 pH 7.0，最适温度 60℃。麦芽四糖水解酶从淀粉支链末端水解产生麦芽四糖，能有效缩短淀粉支链的长度，用于抗淀粉老化。与其他烘焙淀粉酶相比较，麦芽四糖水解酶可以更有效地降低面包的硬度，更显著地增加面包瓤的弹性	—	由地衣芽孢杆菌（酶制剂的基因片段来源于施氏假单胞菌）发酵制得

续表

序号	食品添加剂名称	CNS 号 / INS 号	执行标准	在标准文本中的页码	食品添加剂功能分类	食品添加剂功能特点	食品添加剂安全性指标	食品添加剂使用范围和剂量
218	木瓜蛋白酶	—/—	GB/T 23527.1—2023	235	酶制剂	①木瓜蛋白酶商品中木瓜蛋白酶占可溶性蛋白质的10%，木瓜凝乳蛋白酶占可溶性蛋白质的45%，溶菌酶占可溶性蛋白质的20%。 ②木瓜蛋白酶有蛋白酶和酯酶的活性，对动植物蛋白、多肽、酯、酰胺等有较强的酶解能力，同时还具有合成的能力；底物专一性不是很强，作用于精氨酸、赖氨酸、甘氨酸、谷氨酸、酪氨酸的羧基端肽键。 ③最适温度65℃，90℃不会完全失活；最适pH 6.0～7.0。在10～85℃，pH 3.0～9.5范围可用；等电点为pH 8.75；pH值低于4在高温时迅速失活。 ④ Fe^{2+}、Cu^{2+} 能抑制木瓜蛋白酶活力，遇氧化剂易失活。 ⑤使用木瓜蛋白酶深度水解蛋白质得疏水性氨基酸末端寡肽，味苦。 ⑥木瓜蛋白酶在食品工业中可作为肉类嫩化剂、酒类澄清剂、饼干松化剂等	ADI：不作限制性规定（JECFA，2006），LD_{50}：12.5g/kg（小鼠，经口）；LD_{50}：大于4g/kg（大鼠，经口）	由木瓜的未成熟果实提取乳液，经凝固、沉降、干燥得粗制品

续表

序号	食品添加剂名称	CNS 号 / INS 号	执行标准	在标准文本中的页码	食品添加剂功能分类	食品添加剂功能特点	食品添加剂安全性指标	食品添加剂使用范围和剂量
219	木聚糖酶	—/—	GB 1886.174—2024	235	酶制剂	①木聚糖是植物细胞中半纤维素的主要成分，占植物细胞干重的 35%。 ②李氏木霉产木聚糖酶，最适 pH 值 5 ～ 6，在 pH 值 4 ～ 7 范围内稳定，最适反应温度 50℃，40 ～ 60℃范围内稳定。毕赤酵母产木聚糖酶，最适 pH 值 5.3，pH 值 3.5 ～ 6.5 范围内稳定，最适反应温度 55℃，45 ～ 60℃范围内稳定。 ③木聚糖酶是一组降解木聚糖的酶，主要是由 β-1,4-D-木聚糖酶和 β-1,4-D-木糖苷酶组成，此外还有一些脱支链酶。β-1,4-D-木聚糖酶内切木聚糖，使其主链骨架降解，β-1,4-D-木糖苷酶外切木寡糖，使其彻底降解为木糖。 ④木聚糖酶用于焙烤食品，可提高面筋网络的弹性，增强面团稳定性，改善面包风味；用于白酒和酒精生产中，可降低料液黏度，促进原料发酵、利用；用于果蔬汁加工，提高出汁率、澄清度和稳定性	ADI：不作限制性规定（JECFA，2006），LD_{50}：大于 10g/kg（小鼠，经口）	由 *Fusarium venenatum*（酶制剂的基因片段来源于棉状嗜热丝孢菌）、巴斯德毕赤酵母、孤独腐质霉、黑曲霉、绿色木霉、枯草芽孢杆菌、米曲霉（酶制剂的基因片段来源于棉状嗜热丝孢菌）、米曲霉（酶制剂的基因片段来源于黑曲霉）、李氏木霉（酶制剂的基因片段来源于 *Talaromyces leycettanus*）、李氏木霉（酶制剂的基因片段来源于黑曲霉塔宾变种）、李氏木霉（酶制剂的基因片段来源于柔曲高温多孢菌）、地衣芽孢杆菌发酵制得

续表

序号	食品添加剂名称	CNS 号 / INS 号	执行标准	在标准文本中的页码	食品添加剂功能分类	食品添加剂功能特点	食品添加剂安全性指标	食品添加剂使用范围和剂量
220	凝乳酶 A	—/—	GB 1886.174—2024	235	酶制剂	①凝乳酶特异性水解 κ-酪蛋白 Phe105-Met106 之间肽键，形成 2 个肽链，破坏酪蛋白胶束稳定而沉淀，是生产干酪的工具酶。 ②凝乳酶根据分子中第 244 位氨基酸残基的不同而分为凝乳酶 A（残基为 Asp）和凝乳酶 B（残基为 Gly）。 ③凝乳酶 A 最适 pH4.2，最适温度 37 ～ 43℃	ADI：不作特殊规定（FAO/WHO，2001）	由大肠杆菌 K-12（酶制剂的基因片段来源于小牛前凝乳酶 A 基因）发酵制得
221	凝乳酶 B	—/—	GB 1886.174—2024	235	酶制剂	凝乳酶 B 最适 pH 3.8，最适温度 37 ～ 43℃。余见凝乳酶 A	ADI：不作特殊规定（FAO/WHO，2001）	由黑曲霉泡盛变种（酶制剂的基因片段来源于小牛前凝乳酶B基因）、乳克鲁维酵母（酶制剂的基因片段来源于小牛前凝乳酶 B 基因）发酵制得
222	凝乳酶或粗制凝乳酶	—/—	GB 1886.174—2024	235	酶制剂	凝乳酶的最适 pH 值 5.8，最适作用温度 37 ～ 43℃。在 15℃以下、55℃以上没有活性。等电点 pH 值 4.5。余见凝乳酶 A	ADI：不作限制性规定（JECFA，2006），LD_{50}: 220mg/kg（小鼠，经口）	由小牛、山羊或羔羊的皱胃提取制得

续表

序号	食品添加剂名称	CNS 号 / INS 号	执行标准	在标准文本中的页码	食品添加剂功能分类	食品添加剂功能特点	食品添加剂安全性指标	食品添加剂使用范围和剂量
223	*β*-葡聚糖酶	—/—	GB 1886.174—2024	231	酶制剂	①*β*-葡聚糖是酵母、青稞、大麦等多种生物体中含有的多糖，有高黏性。 ②细菌来源的*β*-葡聚糖酶，最适 pH 值 6.0 ～ 6.5。 ③霉菌来源的*β*-葡聚糖酶，最适 pH 值 4.0 ～ 4.5，pH 值 6 ～ 9 范围内稳定。最适温度为 40° C。 ④有钙离子存在时极为稳定，且耐热性有所增加，甘油有助于防止活性下降。 ⑤*β*-葡聚糖酶是一组降解*β*-葡聚糖的酶，包括内、外切*β*-1,3-葡聚糖酶，内、外切*β*-1,4-葡聚糖酶。 ⑥在啤酒生产中添加*β*-葡聚糖酶，可提高麦汁得率和澄清度，提高麦糟过滤速度。在制糖工业中添加*β*-葡聚糖酶，可降低甘蔗汁黏度，以提高甘蔗汁加热速度、缩短澄清和结晶时间	ADI：0 ～ 0.5mg/kg（由木霉制得者）；0 ～ 1mg/kg（由黑曲霉制得者），FAO/WHO，2001。LD_{50}：大于 10g/kg（小鼠，经口）	由地衣芽孢杆菌、枯草芽孢杆菌、解淀粉芽孢杆菌、*Rasamsonia emersonii*（原名为埃默森篮状菌 *Talaromyces emersonii*）、孤独腐质霉、哈次木霉、黑曲霉、李氏木霉、两型孢双侧孢霉、绿色木霉、绳状青霉发酵制得

序号	食品添加剂名称	CNS 号 / INS 号	执行标准	在标准文本中的页码	食品添加剂功能分类	食品添加剂功能特点	食品添加剂安全性指标	食品添加剂使用范围和剂量
224	葡糖淀粉酶（淀粉葡糖苷酶）	—/—	GB 1886.174—2024	235	酶制剂	葡糖淀粉酶由曲霉而得的最适 pH 值为 3.5 ～ 5.0，最适温度为 55 ～ 60 ℃。由根霉而得的最适 pH 值为 4.5 ～ 5.5，最适温度为 50 ～ 55℃。60℃加热 30min 以上活力损失显著，80℃以上活力全部消失。葡糖淀粉酶是一种外切酶，从淀粉非还原性末端水解 α-1,4-糖苷键生成葡萄糖，也能水解 α-1,6-糖苷键，但水解速度仅水解 α-1,4-糖苷键的 10%。理论上能彻底水解淀粉，因此葡糖淀粉酶又称糖化酶、γ-淀粉酶。广泛用于淀粉糖、发酵酒、蒸馏酒的生产	—	由戴尔根霉、黑曲霉、黑曲霉［酶制剂的基因片段来源于 *Rasamsonia emersonii*（原名为埃默森篮状菌 *Talaromyces emersonii*）］、米根霉、米曲霉、雪白根霉、李氏木霉、黑曲霉（酶制剂的基因片段来源于密粘褶菌）发酵制得

续表

序号	食品添加剂名称	CNS 号 / INS 号	执行标准	在标准文本中的页码	食品添加剂功能分类	食品添加剂功能特点	食品添加剂安全性指标	食品添加剂使用范围和剂量
225	葡糖氧化酶	—/—	GB 1886.174—2024	236	酶制剂	①葡糖氧化酶作用的 pH 值范围在 3.5 ～ 6.5，最适 pH 值在 5.0 左右，在没有葡萄糖等保护剂存在时，pH 大于 8 或小于 3 时迅速失活。催化温度范围一般为 30 ～ 60℃。 ②葡糖氧化酶是一种需氧脱氢酶，能催化 D-葡萄糖 + $O_2 \longrightarrow$ D-葡糖酸 +H_2O_2 的反应，可以除去食品和容器中的氧，从而有效防止食物变质。 ③主要用于从蛋液中除去葡萄糖，可以避免美拉德反应的发生；用葡糖氧化酶从密封系统中除去氧气可抑制脂肪氧化和天然色素的氧化降解，如柑橘类饮料及啤酒等的脱氧，防止褐变；用于全脂奶粉、谷物、可可、咖啡、虾类、肉类食品，可防止由葡萄糖引起的褐变。 ④反应产生的过氧化氢有时可用作氧化剂，如能将面筋中的巯基氧化为二硫键，从而增强面筋的强度，提高面团延展性、增大面包体积	ADI：不作限制性规定（JECFA，2006），LD_{50}: 3mg/kg（小鼠，腹腔注射）	由黑曲霉（酶制剂的基因片段来源于 *Trametes Cingulata*）、米曲霉（酶制剂的基因片段来源于黑曲霉）、产黄青霉、黑曲霉（酶制剂的基因片段来源于产黄青霉）、李氏木霉（酶制剂的基因片段来源于尼崎青霉菌）发酵制得

续表

序号	食品添加剂名称	CNS 号 / INS 号	执行标准	在标准文本中的页码	食品添加剂功能分类	食品添加剂功能特点	食品添加剂安全性指标	食品添加剂使用范围和剂量
226	葡糖异构酶（木糖异构酶）	—/—	GB 1886.174—2024	236	酶制剂	葡糖异构酶最适pH值7.0～7.5，适用pH范围6.0～8.0，最适温度60℃，适用温度30～75℃。需Mg^{2+}和Co^{2+}才表现活力，Mg^{2+}是酶活力所必需，Co^{2+}是酶热稳定所必需。Ca^{2+}、Hg^{2+}、Cu^{2+}等则起抑制作用。葡糖异构酶催化D-木糖、D-葡萄糖和D-核糖等醛糖可逆地转化为相应的酮糖，主要用于由淀粉、葡萄糖生产高果糖浆和果糖	ADI：不作特殊规定（JECFA，2006），LD_{50}：大于15g/kg（小鼠，经口）	由橄榄产色链霉菌、橄榄色链霉菌、密苏里游动放线菌、凝结芽孢杆菌、锈棕色链霉菌、紫黑吸水链霉菌、鼠灰链霉菌发酵制得
227	α-葡萄糖苷酶	—/—	GB 1886.174—2024	236	酶制剂	α-葡萄糖苷酶最适pH值4.8～5.4，最适温度50～55℃。能够水解α-1,4-葡萄糖苷键释放葡萄糖，生成α-1,6-葡萄糖苷键，将低聚麦芽糖转化为低聚异麦芽糖，形成非发酵型低聚糖	—	由李氏木霉（酶制剂的基因片段来源于黑曲霉）发酵制得

续表

序号	食品添加剂名称	CNS 号 / INS 号	执行标准	在标准文本中的页码	食品添加剂功能分类	食品添加剂功能特点	食品添加剂安全性指标	食品添加剂使用范围和剂量
228	β-葡萄糖苷酶（又名纤维二糖酶）	—/—	GB 1886.174—2024	236	酶制剂	β-葡萄糖苷酶又名β-D-葡萄糖苷葡萄糖水解酶、龙胆二糖酶、纤维二糖酶、苦杏仁苷酶，属于纤维素酶类，能够水解非还原性末端β-D-葡萄糖键，释放β-D-葡萄糖和配糖基，将难溶的纤维素变为可溶的小分子寡糖。最适温度60℃，最适pH值5.0，在温度30～50℃、pH 2.0～8.0具有较好的稳定性	ADI：不作特殊规定（JECFA，2006）	由黑曲霉发酵制得
229	普鲁兰酶	—/—	GB 1886.174—2024	236	酶制剂	①普鲁兰糖是一种微生物多糖，以麦芽三糖（α-1,4-糖苷键连接）为单位，经α-1,6-糖苷键聚合而成的直链状多糖，具有良好的成膜性、阻气性。 ②由嗜酸普鲁兰芽孢杆菌而得的普鲁兰酶最适pH值为4.0～5.5，最适温度为50～65℃。由产气克雷伯菌而得的普鲁兰酶最适pH值为5.0，最适温度为50～60℃。 ③普鲁兰酶能专一性水解α-1,6-糖苷键。 ④与糖化酶协同作用可制造高葡萄糖浆；与β-淀粉酶配合，可制造80%以上的超高麦芽糖浆；能降低麦汁中极限糊精的含量，增加可发酵性糖的含量，制造干爽啤酒	ADI：未作规定（JECFA，2010）。GRAS	由产气克雷伯氏菌、枯草芽孢杆菌、枯草芽孢杆菌（酶制剂的基因片段来源于嗜酸普鲁兰芽孢杆菌）、枯草芽孢杆菌（酶制剂的基因片段来源于 *Bacillus deramificans*）、嗜酸普鲁兰芽孢杆菌、李氏木霉（酶制剂的基因片段来源于 *Aspergillus nishimurae*）、地衣芽孢杆菌（酶制剂的基因片段来源于 *Bacillus deramificans*）、长野解普鲁兰杆菌发酵制得

续表

序号	食品添加剂名称	CNS 号 / INS 号	执行标准	在标准文本中的页码	食品添加剂功能分类	食品添加剂功能特点	食品添加剂安全性指标	食品添加剂使用范围和剂量
230	漆酶	—/—	GB 1886.174—2024	237	酶制剂	漆酶最适 pH 4.5 ～ 6.5，最适温度 30 ～ 65℃。漆酶是一种含铜的多酚氧化酶，在有氧环境中能够催化酚类生成醌类化合物、羰基化合物和水。用于饮料中可去除酚类化合物，使果汁清亮、稳定；用于葡萄酒中可氧化去除多酚物质，增加葡萄酒的稳定性；用于面团中可促进阿魏酸和阿拉伯木聚糖之间的交联，增加焙烤食品的体积和柔软性	GRAS	由米曲霉（酶制剂的基因片段来源于嗜热毁丝霉）发酵制得
231	溶血磷脂酶（磷脂酶 B）	—/—	GB 1886.174—2024	237	酶制剂	磷脂酶 B 作用于溶血磷脂 Sn1、Sn2 位酯键，最适 pH 值 5.5，最适温度 40℃。应用于油脂脱胶	—	由黑曲霉、李氏木霉发酵制得

续表

序号	食品添加剂名称	CNS 号 / INS 号	执行标准	在标准文本中的页码	食品添加剂功能分类	食品添加剂功能特点	食品添加剂安全性指标	食品添加剂使用范围和剂量
232	乳糖酶（β-半乳糖苷酶）	—/—	GB 1886.174—2024	237	酶制剂	①乳糖酶最适 pH 值，脆壁克鲁维酵母 6.6，乳克鲁维酵母 6.9 ～ 7.0，黑曲霉 3.0 ～ 4.0，米曲霉 5.0。最适温度，脆壁克鲁维酵母 37℃，乳克鲁维酵母 35℃，黑曲霉 55 ～ 60℃，米曲霉 50 ～ 55℃。 ②乳糖酶催化水解乳糖的 *β*-1,4-糖苷键，生成 *α*-D-半乳糖和 *α*-D-葡萄糖。在乳品工业中可防止因乳糖酶缺乏而导致的乳糖不耐症，以及使冰淇淋、浓缩乳、淡炼乳中乳糖结晶析出的可能性降低，同时增加甜度	ADI：不作特殊规定（JECFA，2006）。GRAS	由脆壁克鲁维酵母、黑曲霉、米曲霉、乳克鲁维酵母、巴斯德毕赤酵母（酶制剂的基因片段来源于米曲霉）、两歧双歧杆菌、枯草芽孢杆菌（酶制剂的基因片段来源于两歧双歧杆菌）、枯草芽孢杆菌（酶制剂的基因片段来源于德氏乳杆菌保加利亚亚种）、黑曲霉（酶制剂的基因片段来源于米曲霉）、*Papiliotrema terrestris*、地衣芽孢杆菌（酶制剂的基因片段来源于两歧双歧杆菌）发酵制得
233	丝氨酸蛋白酶	—/—	GB 1886.174—2024	新增公告	酶制剂	丝氨酸蛋白酶的活性中心包含丝氨酸、组氨酸、天冬氨酸组成的催化三联体，主要用于催化胰凝乳蛋白的水解	国家卫健委公告 2023 年第 8 号	由地衣芽孢杆菌（酶制剂的基因片段来源于葱绿拟诺卡氏菌）、尖孢镰刀菌发酵制得

续表

序号	食品添加剂名称	CNS 号 / INS 号	执行标准	在标准文本中的页码	食品添加剂功能分类	食品添加剂功能特点	食品添加剂安全性指标	食品添加剂使用范围和剂量
234	羧肽酶	—/—	GB 1886.174—2024	237	酶制剂	羧肽酶具有较宽的 pH 值作用范围（4.0 ～ 8.5）和较宽的温度范围（25 ～ 80℃）。从肽链的羧基末端逐一水解释放氨基酸，羧肽酶 A 水解芳香族和中性脂肪族氨基酸，羧肽酶 B 水解碱性氨基酸形成的羧基末端，羧肽酶 C 水解羧基端倒数第二位由脯氨酸和羟脯氨酸形成的肽键。主要用于干酪和发酵肉制品的加工，去除苦味和加速成熟过程中香味的出现	—	由黑曲霉、米曲霉发酵制得
235	4-α-糖基转移酶	—/—	GB 1886.174—2024	237	酶制剂	4-α-糖基转移酶主要催化葡萄糖链中 α-葡聚糖分子中的转移，包括葡萄糖链间的分子转移，发生歧化反应，或者葡萄糖链内的分子转移，发生环化反应，此外还有淀粉水解酶活性。例如将大米淀粉中直链淀粉含量从 30% 降至 23% 左右，支链淀粉侧链长度分布范围变宽，淀粉糊黏度下降、透明度上升，凝胶时间减短、凝胶强度增加；添加后米糕的硬度、胶凝性改善，并显著降低冷藏期间的老化	—	由苍白空气芽孢杆菌发酵制得

续表

序号	食品添加剂名称	CNS号/INS号	执行标准	在标准文本中的页码	食品添加剂功能分类	食品添加剂功能特点	食品添加剂安全性指标	食品添加剂使用范围和剂量
236	天门冬酰胺酶	—/—	GB 1886.174—2024	238	酶制剂	天门冬酰胺酶最适pH值8.5，最适温度37℃。天门冬酰胺酶水解天门冬酰胺为天门冬氨酸，减少焙烤食品等在高温下产生的丙烯酰胺，在谷物原料食品加工时添加	ADI：不作特殊规定（JECFA，2008）。GRAS	由黑曲霉、米曲霉发酵制得
237	脱氨酶	—/—	GB 1886.174—2024	238	酶制剂	脱氨酶最适pH值5.6，最适反应温度50℃。可脱去腺嘌呤单核苷酸碱基上的氨基，生成次黄嘌呤核苷酸，用于食品增味剂IMP（肌苷酸）的生产	—	由蜂蜜曲霉、米曲霉发酵制得
238	胃蛋白酶	—/—	GB 1886.174—2024	238	酶制剂	胃蛋白酶主要作用于芳香族氨基酸（苯丙氨酸、酪氨酸）与其他氨基酸形成的肽键。最适pH1.8，最适温度37～40℃，等电点1.0。在pH5.0～5.5时最稳定。胃蛋白酶可用作助消化药，在食品生产中用于鱼粉制造、大豆蛋白水解、干酪制造中凝乳（与凝乳酶合用）等	ADI：不作限制性规定（JECFA，2006），LD_{50}: 4290mg/kg（大鼠，经口）	由猪、小牛、小羊、禽类的胃组织用稀盐酸提取而得

续表

序号	食品添加剂名称	CNS 号 / INS 号	执行标准	在标准文本中的页码	食品添加剂功能分类	食品添加剂功能特点	食品添加剂安全性指标	食品添加剂使用范围和剂量
239	无花果蛋白酶	—/—	GB/T 23527.1—2023	238	酶制剂	无花果蛋白酶是巯基蛋白酶类，有较强的蛋白水解能力，还具有凝乳、解脂和溶菌活力。最适温度 65℃，最适pH5.7，pH 值 4～8.5 稳定，等电点为 9.0。稳定性好，常温密闭保存 1～3 年，其效率仅下降 10%～20%。对 pH 的变化和金属离子及去垢剂不敏感。无花果蛋白酶主要用于啤酒抗寒、肉类嫩化、焙烤时面团调节剂、干酪制造时的乳液凝固剂（代替凝乳酶）等	ADI：未作评议（JECFA，2007），LD_{50}：10g/kg（大鼠，经口）	由无花果树的胶乳和 5 成至 7 成熟的果实乳汁，用 pH4.0 的水提取后盐析制得
240	纤维素酶	—/—	GB 1886.174—2024	238	酶制剂	纤维素酶是一组酶的总称，由 β-1,4-葡聚糖内切酶（Cx）、β-1,4-葡聚糖外切酶（C1）、β-葡萄糖苷酶（CB）组成。Cx 作用于无定形纤维素（对纤维素晶体结构无效），它又包括两种内外切酶，外切酶从纤维素链的非还原性末端逐个地将葡萄糖水解下来，并将其构型从 β 型转变成 α 型。内切酶以随机的方式从纤维素链的内部	ADI：不作特殊规定（JECFA，2006，黑曲霉、李氏木霉）	由黑曲霉、李氏木霉、绿色木霉、草酸青霉发酵制得

续表

序号	食品添加剂名称	CNS 号 / INS 号	执行标准	在标准文本中的页码	食品添加剂功能分类	食品添加剂功能特点	食品添加剂安全性指标	食品添加剂使用范围和剂量
240	纤维素酶					水解，它作用于较长纤维素链，水解产生纤维糊精、纤维寡糖，对末端的敏感性较小，而且不改变产物的构型。C1 降解纤维素的结晶区，也能降解非结晶区，将纤维素链剥离，水解产生纤维二糖。CB 水解纤维二糖、纤维三糖，产生 β-葡萄糖。 纤维素酶的最适 pH 一般在 4.5 ～ 6.5，黑曲霉源纤维素酶的最适 pH 为 4.5 ～ 5.5，最适温度为55℃。李氏木霉源的最适 pH 值为 4.0 ～ 5.5，最适温度为 50℃		
241	右旋糖酐酶	—/—	GB 1886.174—2024	238	酶制剂	右旋糖酐酶最适 pH 值 6.0 ～ 6.5，最适温度 40℃。右旋糖酐酶专一性地裂解右旋糖酐分子中的 α-1,6-葡萄糖苷键，有内切和外切二种。主要用于制糖工业中降低甘蔗汁的黏度，提高甘蔗汁的加热速度，缩短澄清和结晶时间。每升甘蔗汁中加入 30IU 的右旋糖酐酶，在 40 ℃ 下保持 20min，可使 68% 的 α-葡聚糖分解	LD_{50}：大于 10g/kg（小鼠，经口）	由无定毛壳菌发酵制得

续表

序号	食品添加剂名称	CNS 号 / INS 号	执行标准	在标准文本中的页码	食品添加剂功能分类	食品添加剂功能特点	食品添加剂安全性指标	食品添加剂使用范围和剂量
242	胰蛋白酶	—/—	GB 1886.174—2024	238	酶制剂	①胰蛋白酶主要作用于精氨酸、赖氨酸羧基端的肽键。除有蛋白酶活性外，还有胰淀粉酶和胰脂肪酶活性。 ②最适 pH8.0，最适温度 45℃，等电点 10.5。pH 7.5～8.5 较稳定，pH 低于 6.0 或高于 9.0 失活严重。热稳定性：在 pH 7～8 条件下，40～50℃较稳定，超过 55℃不稳定，65℃以上很快失活。Mn^{2+}、Ca^{2+}、Mg^{2+} 有激活作用，Cu^{2+}、Hg^{2+}、Al^{3+} 有抑制作用。 ③释放碱性氨基酸末端，产品风味好。 ④胰蛋白酶主要用于焙烤食品、肉类嫩化、蛋白质水解等	ADI：不作限制性规定（JECFA，2006），LD_{50}：大于 5g/kg（大鼠，经口）	由猪或牛的胰腺中提取
243	胰凝乳蛋白酶（糜蛋白酶）	—/—	GB 1886.174—2024	238	酶制剂	胰凝乳蛋白酶是丝氨酸蛋白酶，主要作用于羧基端氨基酸为芳香或疏水性的氨基酸（苯丙氨酸、酪氨酸、色氨酸、苏氨酸）形成的肽键。最适 pH 值 7.5～8.5，最适温度 50℃，等电点 8.3。主要用于蛋白质水解或蛋白脱敏的食品	LD_{50}：大于 4g/kg（大鼠，经口）	由猪或牛的胰腺中提取

续表

序号	食品添加剂名称	CNS号/INS号	执行标准	在标准文本中的页码	食品添加剂功能分类	食品添加剂功能特点	食品添加剂安全性指标	食品添加剂使用范围和剂量
244	α-乙酰乳酸脱羧酶	—/—	GB 1886.174—2024	231	酶制剂	α-乙酰乳酸脱羧酶最适pH为5.0～7.0，最适温度为40℃。双乙酰是啤酒发酵中的风味物质，但含量超过0.15mg/L时就形成馊饭风味。α-乙酰乳酸脱羧酶可以将啤酒发酵过程中产生的双乙酰前驱物α-乙酰乳酸转化为乙偶姻，不形成双乙酰而有效地降低啤酒中双乙酰含量，改善啤酒风味，加快啤酒成熟，缩短生产周期	ADI：不作特殊规定（JECFA，2006），LD_{50}：大于10g/kg（小鼠，经口）	由枯草芽孢杆菌发酵制得（酶制剂的基因片段来源于短小芽孢杆菌）
245	蔗糖1-果糖转移酶（又名果糖基转移酶）	—/—	GB 1886.174—2024	238	酶制剂	蔗糖1-果糖转移酶最适pH值5.0～5.5，最适温度为45～50℃。蔗糖1-果糖转移酶能以蔗糖为原料，使蔗糖中的果糖转移而生成果糖基蔗糖，生成蔗果三糖等低聚果糖（低聚果糖含蔗果二糖、果果二糖、蔗果三糖、果果三糖等）。也可将果糖基接于甜菊糖苷上，改善甜菊糖苷的口感	—	由米曲霉发酵制得

续表

序号	食品添加剂名称	CNS 号 / INS 号	执行标准	在标准文本中的页码	食品添加剂功能分类	食品添加剂功能特点	食品添加剂安全性指标	食品添加剂使用范围和剂量
246	脂肪酶	—/—	GB/T 23535—2009	238	酶制剂	脂肪酶的基本作用是水解甘油三酯为甘油和脂肪酸，一般水解甘油三酯的 Sn1、Sn3 位的速度快，Sn2 位的速度较慢。脂肪酶主要用于干酪制造、脂类改性、脂类水解，利用脂肪酶作用后释放出的短链脂肪酸，增加和改进食品的风味和香味，使牛奶、巧克力和奶油蛋糕产生特殊风味；加入蛋白质中可以分解其中可能混入的脂肪，从而提高其发泡能力；用于肉、鱼制品，可去除脂肪，改善风味；用于面包、面条等，使面团蓬松、稳定	ADI：作限制性规定（JECFA，2006），LD_{50}：大于 15g/kg（大鼠、小鼠，经口）	由黑曲霉、黑曲霉（酶制剂的基因片段来源于南极假丝酵母）、米根霉、米黑根毛霉、米曲霉、米曲霉（酶制剂的基因片段来源于尖孢镰刀菌）、米曲霉（酶制剂的基因片段来源于棉状嗜热丝孢菌）、小牛或小羊的唾液腺或前胃组织提取、雪白根霉、羊咽喉提取、猪或牛的胰腺提取、米曲霉（酶制剂的基因片段来源于米黑根霉）、柱晶假丝酵母、卷枝毛霉、黑曲霉（酶制剂的基因片段来源于黄色镰刀菌）、多形汉逊酵母（酶制剂的基因片段来源于异孢镰刀菌）、李氏木霉（酶制剂的基因片段来源于黑曲霉塔宾变种）、李氏木霉（酶制剂的基因片段来源于尖孢镰刀菌）、法夫驹形氏酵母（酶制剂的基因片段来源于米曲霉）、法夫驹形氏酵母（酶制剂的基因片段来源于海洋链霉菌）发酵制得

续表

序号	食品添加剂名称	CNS 号 / INS 号	执行标准	在标准文本中的页码	食品添加剂功能分类	食品添加剂功能特点	食品添加剂安全性指标	食品添加剂使用范围和剂量
247	植酸酶	—/—	GB 1886.174—2024	239	酶制剂	植酸是肌醇六磷酸（环己六醇六磷酸），既可与二价金属离子产生不溶性化合物，也可与蛋白质类结合，影响人体消化吸收，是一种抗营养因子。植酸酶最适pH为2.5～5.5，最适温度为55℃。Ca^{2+}、Fe^{2+}、Zn^{2+}、Mg^{2+}、Al^{3+}等离子可与植酸发生强络合作用而使酶活性降低。植酸酶催化植酸及植酸盐水解为肌醇和磷酸，降低食品中植酸盐含量，应用于大米粉、小麦粉、玉米粉、燕麦粉、高粱粉等植物食品中，可提高粮食的营养价值	—	由黑曲霉、黑曲霉（酶制剂的基因片段来源于塔宾曲霉）发酵制得
248	酯酶	—/—	GB 1886.174—2024	239	酶制剂	由米黑根毛霉制得的酯酶，最适pH值为8.0，最适反应温度55℃。 酯酶是能够催化水解羧酸酯的所有酶的总称，将各种酯类分解成酸和醇。主要用于食品风味的改善，如增强发酵肉制品、干酪的风味，促进葡萄酒、果汁、啤酒和清酒中风味酯的合成与转化	—	由黑曲霉、李氏木霉、米黑根毛霉发酵制得

续表

序号	食品添加剂名称	CNS 号 / INS 号	执行标准	在标准文本中的页码	食品添加剂功能分类	食品添加剂功能特点	食品添加剂安全性指标	食品添加剂使用范围和剂量
249	转化酶（蔗糖酶）	—/—	GB 1886.174—2024	239	酶制剂	转化酶最适 pH 值 4.2 ～ 4.5，最适温度 60℃。转化酶使蔗糖水解为葡萄糖和果糖，得到比蔗糖的溶解度更高、不易有糖结晶析出的高浓度糖液，用于冰淇淋、液体巧克力、蜜饯、各种糖果、果酱等；亦用于生产人造蜂蜜；防止高浓度糖浆中蔗糖的析出	ADI：以 GMP 为限（JECFA，2006）。GRAS	由酿酒酵母发酵制得
250	转葡糖苷酶	—/—	GB 1886.174—2024	239	酶制剂	转葡萄糖苷酶最适 pH 值 5.0 ～ 5.5，最适温度 60℃。具有水解和转糖苷双重作用，能切开麦芽糖、麦芽三糖或麦芽低聚糖分子结构中的 α-1,4-糖苷键，并能将游离出来的葡萄糖以 α-1,6-糖苷键链接到分子中，形成异麦芽糖、异麦芽三糖、异麦芽四糖等，用于生产低聚异麦芽糖	—	由黑曲霉等发酵制得

12. 增味剂——补充或增强食品原有风味的物质

序号	食品添加剂名称	CNS 号 / INS 号	执行标准	在标准文本中的页码	食品添加剂功能分类	食品添加剂功能特点	食品添加剂安全性指标	食品添加剂使用范围和剂量
251	氨基乙酸（又名甘氨酸）	12.007/640	GB 25542—2010	19	增味剂	有特殊甜味，能缓和酸、碱味，能掩盖苦味；有抑菌作用，2% 浓度即能抑制大肠埃希菌、金黄色葡萄球菌、枯草芽孢杆菌等多种菌的生长	LD_{50}：7930mg/kg（大鼠，经口）。GRAS	预制肉制品、熟肉制品，最大使用量 3.0g/kg；调味品（盐及代盐制品、香辛料类除外）、果蔬汁（浆）类饮料、植物蛋白饮料，最大使用量 1.0g/kg
252	L-丙氨酸	12.006/—	GB 25543—2010	6	增味剂	有特殊甜味，甜度约为蔗糖的 70%；能改善人工合成甜味剂的味感，使甜度增效，改善有机酸的酸味；能缩短腌制品的腌制时间，增加醇类饮料的醇厚味道	GRAS	调味品（盐及代盐制品、香辛料类除外），按生产需要适量使用
253	5′-呈味核苷酸二钠（又名呈味核苷酸二钠）	12.004/635	GB 1886.171—2016	5	增味剂	IMP 与 GMP（鸟苷酸）在生产时一般以 1∶1 复合物形式存在，而且 I+G 复合后集荤素鲜味于一体，形成一种完善的鲜味，鲜味强度高于 IMP 或 GMP 单体。核苷酸二钠与谷氨酸钠复配可得到特鲜味精，在鲜味、风味和生产成本各方面有独特的优点	ADI：不作特殊规定（JECFA，2006），LD_{50}：大于 10g/kg（大鼠，经口）	可按生产需要适量使用于各类食品（表 A.2 中编号为 1 ～ 68 的食品类别除外）

序号	食品添加剂名称	CNS 号 / INS 号	执行标准	在标准文本中的页码	食品添加剂功能分类	食品添加剂功能特点	食品添加剂安全性指标	食品添加剂使用范围和剂量
254	谷氨酸钠	12.001/621	GB 1886.306—2020	41	增味剂	①具有强烈的肉类鲜味，有缓和咸、酸、苦味的作用。②鲜味与酸碱程度有关，pH 值 3.2 为谷氨酸的等电点，呈鲜能力最低；6 < pH < 7 时鲜味最高；pH > 7 时，鲜味消失。③ 120 ℃时开始逐渐失去结晶水，150℃时完全失去结晶水，210℃时发生吡咯烷酮化，生成焦谷氨酸，270℃左右时分解	ADI：不作特殊规定（JECFA，2006），LD_{50}：19.9g/kg（大鼠，经口）	可按生产需要适量使用于各类食品（表 A.2 中编号为 1 ～ 68 的食品类别除外）
255	琥珀酸二钠	12.005/364（ii）	GB 29939—2013	50	增味剂	有特异贝类鲜味，与谷氨酸钠、5′-呈味核苷酸二钠复配使用效果更好，即食浓度在 0.01% 水平以下，量大有异味	LD_{50}：大于 10g/kg（大鼠，经口）	调味品（盐及代盐制品、香辛料类除外），最大使用量 20.0g/kg
256	5′-肌苷酸二钠	12.003/631	GB 1886.97—2015	5	增味剂	有特异动物鲜味，存在于鲔、牛肉、猪肉等食品中；与谷氨酸钠有强烈的复合增鲜效果；水溶液在 pH 4 ～ 7 范围内加热不分解	ADI：不作特殊规定（JECFA，2006），LD_{50}：14.4g/kg（大鼠，经口）	可按生产需要适量使用于各类食品（表 A.2 中编号为 1 ～ 68 的食品类别除外）

续表

序号	食品添加剂名称	CNS 号 / INS 号	执行标准	在标准文本中的页码	食品添加剂功能分类	食品添加剂功能特点	食品添加剂安全性指标	食品添加剂使用范围和剂量
257	辣椒油树脂	00.012/160c（i）	GB 28314—2012	68	增味剂、着色剂	辣椒油树脂是辣椒的溶剂提取物，包含多种色素和辣味物质，色素包括辣椒红素、辣椒玉红素、辣椒素、辣椒醇等；有强烈辛辣味，并有炙热感	ADI：未作规定（JECFA，2008），LD_{50}：大于 5.05g/kg（大鼠，经口）	再制干酪及干酪制品、腌渍的蔬菜、腌制的食用菌和藻类、豆干类、豆干再制品、新型豆制品（大豆蛋白及其膨化食品、大豆素肉等）、调理肉制品、腌腊肉制品类、酱卤肉类、经烹调或油炸的水产品、香辛料油、其他（仅限魔芋凝胶制品），按生产需要适量使用；复合调味料，最大使用量 10.0g/kg；膨化食品，最大使用量 1.0g/kg
258	5′-鸟苷酸二钠	12.002/627	GB 1886.170—2016	5	增味剂	有特异菌菇鲜味，存在于蘑菇、猪肉、鸡肉等食品中；鲜味是 5′-肌苷酸二钠的 3 倍，与谷氨酸钠有强烈的复合增鲜效果；水溶液在 pH 2 ～ 14 范围内稳定，适用各种条件的食品	ADI：不作特殊规定（JECFA，2006），LD_{50}：17.3g/kg(大鼠，经口）	可按生产需要适量使用于各类食品（表 A.2 中编号为 1 ～ 68 的食品类别除外）

13. 面粉处理剂——促进面粉的熟化和提高制品品质的物质

序号	食品添加剂名称	CNS 号 / INS 号	执行标准	在标准文本中的页码	食品添加剂功能分类	食品添加剂功能特点	食品添加剂安全性指标	食品添加剂使用范围和剂量
259	L-半胱氨酸盐酸盐	13.003/920	GB 1886.75—2016	6	面粉处理剂	L-半胱氨酸盐酸盐是还原剂，能把面筋蛋白的二硫键还原为巯基，软化面筋，还能激活面粉中木瓜蛋白酶活性，分解面筋蛋白质。工艺作用是降低面团弹性、增加延伸性，适用于饼干等食品生产	LD_{50}：3460mg/kg（小鼠，经口）。GRAS	生湿面制品（仅限拉面），最大使用量 0.3g/kg；发酵面制品，最大使用量 0.06g/kg；冷冻米面制品，最大使用量 0.6g/kg
260	抗坏血酸（又名维生素 C）	04.014/300	GB 14754—2010	62	面粉处理剂、抗氧化剂	抗坏血酸是中速氧化剂，在和面和发酵过程中，还原型抗坏血酸被空气中的氧转化为脱氢抗坏血酸，脱氢抗坏血酸在有氧存在时能将面团中的巯基氧化成二硫键，增加面筋强度 在柯莱伍德（Chorleywood bread process，CBP 法）快速发酵工艺中，面团是在密封无氧条件下搅拌，由于酵母竞争而很快接触不到空气中的氧，抗坏血酸不能充分地发挥作用	ADI：0 ～ 15mg/kg（JECFA，2006），LD_{50}：大于 5.0g/kg（大鼠，经口）	可按生产需要适量使用各类食品（表 A.2 中编号为 1 ～ 5、10 ～ 62、68 的食品类别除外）；去皮或预切的鲜水果、（去皮、切块或切丝的）蔬菜，最大使用量 5.0g/kg；小麦粉，最大使用量 0.2g/kg；果蔬汁（浆），最大使用量 1.5g/kg（以即饮状态计）
261	碳酸镁（包括轻质碳酸镁，重质碳酸镁）	13.005/504（i）	GB 25587—2010	110	面粉处理剂、膨松剂、稳定剂、抗结剂	碳酸镁溶于稀酸溶液，几乎不溶于水，不溶于乙醇，水溶液呈微碱性。在面团中作为碱性膨松剂，与面团发酵产的酸反应生成二氧化碳	ADI：不作限制性规定（JECFA，2006），LD_{50}：2000mg/kg（兔，经口）	小麦粉，最大使用量 1.5g/kg；固体饮料，最大使用量 10.0g/kg

14. 被膜剂——涂抹于食品表面，起保质、保鲜、上光、防止水分蒸发等作用的物质

序号	食品添加剂名称	CNS 号 / INS 号	执行标准	在标准文本中的页码	食品添加剂功能分类	食品添加剂功能特点	食品添加剂安全性指标	食品添加剂使用范围和剂量
262	巴西棕榈蜡	14.008/903	GB 1886.84—2015	20	被膜剂、抗结剂	巴西棕榈蜡是呈淡黄色至浅棕色硬质脆性固体，主要成分是高碳脂肪酸和高碳羟基醇的蜡酯、游离高碳醇、游离高碳酸、少量树脂及石油烃等，具有良好的乳化性、附着性	ADI：0 ～ 7mg/kg（JECFA，2006），LD_{50}：大于 15g/kg（小鼠，经口）	新鲜水果，最大使用量 0.0004g/kg（以残留量计）；可可制品、巧克力和巧克力制品（包括代可可脂巧克力及制品）以及糖果，最大使用量 0.6g/kg
263	白油（又名液体石蜡）	14.003/905a	GB 1886.215—2016	20	被膜剂	白油为无色透明、无臭液体油料，加热后有石油臭。不溶于水和醇，溶于醚、氯仿或挥发油中。对光、热、酸等稳定，但长时间接触光和热会慢慢氧化	ADI：无需规定（FAO/WHO，1994），LD_{50}：1900mg/kg（小鼠，经口）	除胶基糖果以外的其他糖果、鲜蛋，最大使用量 5.0g/kg
264	蜂蜡	14.013/901	GB 1886.87—2015	38	被膜剂	蜂蜡是白色或黄白色固体，薄层时呈半透明状，冷时略脆。有蜂蜜样香气，味微甘。主要成分有棕榈酸蜂花酯、二十六烷酸	ADI：不作限制性规定（JECFA，2005），LD_{50}：大于 5g/kg（大鼠，经口）	糖果、糖果和巧克力制品包衣，按生产需要适量使用
265	聚二甲基硅氧烷及其乳液（包括聚二甲基硅氧烷，聚二甲基硅氧烷乳液）	03.007/900a	GB 30612—2014	58	被膜剂	聚二甲基硅氧烷（及其乳液）的分子主链由硅氧原子组成，与硅相连的侧基为甲基。无色或浅黄色液体，无味，透明度高，具有生理惰性、良好的化学稳定性。表面张力小，隔水防潮性好，比热容和导热系数小	ADI：0 ～ 0.8mg/kg（JECFA，2008），LD_{50}：大于 24mg/kg（大鼠，经口）	经表面处理的鲜水果、经表面处理的新鲜蔬菜，最大使用量 0.0009g/kg。以聚二甲基硅氧烷计

续表

序号	食品添加剂名称	CNS 号 / INS 号	执行标准	在标准文本中的页码	食品添加剂功能分类	食品添加剂功能特点	食品添加剂安全性指标	食品添加剂使用范围和剂量
266	聚乙二醇	14.012/1521	GB 1886.302—2021	61	被膜剂	聚乙二醇在分子量 700 以下时为无色黏稠液体，略有吸水性，分子量 700 ～ 900 时为半固体，分子量 1000 及以上时为浅白色蜡状固体。混溶于水和有机溶剂，不溶于大多数脂肪烃类和乙醚。对热稳定，化学性能稳定	ADI：0 ～ 10mg/kg（JECFA，2006），LD_{50}: 33.75g/kg（大鼠，经口）	糖果和巧克力制品包衣，按生产需要适量使用
267	聚乙烯醇	14.010/1203	GB 31630—2014	61	被膜剂	聚乙烯醇是白色固体，可在 80 ～ 90℃水中溶解，不溶于有机溶剂。水溶液有很好的黏结性和成膜性，能形成稳定胶体，性能介于塑料和橡胶之间，能耐油类	ADI：0 ～ 50mg/kg（JECFA，2007），LD_{50}: 大于 20g/kg（大鼠，经口），14.7g/kg（小鼠，经口）	糖果和巧克力制品包衣，最大使用量 18.0g/kg
268	吗啉脂肪酸盐果蜡	14.004/—	GB 1886.227—2024	80	被膜剂	吗啉脂肪酸盐果蜡是淡黄色至黄褐色油状或蜡状物，微有氨臭。溶于水和乙醇，在水中溶解量大时呈凝胶状。具有很好成膜性，主要成分为天然棕榈蜡（10% ～ 12%）、吗啉脂肪酸盐（2.5%～3.0%）、水（85% ～ 87%）	LD_{50}: 1600mg/kg（大鼠，经口）。GRAS	经表面处理的鲜水果，按生产需要适量使用

序号	食品添加剂名称	CNS 号 / INS 号	执行标准	在标准文本中的页码	食品添加剂功能分类	食品添加剂功能特点	食品添加剂安全性指标	食品添加剂使用范围和剂量
269	普鲁兰多糖	14.011/1204	GB 28402—2012	91	被膜剂、增稠剂	普鲁兰多糖是白色至淡黄色粉末，水溶性黏质多糖，易溶于水，成膜性、阻气性强。具有非常优良的耐盐、耐热、耐酸性能	ADI：不作限制性规定（JECFA，2006）。GRAS	冷冻饮品（食用冰除外），最大使用量 10.0g/kg；糖果、糖果和巧克力制品包衣、复合调味料、蛋白固体饮料，最大使用量 50.0g/kg；预制水产品（半成品），最大使用量 30.0g/kg；果蔬汁（浆）类饮料，最大使用量 3.0g/kg；其他（仅限膜片），按生产需要适量使用
270	松香季戊四醇酯	14.005/—	GB 1886.96—2024	108	被膜剂	松香季戊四醇酯是硬质浅琥珀色树脂，不溶于醇类溶剂，部分溶于石油类溶剂，与植物油混溶性较好。具有色浅、不易泛黄、耐水、耐碱性、热稳定性好及附着力强等优点	大鼠摄入含有 1% 松香季戊四醇酯的饲料，经 90d 喂养未见毒性作用。GRAS	经表面处理的鲜水果、经表面处理的新鲜蔬菜，最大使用量 0.09g/kg
271	硬脂酸（又名十八烷酸）	14.009/570	GB 1886.101—2016	134	被膜剂	硬脂酸是白色至微黄色粉末，为稍有光泽的硬质固体，有优良的抗氧化稳定性。不溶于水，可溶于乙醇、乙醚	ADI：以 GMP（良好生产规范）为限（JECFA，2006），LD_{50}：大于 10g/kg（小鼠，经口）	可可制品、巧克力和巧克力制品（包括代可可脂巧克力及制品）以及糖果，最大使用量 1.2g/kg

续表

序号	食品添加剂名称	CNS 号 / INS 号	执行标准	在标准文本中的页码	食品添加剂功能分类	食品添加剂功能特点	食品添加剂安全性指标	食品添加剂使用范围和剂量
272	紫胶（又名虫胶）	14.001/904	GB 1886.114—2015	145	被膜剂、胶姆糖基础剂、着色剂	紫胶是暗褐色透明薄片或粉末，脆而坚，无味或稍有特殊气味，溶于乙醇、乙醚，不溶于水，溶于碱性水溶液。黏着力强，光泽好，耐油，耐酸，对紫外线稳定。主要成分为油酮酸（约40%）、紫胶酸（约40%）、虫蜡酸（约20%）以及少量的棕榈酸、肉豆蔻酸等	ADI：不作限制性规定（JECFA，2006），LD_{50}：大于15g/kg（大鼠，经口）	经表面处理的鲜水果（仅限柑橘类），最大使用量0.5g/kg；经表面处理的鲜水果（仅限苹果），最大使用量0.4g/kg；[可可制品、巧克力和巧克力制品（包括代可可脂巧克力及制品）]、威化饼干，最大使用量0.2g/kg；胶基糖果、除胶基糖果以外的其他糖果，最大使用量3.0g/kg；胶原蛋白肠衣，按生产需要适量使用

15. 水分保持剂——有助于保持食品中水分而加入的物质

序号	食品添加剂名称	CNS 号 / INS 号	执行标准	在标准文本中的页码	食品添加剂功能分类	食品添加剂功能特点	食品添加剂安全性指标	食品添加剂使用范围和剂量
273	甘油（又名丙三醇）	15.014/422	GB 29950—2013	40	水分保持剂、乳化剂	甘油是无色透明黏稠液体，味甜；能与水、乙醇任意混溶，水溶液呈中性；有吸湿性，保水性强	ADI：不作特殊规定（JECFA，2006），LD_{50}：31.5g/kg（小鼠，经口）	可按生产需要适量使用于各类食品（表A.2中编号为1～68的食品类别除外）

续表

序号	食品添加剂名称	CNS 号 / INS 号	执行标准	在标准文本中的页码	食品添加剂功能分类	食品添加剂功能特点	食品添加剂安全性指标	食品添加剂使用范围和剂量
274	磷酸及磷酸盐［包括磷酸，焦磷酸二氢二钠，焦磷酸钠，磷酸二氢钙，磷酸二氢钾，磷酸氢二铵，磷酸氢二钾，磷酸氢钙，磷酸三钙，磷酸三钾，磷酸三钠，多聚磷酸钠（包括六偏磷酸钠），三聚磷酸钠，磷酸二氢钠，磷酸氢二钠，焦磷酸四钾，焦磷酸一氢三钠，聚偏磷酸钾，酸式焦磷酸钙］	01.106，15.008，15.004，15.007，15.010，06.008，15.009，06.006，02.003，01.308，15.001，15.002，15.003，15.005，15.006，15.017，15.013，15.015，15.016/338，450（i），450（iii），341（i），340（i），342（ii），340（ii），341（ii），341（iii），340(iii)，339（iii），452（i），451（i），339（i），	GB 1886.15—2015，GB 1886.328—2021，GB 1886.339—2021，GB 1886.333—2021，GB 1886.337—2021，GB 1886.331—2021，GB 1886.334—2021，GB 1886.3—2021，GB 1886.332—2021，GB 1886.327—2021，GB 1886.338—2021，GB 1886.4—2020，GB 1886.335—2021，GB 1886.336—2021，	71	水分保持剂、膨松剂、酸度调节剂、稳定剂、凝固剂、抗结剂	水溶液 pH 值：①焦磷酸二氢二钠，pH 值 4 ～ 4.5，可与 Mg^{2+}、Fe^{2+} 形成螯合物，多用于肉制品。②焦磷酸钠，pH 值 10 ～ 10.2，有很强的缓冲能力，与 Cu^{2+}、Fe^{2+}、Mn^{2+} 形等金属离子络合能力强，用于肉制品和水产制品，可使脂肪乳化，提高保水性。③磷酸二氢钙，微溶于水，pH 值 3.2，无铝泡打粉中作酸性剂使用。④磷酸二氢钾，pH 值 4.2 ～ 4.7，提高发酵面制品、饮料的产品质量。⑤磷酸氢二铵，pH 值 7.8 ～ 8.2，酵母培养剂，提高发酵面制品质量。⑥磷酸氢二钾，pH 值 9，含油脂产品调节酸度，乳化时使用。⑦磷酸氢钙，微溶于水，用于饼干、代乳品、酵母培养剂。⑧磷酸三钙，难溶于水，作抗结剂、酵母培养剂使用。⑨磷酸三钾，pH 值约 12.1，增加肉制品、水产品蛋白质的结着性、稳定性；提高面	磷酸及磷酸盐 ADI：0 ～ 70mg/kg（JECFA，2006）。LD_{50}：磷酸，2740mg/kg（大鼠，经口）；焦磷酸二氢二钠，2650mg/kg（小鼠，经口）；焦磷酸钠，2980mg/kg（小鼠，经口）；磷酸二氢钙，3986mg/kg（大鼠，经口）；磷酸二氢钾，2330mg/kg（雄性小鼠，经口）；磷酸氢二铵，6500mg/kg（兔，经口）；磷酸氢二钾，8000mg/kg（兔，经口）；磷酸氢钙，10000mg/kg（兔，经口）；磷酸三钙，5000mg/kg（兔，经口）；磷酸三钾，4500mg/kg（大鼠，经口）；磷酸三钠，7400mg/kg（大鼠，经口）；多聚磷酸钠（包括六偏磷酸钠），7572mg/kg（小鼠，	乳及乳制品（特殊膳食用食品涉及品种、巴氏杀菌乳、灭菌乳、高温杀菌乳、发酵乳、乳粉和奶油粉除外）、水油状脂肪乳化制品（黄油和浓缩黄油除外）、［02.02 类以外的脂肪乳化制品，包括混合的和（或）调味的脂肪乳化制品］、冷冻饮品（食用冰除外）、蔬菜罐头、［可可制品、巧克力和巧克力制品（包括代可可脂巧克力及制品）以及糖果］、小麦粉及其制品（生干面制品除外）、杂粮粉、食用淀粉、即食谷物［包括碾轧燕麦（片）］、方便米面制品、冷冻米面制品、（面糊、裹粉、煎炸粉）、预制肉制品、熟肉制品、冷冻水产品、冷冻水产糜及其制品、熟制水产品（可直接食用）、热凝固蛋制品（如蛋黄酪、皮蛋肠）、饮料类［包装饮用水、果蔬汁（浆）、浓缩果蔬汁（浆）除外］、配制酒、果冻，最大使用量 5.0g/kg；乳粉和奶油粉、调味糖浆，最大使用

续表

序号	食品添加剂名称	CNS 号 / INS 号	执行标准	在标准文本中的页码	食品添加剂功能分类	食品添加剂功能特点	食品添加剂安全性指标	食品添加剂使用范围和剂量
274	磷酸及磷酸盐［包括磷酸，焦磷酸二氢二钠，焦磷酸钠，磷酸二氢钙，磷酸二氢钾，磷酸氢二铵，磷酸氢二钾，磷酸氢钙，磷酸三钙，磷酸三钾，磷酸三钠，多聚磷酸钠（包括六偏磷酸钠），三聚磷酸钠，磷酸二氢钠，磷酸氢二钠，焦磷酸四钾，焦磷酸一氢三钠，聚偏磷酸钾，酸式焦磷酸钙］	339（ii），450（v），450（ii），452（ii），450（vii）	GB 1886.329—2021，GB 1886.340—2021，GB 1886.348—2021，GB 1886.325—2021，GB 1886.326—2021			制品的口感。⑩磷酸三钠，pH 值 11.5 ～ 12.5，增加肉制品、水产品蛋白质的结构稳定性，提高面制品的口感。⑪ 六偏磷酸钠，pH 值为 5.5 ～ 6.5，用于肉制品，可提高持水性，防止脂肪氧化；用于豆酱、酱油可防止变色，缩短发酵期，调节口味；用于水果饮料、清凉饮料可增高黏度，抑制维生素 C 分解；用于冰淇淋可提高膨胀率，改善口感和色泽；用于乳制品、饮料可防止凝胶沉淀；用于啤酒可澄清酒液、防止浑浊；用于豆类、果蔬罐头可稳定天然色素。⑫ 三聚磷酸钠，pH 值 9.5，用作肉制品、水产制品的水分保持剂、金属离子螯合剂、pH 值调节剂、果蔬外皮软化剂等。⑬ 磷酸二氢钠，pH 值 4.6，水分保持剂和酸度调节剂，常用于奶制品中。⑭ 磷酸氢二钠，pH 值 9.2，酸度调节剂，用在肉制品、奶制品中。⑮ 焦磷酸四	经口）；三聚磷酸钠，3210mg/kg（小鼠，经口）；磷酸二氢钠，8290mg/kg（大鼠，经口）；磷酸氢二钠，17000mg/kg（大鼠，经口）；焦磷酸四钾，4640mg/kg（兔，皮下注射）	量 10.0g/kg；再制干酪及干酪制品，最大使用量 14.0g/kg；其他油脂或油脂制品（仅限植脂末）、复合调味料，最大使用量 20.0g/kg；熟制坚果与籽类（仅限油炸坚果与籽类）、膨化食品，最大使用量 2.0g/kg；米粉（包括汤圆粉等）、谷类和淀粉类甜品（仅限谷类甜品罐头）、预制水产品（半成品）、水产品罐头、婴儿配方食品（仅限使用磷酸氢钙和磷酸二氢钠）、较大婴儿和幼儿配方食品（仅限使用磷酸氢钙、磷酸二氢钠）、特殊医学用途婴儿配方食品（仅限使用磷酸氢钙、磷酸二氢钠、磷酸）、婴幼儿辅助食品（仅限使用磷酸氢钙和磷酸二氢钠），最大使用量 1.0g/kg；杂粮罐头、其他杂粮制品（仅限冷冻薯类制品），最大使用量 1.5g/kg；焙烤食品，最大使用量 15.0g/kg；其他固体复合调味料（仅限方便湿面调味料包），最大使用量 80.0g/kg。可单独或混合使用，最大使用量以磷酸根（PO_4^{3-}）计

续表

序号	食品添加剂名称	CNS 号 / INS 号	执行标准	在标准文本中的页码	食品添加剂功能分类	食品添加剂功能特点	食品添加剂安全性指标	食品添加剂使用范围和剂量
274	磷酸及磷酸盐［包括磷酸，焦磷酸二氢二钠，焦磷酸钠，磷酸二氢钙，磷酸二氢钾，磷酸氢二铵，磷酸氢二钾，磷酸氢钙，磷酸三钙，磷酸三钾，磷酸三钠，多聚磷酸钠（包括六偏磷酸钠），三聚磷酸钠，磷酸二氢钠，磷酸氢二钠，焦磷酸四钾，焦磷酸一氢三钠，聚偏磷酸钾，酸式焦磷酸钙］					钾，pH 值 10.5，溶解度较大，多与其他缩合磷酸盐合用，通常用于防止水产罐头结晶、防止水果罐头变色、增强鱼肉持水性等。⑯ 焦磷酸一氢三钠，pH 值 7.0，唯一的中性磷酸盐，溶解度高，溶解速度快，是磷酸盐中的优品。⑰ 聚偏磷酸钾，pH 值偏碱性，无具体数值，用作脂肪乳化剂、保湿剂、水的软化剂、金属离子螯合剂、组织改进剂（主要用于水产调制品）、蛋白沉淀剂等。⑱ 酸式焦磷酸钙，不溶于水，溶于稀盐酸，用作酸度调节剂、膨松剂		
275	乳酸钾	15.011/326	GB 28305—2012	95	水分保持剂	乳酸钾是无色或基本无色的黏稠液体，无臭或略有不愉快的气味，混溶于水，水溶液呈中性。乳酸钾吸湿性强，有防止水分散失的作用	ADI：不作限制性规定（JECFA，2006）。GRAS	可按生产需要适量使用于各类食品（表 A.2 中编号为 1 ～ 68 的食品类别除外）

续表

序号	食品添加剂名称	CNS 号 / INS 号	执行标准	在标准文本中的页码	食品添加剂功能分类	食品添加剂功能特点	食品添加剂安全性指标	食品添加剂使用范围和剂量
276	乳酸钠	15.012/325	GB 25537—2010	96	水分保持剂、酸度调节剂、抗氧化剂、膨松剂、增稠剂、稳定剂	乳酸钠是无色或微黄色黏稠液体，有很强吸水能力，无臭或略有特殊气味，略有咸苦味。能与水、乙醇、甘油融合，水溶液呈中性。乳酸钠吸湿性稍逊于乳酸钾，有防止水分散失的作用	ADI：不作限制性规定（JECFA，2006），LD_{50}：2000mg/kg（大鼠，腹腔注射）	可按生产需要适量使用于各类食品（表 A.2 中编号为 1 ～ 68 的食品类别除外）；生湿面制品，最大使用量 2.4g/kg

16. 营养强化剂——其定义符合《食品安全国家标准　食品营养强化剂使用标准》（GB 14880）中的规定

17. 防腐剂——防止食品腐败变质、延长食品储存期的物质

序号	食品添加剂名称	CNS 号 / INS 号	执行标准	在标准文本中的页码	食品添加剂功能分类	食品添加剂功能特点	食品添加剂安全性指标	食品添加剂使用范围和剂量
277	苯甲酸及其钠盐（包括苯甲酸，苯甲酸钠）	17.001，17.002/210，211	GB 1886.183—2016，GB 1886.184—2016	20	防腐剂	①在 pH4.5 以下 0.1% 的苯甲酸（钠）对大部分微生物有抑制作用。 ②苯甲酸及其钠盐是广谱的防腐剂，但对产酸菌作用较弱；当 pH 值在 5.5 以上时，对霉菌和酵母的作用很弱，所以苯甲酸及其钠盐以抑制细菌为主。	ADI：0 ～ 5mg/kg（JECFA，2006），LD_{50}：1700mg/kg（大鼠，经口）。^{14}C 示踪证明，大部分苯甲酸在 9 ～ 15h 内与甘氨酸结合生成马尿酸（苯甲酰甘氨酸）由尿中排出，另有少量苯甲酸可与葡糖醛酸	（风味冰、冰棍类）、果酱（罐头除外）、腌渍的蔬菜、调味糖浆、食醋、酱油、酿造酱、半固体复合调味料、液体复合调味料、果蔬汁（浆）类饮料、蛋白饮料、[茶、咖啡、植物（类）饮料]、风味饮料，最大使用量 1.0g/kg；蜜饯，最大使用量 0.5g/kg；胶基糖果，最大使用量 1.5g/kg；除胶基糖

续表

序号	食品添加剂名称	CNS 号 / INS 号	执行标准	在标准文本中的页码	食品添加剂功能分类	食品添加剂功能特点	食品添加剂安全性指标	食品添加剂使用范围和剂量
277	苯甲酸及其钠盐（包括苯甲酸，苯甲酸钠）					③苯甲酸及其钠盐含 α，β-不饱和羰基结构，能与微生物酶系统中的巯基结合，抑制微生物的呼吸作用，阻碍微生物的合成代谢，干扰微生物细胞膜的通透性，导致微生物细胞自溶	结合生成葡萄糖苷酸，亦由尿中排出，不会在体内蓄积	果以外的其他糖果、果酒，最大使用量 0.8g/kg；复合调味料，最大使用量 0.6g/kg；浓缩果蔬汁（浆）(仅限食品工业用)，最大使用量 2.0g/kg；碳酸饮料、特殊用途饮料，最大使用量 0.2g/kg；配制酒，最大使用量 0.4g/kg。以苯甲酸计
278	丙酸及其钠盐、钙盐（包括丙酸，丙酸钠，丙酸钙）	17.029，17.006，17.005/280，281，282	GB 1886.210—2016，GB 25549—2010，GB 1886.356—2022	23	防腐剂	丙酸及其钠盐、钙盐有良好的防霉效果，并对引起面包产生黏丝的好氧性芽孢杆菌（如枯草芽孢杆菌）有抑制作用，对酵母菌生长基本无影响，因此常用于面包、糕点的防腐。pH5 以下对霉菌抑制作用佳，pH6 以上抑菌能力明显降低	ADI：不作特殊规定（JECFA，2006），LD_{50}：丙酸，5600mg/kg（大鼠，经口）；丙酸钠，5100mg/kg（小鼠，经口）；丙酸钙，5160mg/kg（大鼠，经口）。丙酸是食品的正常成分，可参与三羧酸循环代谢，无积累性	豆类制品、面包、糕点、食醋、酱油、液体复合调味料，最大使用量 2.5g/kg；原粮，最大使用量 1.8g/kg；生湿面制品，最大使用量 0.25g/kg；调理肉制品、（熏、烧、烤）肉类，最大使用量 3.0g/kg。以丙酸计
279	单辛酸甘油酯	17.031/—	GB 1886.57—2016	28	防腐剂	单辛酸甘油酯为广谱防腐剂，对细菌、霉菌、酵母均有抑制作用，作用的 pH 值范围广，能很好地抑制各种食品中的微生物。单辛酸甘油酯有苦味，不宜量大	ADI：不作特殊规定（JECFA，2006），LD_{50}：大于 15g/kg（大鼠，经口）。单辛酸甘油酯在体内和脂肪一样分解代谢	生湿面制品、糕点、焙烤食品馅料及表面用挂浆（仅限豆馅），最大使用量 1.0g/kg；肉灌肠类，最大使用量 0.5g/kg

续表

序号	食品添加剂名称	CNS 号 / INS 号	执行标准	在标准文本中的页码	食品添加剂功能分类	食品添加剂功能特点	食品添加剂安全性指标	食品添加剂使用范围和剂量
280	对羟基苯甲酸酯类及其钠盐（包括对羟基苯甲酸甲酯钠，对羟基苯甲酸乙酯，对羟基苯甲酸乙酯钠）	17.032，17.007，17.036/219，214，215	GB 30601—2014，GB 1886.31—2015，GB 30602—2014	31	防腐剂	①对羟基苯甲酸酯类及其钠盐对霉菌、酵母、细菌有广谱抗菌作用，对霉菌、酵母的作用较强，对细菌特别是革兰氏阴性菌和乳酸菌的作用较差。 ②对羟基苯甲酸酯类及其钠盐也是含 α，β-不饱和羰基结构的防腐剂，其作用机制是破坏微生物的细胞膜，使细胞内的蛋白质变性，可抑制微生物细胞的呼吸酶系与电子传递酶系的活性。 ③因具有酚羟基结构，抗菌性能比苯甲酸、山梨酸更强。在 pH3 ～ 8 的范围内均有很好的抑菌效果，高温灭菌不改变防腐性能，抑菌性能随酯链延长而增强	对羟基苯甲酸酯的 ADI：0 ～ 10mg/kg（JECFA，2006），LD_{50}：对羟基苯甲酸甲酯，3000mg/kg（犬，经口）；对羟基苯甲酸乙酯，3000mg/kg（小鼠，经口）。羟基苯甲酸酯类进入机体后的代谢途径与苯甲酸基本相同，安全性风险比苯甲酸低	经表面处理的鲜水果、经表面处理的新鲜蔬菜，最大使用量 0.012g/kg；果酱（罐头除外）、食醋、酱油、酿造酱、液体复合调味料、果蔬汁（浆）类饮料、风味饮料（仅限果味饮料），最大使用量 0.25g/kg；焙烤食品馅料及表面用挂浆（仅限糕点馅），最大使用量 0.5g/kg；热凝固蛋制品（如蛋黄酪、皮蛋肠）、碳酸饮料，最大使用量 0.2g/kg。以对羟基苯甲酸计
281	二甲基二碳酸盐（又名维果灵）	17.033/242	GB 1886.68—2015	32	防腐剂	二甲基二碳酸盐是冷杀菌剂，是在杀菌后包装前加入，能够有效延长保质期的防腐剂。未特指对哪种微生物有特效，最初用于杀灭葡萄酒中的酵母菌。分子中的焦碳酸基团有很强的亲电子性，能与巯基、羟基、氨基等多种基团反应，钝化酶的活力	ADI：以 GMP 为限，不超过 250mg/L（JECFA，2006），LD_{50}: 260mg/kg（大鼠，经口）。二甲基二碳酸盐对眼和皮肤有腐蚀作用	果蔬汁（浆）类饮料、碳酸饮料、茶（类）饮料、特殊用途饮料、风味饮料、其他饮料类（仅限麦芽汁发酵的非酒精饮料），最大使用量均为 0.25g/kg

续表

序号	食品添加剂名称	CNS 号 / INS 号	执行标准	在标准文本中的页码	食品添加剂功能分类	食品添加剂功能特点	食品添加剂安全性指标	食品添加剂使用范围和剂量
282	二氧化碳	17.014/290	GB 1886.228—2016	36	防腐剂、其他	①二氧化碳是非极性分子，易溶解在微生物细胞膜的脂质双分子层中，能增加膜的流动性，从而使细胞质暴露在有毒的环境中。 ②微生物细胞质含有的水分与二氧化碳水合生成碳酸，导致细胞质 pH 值降低。当二氧化碳在细胞内积累时，微生物视其为代谢废物而需消耗更多的代谢能量，同时发生降解反应，扰乱微生物正常的生理平衡。 ③二氧化碳可用于饮料充气，只有高浓度才具有防腐功能。有研究表明，气调保藏乳粉中二氧化碳浓度在 28% 左右，产品质量稳定	—	风味发酵乳、除胶基糖果以外的其他糖果、饮料类［饮用纯净水、其他类饮用水、果蔬汁（浆）、浓缩果蔬汁（浆）除外］、配制酒、其他发酵酒类（充气型），按生产需要适量使用

序号	食品添加剂名称	CNS 号 / INS 号	执行标准	在标准文本中的页码	食品添加剂功能分类	食品添加剂功能特点	食品添加剂安全性指标	食品添加剂使用范围和剂量
283	ε-聚赖氨酸	17.037/—	GB 1886.362—2022	13	防腐剂	① ε-聚赖氨酸能有效抑制革兰氏阳性菌、革兰氏阴性菌、酵母菌、霉菌、病毒和其他微生物的生长。 ② ε-聚赖氨酸易溶于水，最大溶解度 500g/L；不受 pH 值影响，在 pH 2～9 都有广谱抑菌作用；对热稳定，121℃，20min 不分解。 ③与醋酸、柠檬酸、苹果酸、甘氨酸和高级脂肪甘油酯等合用有增效作用。分子量在 3600～4300 的 ε-聚赖氨酸抑菌活性最好，分子量低于 1300 时失去抑菌活性	LD_{50}：大于 5000mg/kg（小鼠、大鼠，经口）。ε-聚赖氨酸能在人体内分解为赖氨酸，可完全被人体消化吸收。对小白鼠的饲喂水平即便高达 20000mg/kg，也不会产生任何的不利效果或基因突变	焙烤食品，最大使用量 0.15g/kg；熟肉制品，最大使用量 0.25g/kg；果蔬汁（浆）类饮料，最大使用量 0.2g/L
284	ε-聚赖氨酸盐酸盐	17.038/—	GB 1886.371—2023	13	防腐剂	在中性或微酸性环境中有较强的抑菌性，在碱性条件下易分解。余见 ε-聚赖氨酸	LD_{50}：大于 4300mg/kg（大鼠，经口）	水果、蔬菜（包括块根类）、豆类、食用菌、藻类、坚果以及籽类等（新鲜水果、水果罐头、新鲜蔬菜、冷冻蔬菜、蔬菜罐头、发酵蔬菜制品、新鲜食用菌和藻类、冷冻食用菌和藻类、食用菌和藻类罐头、坚果与籽类罐头除外）、小麦粉及其制品（小麦粉、生湿面制品、生干面制品除外）、肉及肉制品（生、鲜肉，肉罐头类除外），最大使用量 0.30g/kg；大米及其制

序号	食品添加剂名称	CNS 号 / INS 号	执行标准	在标准文本中的页码	食品添加剂功能分类	食品添加剂功能特点	食品添加剂安全性指标	食品添加剂使用范围和剂量
284	ε-聚赖氨酸盐酸盐							品，最大使用量 0.25g/kg；杂粮制品（杂粮罐头除外），最大使用量 0.40g/kg；卤蛋、调味品（盐及代盐制品、香辛料类除外），最大使用量 0.50g/kg；饮料类［包装饮用水、果蔬汁（浆）、浓缩果蔬汁（浆）除外］，最大使用量 0.20g/kg
285	联苯醚（又名二苯醚）	17.022/—	GB 1886.313—2020	69	防腐剂	联苯醚溶于乙醇和冰醋酸，不溶于水、无机酸溶液和碱溶液。不可添加于食品原料中，仅用于柑橘表皮防霉	暂无INS号，无ADI值。LD_{50}：3.99g/kg（大鼠，经口）	表面处理鲜水果（仅限柑橘类），最大使用量 3.0g/kg（残留量≤ 12mg/kg）
286	纳他霉素	17.030/235	GB 25532—2010	83	防腐剂	①纳他霉素对大部分霉菌、酵母菌和真菌都有高度抑制作用，并能抑制真菌毒素的产生，对细菌没有作用。 ②纳他霉素微溶于水、甲醇，可溶于稀盐酸、冰醋酸，难溶于大部分有机溶剂。 ③纳他霉素是双电性物质，等电点为 pH6.5，pH 值低于 3 或高于 9 溶解度会有所提高，然而其活性却在 pH 值为 4 ～ 7 时最高，pH 值低于 3 或高于 9 时抑菌活性可降低 30%。使用时偏离等电点是必要条件，pH 值 4 ～ 7 范围仅是优选条件。配制成混悬液使用不是最佳状态	ADI：0 ～ 0.3mg/kg（JECFA，2006），LD_{50}：2730mg/kg（大鼠，经口）。纳他霉素很难被人体消化道吸收，无致敏作用，不产生微生物抗性	（干酪、再制干酪、干酪制品及干酪类似品）、糕点、酱卤肉制品类、（熏、烧、烤）肉类、油炸肉类、西式火腿类、肉灌肠类、发酵肉制品类，最大使用量均为 0.3g/kg（表面使用，残留量小于 10mg/kg)；蛋黄酱、沙拉酱，最大使用量 0.02g/kg（残留量≤ 10mg/kg)；发酵酒（葡萄酒除外），最大使用量 0.01g/L

续表

序号	食品添加剂名称	CNS 号 / INS 号	执行标准	在标准文本中的页码	食品添加剂功能分类	食品添加剂功能特点	食品添加剂安全性指标	食品添加剂使用范围和剂量
287	溶菌酶	17.035/1105	GB 1886.257—2016	94	防腐剂	溶菌酶是微生物细胞壁的水解酶，只能破坏革兰氏阳性菌的细胞壁，对革兰氏阴性菌作用不大。有些革兰氏阴性菌，如大肠埃希菌、伤寒沙门菌，也会被溶菌酶破坏。 溶菌酶最适 pH6.0 ～ 7.0，最适温度 25 ℃。pH4 ～ 7、100℃下 1min 不失活，96℃，pH 值 3 条件下，15min 后活力保持 87%。碱和氧化剂有抑制作用，食盐有活化作用	ADI： 以 GMP 为限（JECFA，2006），LD_{50}: 20g/kg（大鼠，经口）	干酪、再制干酪、干酪制品及干酪类似品，按生产需要适量使用；发酵酒（葡萄酒除外），最大使用量 0.5g/kg
288	肉桂醛	17.012/—	GB 28346—2012	94	防腐剂	肉桂醛是黄色黏稠状液体，有强烈的桂皮油和肉桂油的香气，以及温和的辛香气息（不应有辣味），香气强烈持久。难溶于水、甘油和石油醚，易溶于醇和醚。在空气中易氧化。不能添加到食品配料中，只能应用于水果表面作防腐保鲜	暂无 INS 号，无 ADI 值。LD_{50}: 2220mg/kg（大鼠，经口）	经表面处理的鲜水果，按生产需要适量使用（残留量 ≤ 0.3mg/kg）

续表

序号	食品添加剂名称	CNS 号 / INS 号	执行标准	在标准文本中的页码	食品添加剂功能分类	食品添加剂功能特点	食品添加剂安全性指标	食品添加剂使用范围和剂量
289	乳酸链球菌素	17.019/234	GB 1886.231—2023	95	防腐剂	①乳酸链球菌素只能抑制革兰氏阳性菌（葡萄球菌、链球菌、乳杆菌等），对革兰氏阴性菌、酵母和霉菌均无作用。 ②乳酸链球菌素对细菌芽孢的抑制最有效，在发芽膨胀时作为阳离子表面活性剂影响细菌胞膜、抑制革兰氏阳性菌的胞壁中肽聚糖的生物合成。 ③在中性水中溶解度为 49.0mg/mL，在 0.02mol/L 盐酸中的溶解度为 118.0mg/mL，在碱性条件下几乎不溶解。 ④在 pH6.5 的脱脂牛奶中经 85℃、15min 杀菌活性损失 15%；在 pH3 的稀盐酸中 121℃、15min 灭菌仍保持 100% 的活性，耐酸耐热。 ⑤因为是多肽结构，所以对蛋白水解酶特别敏感	ADI：0 ～ 33000 IU/kg（JECFA，2006），LD_{50}: 7000mg/kg（小鼠，经口）。食用后在消化道中很快被蛋白酶水解成氨基酸，不会引起其他常用抗生素出现的抗药性，也不会改变人体肠道内的正常菌群组成	乳及乳制品（特殊膳食用食品涉及品种、巴氏杀菌乳、灭菌乳和高温杀菌乳、发酵乳、乳粉和奶油粉、稀奶油除外）、腌制的蔬菜、加工食用菌和藻类（食用菌和藻类罐头除外）、卤制豆干、预制肉制品、熟肉制品（肉罐头类除外）、熟制水产品（可直接食用），最大使用量 0.5g/kg；其他杂粮制品（仅限杂粮灌肠制品）、方便米面制品（仅限方便湿面制品）、方便米面制品（仅限米面灌肠制品）、蛋制品（改变其物理性状）（脱水蛋制品、蛋液与液态蛋除外），最大使用量 0.25g/kg；面包、糕点，最大使用量 0.3g/kg；食醋，最大使用量 0.15g/kg；酱油、酿造酱、复合调味料、饮料类［包装饮用水、果蔬汁（浆）、浓缩果蔬汁（浆）除外］，最大使用量 0.2g/kg

续表

序号	食品添加剂名称	CNS 号 / INS 号	执行标准	在标准文本中的页码	食品添加剂功能分类	食品添加剂功能特点	食品添加剂安全性指标	食品添加剂使用范围和剂量
290	山梨酸及其钾盐（包括山梨酸，山梨酸钾）	17.003，17.004/200，202	GB 1886.186—2016，GB 1886.39—2015	100	防腐剂、抗氧化剂	①山梨酸及其钾盐使用时要求酸度低于 pH 5 ～ 6，在 pH5 以下 0.1% 的山梨酸（钾）对大部分微生物有效，在 pH6 以下 0.2% 才有相似作用。 ②山梨酸及其钾盐主要对霉菌、酵母菌和好氧腐败菌有效，能抑制肉毒杆菌、沙门菌等有害微生物的生长与繁殖，但对厌氧菌和乳酸菌几乎没有作用。 ③苯甲酸（钠）和山梨酸（钾）的抑菌谱有一定的互补性	ADI：0 ～ 25mg/kg（JECFA，2006），LD_{50}：4920mg/kg（大鼠，经口）。^{14}C 标记化合物证明，约有 85% 与其他脂肪酸一样进行 β-氧化而降解，约有 13% 的山梨酸用于合成新的脂肪酸	（干酪、再制干酪、干酪制品及干酪类似品）、氢化植物油、人造黄油（人造奶油）及其类似制品（如黄油和人造黄油混合品）、脂肪含量 80% 以下的乳化制品、果酱（罐头除外）、腌渍的蔬菜、豆干再制品、新型豆制品（大豆蛋白及其膨化食品、大豆素肉等）、除胶基糖果以外的其他糖果、面包、糕点、焙烤食品馅料及表面用挂浆、腌制水产品（仅限即食海蜇）、（风干、烘干、压干等）水产品、熟制水产品（可直接食用）、其他水产品及其制品、调味糖浆、食醋、酱油、复合调味料、乳酸菌饮料，最大使用量 1.0g/kg；（风味冰、冰棍类）、经表面处理的鲜水果、蜜饯、经表面处理的新鲜蔬菜、加工食用菌和藻类（冷冻食用菌和藻类、食用菌和藻类罐头除外）、酿造酱、饮料类［包装饮用水、果蔬汁（浆）除外］、果冻、胶原蛋白肠衣，最大使用量 0.5g/kg；胶基糖果、其他杂粮制品（仅限杂粮灌肠制品）、方便米面制品（仅限米面灌肠

序号	食品添加剂名称	CNS 号 / INS 号	执行标准	在标准文本中的页码	食品添加剂功能分类	食品添加剂功能特点	食品添加剂安全性指标	食品添加剂使用范围和剂量
290	山梨酸及其钾盐（包括山梨酸，山梨酸钾）							制品）、肉灌肠类、蛋制品（改变其物理性状）（脱水蛋制品、蛋液与液态蛋除外），最大使用量 1.5g/kg；熟肉制品（肉罐头类除外）、预制水产品（半成品），最大使用量 0.075g/kg；浓缩果蔬汁（浆）（仅限食品工业用），最大使用量 2.0g/kg；配制酒，最大使用量 0.4g/kg；配制酒（仅限青稞干酒），最大使用量 0.6g/L；葡萄酒，最大使用量 0.2g/kg；果酒，最大使用量 0.6g/kg。以山梨酸计
291	双乙酸钠（又名二醋酸钠）	17.013/262（ii）	GB 25538—2010	103	防腐剂	①双乙酸钠是乙酸钠和乙酸的组合物，分子结构是二乙酸一钠，日本也称固体乙酸，略有乙酸气味。 ②双乙酸钠的抗菌作用源于乙酸，乙酸分子能有效地渗透到微生物的细胞壁，干扰细胞内各种酶的相互作用。同时因降低水分活度，使菌体蛋白质变性脱水而死亡。 ③双乙酸钠对粮食谷物有高效抑霉效果，可以抑制黄曲霉、黑曲霉等十余种霉菌，还可抑制大肠埃希菌、李斯特菌等，抑霉效果优于丙酸钙	ADI：0～15mg/kg（JECFA，2006），LD_{50}：4968mg/kg（大鼠，经口）。双乙酸钠在生物体内可代谢为水和 CO_2	豆干类、豆干再制品、原粮、熟制水产品（可直接食用）、膨化食品，最大使用量 1.0g/kg；粉圆、糕点，最大使用量 4.0g/kg；预制肉制品、熟肉制品（肉罐头类除外），最大使用量 3.0g/kg；调味品（盐及代盐制品、香辛料类除外），最大使用量 2.5g/kg；复合调味料，最大使用量 10.0g/kg

续表

序号	食品添加剂名称	CNS 号 / INS 号	执行标准	在标准文本中的页码	食品添加剂功能分类	食品添加剂功能特点	食品添加剂安全性指标	食品添加剂使用范围和剂量
292	脱氢乙酸及其钠盐（包括脱氢乙酸，脱氢乙酸钠）	17.009（i），17.009（ii）/265,266	GB 29223—2012，GB 25547—2010	118	防腐剂	脱氢乙酸及其钠盐具有广谱抗菌作用，使用的pH范围广，在pH大于9时抗菌活性才减弱。对霉菌的最小抑菌浓度为0.1～0.5mg/kg。在pH5的条件下对酵母的抑制作用比苯甲酸钠大2倍，对霉菌的抑制作用大25倍。可在中性条件下使用，因此可用于较难防腐的食品。受热的影响也较小，在120℃下加热20min抗菌力无变化。 脱氢乙酸及其钠盐对人体氧化酶有抑制作用，经评估安全风险较大，因此使用范围和剂量有较大变化	LD_{50}：脱氢乙酸，500mg/kg；脱氢乙酸钠，794mg/kg，(大鼠，经口)。能抑制体内多种氧化酶的作用。GRAS	腌渍的蔬菜、腌渍的食用菌和藻类、发酵豆制品、最大使用量0.3g/kg；熟肉制品（肉罐头类除外）、复合调味料，最大使用量0.5g/kg。以脱氢乙酸计
293	稳定态二氧化氯	17.028/926	GB 1886.248—2016	119	防腐剂	稳定态二氧化氯在常温下可保持数年不失效。使用时加酸活化，可立即释放出二氧化氯，消毒效果与次氯酸相当，对细菌、病毒、霉菌、藻类都有迅速、彻底的杀灭作用。只可用作食品表面消毒，不可加入食品配料中	ADI值：0～15mg/kg（JECFA，2006），LD_{50}: 2.5g/kg（大鼠，经口）	经表面处理的鲜水果、经表面处理的新鲜蔬菜，最大使用量0.01g/kg；水产及其制品［鲜水产、预制水产品（半成品）、水产品罐头除外］（仅限鱼类加工），最大使用量0.05g/kg
294	液体二氧化碳（煤气化法）	17.034/—	GB 1886.228—2016	130	防腐剂	液体二氧化碳是高压低温下将二氧化碳气体液化的产品，蒸发时会吸收大量的热。余见二氧化碳	—	碳酸饮料、其他发酵酒类（充气型），按生产需要适量使用

序号	食品添加剂名称	CNS 号 / INS 号	执行标准	在标准文本中的页码	食品添加剂功能分类	食品添加剂功能特点	食品添加剂安全性指标	食品添加剂使用范围和剂量
295	乙氧基喹	17.010/324	GB 1886.225—2016	132	防腐剂	乙氧基喹主要用于苹果、梨贮藏期虎皮病的防治，制成浓度 2 ～ 4g/kg 的乳液浸果	LD_{50}：1680 ～ 1808mg/kg（小鼠，经口），LD_{50}：1470mg/kg（大鼠，经口）。GRAS	经表面处理的鲜水果，按生产需要适量使用（残留量 ≤ 1mg/kg）

18. 稳定剂和凝固剂——使食品结构稳定或使食品组织结构不变，增强固形物黏性的物质

序号	食品添加剂名称	CNS 号 / INS 号	执行标准	在标准文本中的页码	食品添加剂功能分类	食品添加剂功能特点	食品添加剂安全性指标	食品添加剂使用范围和剂量
296	丙二醇	18.004/1520	GB 29216—2012	22	稳定剂和凝固剂、抗结剂、乳化剂、水分保持剂、增稠剂	丙二醇是无色透明黏稠液体，有吸湿性，能吸湿抗冻，对食品有保湿作用。生产面条时添加面粉质量的 2% ～ 3%，能增加弹性，防止面条干燥崩裂，增加光泽	ADI：0 ～ 25mg/kg（JECFA 2006），LD_{50}：22g/kg（小鼠，经口）	生湿面制品，最大使用量 1.5g/kg；糕点，最大使用量 3.0g/kg
297	刺梧桐胶	18.010/416	GB 1886.254—2016	27	稳定剂	刺梧桐胶是高分子量酸性多糖，由 43% D-半乳糖醛酸、14% L-半乳糖和 15% 的 L-鼠李糖及少量葡糖醛酸组成，分子量约 950 万。淡黄至淡红褐色颗粒、片状或粉末，略带醋酸气味。有增稠乳化作用，可减少冷冻品中冰晶形成、肉制品中脂肪和肉汁的分离析出	ADI：不作限制性规定（JECFA，2006），LD_{50}：大于 30g/kg（大鼠，经口）	水油状脂肪乳化制品（黄油和浓缩黄油除外），按生产需要适量使用

续表

序号	食品添加剂名称	CNS 号 / INS 号	执行标准	在标准文本中的页码	食品添加剂功能分类	食品添加剂功能特点	食品添加剂安全性指标	食品添加剂使用范围和剂量
298	谷氨酰胺转氨酶	18.013/—	—	41	稳定剂和凝固剂	谷氨酰胺转氨酶起蛋白交联作用，可催化蛋白质发生分子内和分子间共价交联，提高蛋白质的发泡性、乳化性、保水性和凝胶能力等，如在千叶豆腐生产中使用。最适 pH 为 6 ～ 7，最适温度 50℃，在 45 ～ 55℃范围内都有较高的活性，特别是在蛋白质食品体系中，该酶的热稳定性会显著提高	—	风味发酵乳、非熟化干酪，最大使用量 0.3g/kg；豆类制品，最大使用量 0.25g/kg
299	α-环状糊精	18.011/457	GB 1886.351—2021	8	稳定剂、增稠剂	α-环状糊精是白色粉末，25 ℃时溶解度为 12.7g/100mL，起吸附包埋作用。分子结构为环状麦芽六糖，略呈锥形的圆环，外缘亲水而内腔疏水，能包络有机分子、无机离子以及气体分子等。α-环状糊精的内腔尺寸较小，适合包结小分子，以及溶解度要求较高的场合	ADI：不作特殊规定（JECFA，2006）。GRAS	可按生产需要适量使用于各类食品（表 A.2 中编号为 1 ～ 68 的食品类别除外）

续表

序号	食品添加剂名称	CNS 号 / INS 号	执行标准	在标准文本中的页码	食品添加剂功能分类	食品添加剂功能特点	食品添加剂安全性指标	食品添加剂使用范围和剂量
300	γ-环状糊精	18.012/458	GB 1886.353—2021	12	稳定剂、增稠剂	γ-环状糊精是白色粉末，25℃时溶解度为25.6g/100mL，起吸附包埋作用。分子结构为环状麦芽八糖，略呈锥形的圆环分子。γ-环状糊精的内腔尺寸较大，适用范围更广	ADI：不作特殊规定（JECFA，2006）。GRAS	可按生产需要适量使用于各类食品（表 A.2 中编号为 1 ～ 68 的食品类别除外）
301	黄原胶（又名汉生胶）	20.009/415	GB 1886.41—2025	50	稳定剂、增稠剂	主要作用见增稠剂部分介绍	ADI：不作限制性规定（JECFA，2006），LD_{50}：大于 10g/kg（大鼠，经口）	可按生产需要适量使用于各类食品（表 A.2 中编号为 1 ～ 4、6 ～ 49、54 ～ 61、63 ～ 68 的食品类别除外）；黄油和浓缩黄油、（赤砂糖、原糖、其他糖和糖浆），最大使用量 5.0g/kg；生湿面制品，最大使用量 10.0g/kg；生干面制品，最大使用量 4.0g/kg；特殊医学用途婴儿配方食品，最大使用量 9.0g/kg（仅限粉状产品，液态产品按照稀释倍数折算）
302	聚天冬氨酸钾	18.014/456	—	61	稳定剂和凝固剂	聚天冬氨酸钾对离子有极强的螯合能力，可防止葡萄酒中酒石酸盐结晶沉淀	—	葡萄酒，最大使用量 0.3g/L

续表

序号	食品添加剂名称	CNS 号 / INS 号	执行标准	在标准文本中的页码	食品添加剂功能分类	食品添加剂功能特点	食品添加剂安全性指标	食品添加剂使用范围和剂量
303	可得然胶	20.042/424	GB 28304—2012	64	稳定剂和凝固剂、增稠剂	可得然胶由土壤杆菌属粪产碱杆菌或放射性土壤杆菌发酵生成，白色粉末，能形成热不可逆凝胶，通过增稠乳化起作用。在食品机械加工及烹煮、油炸、微波加热等高温条件下稳定，对冷冻-解冻过程稳定	ADI：不作限制性规定（JECFA，2006），LD_{50}：大于 10g/kg（大鼠，经口）	调制稀奶油、风味发酵乳、（冰淇淋、雪糕类）、果酱、豆腐类、新型豆制品（大豆蛋白及其膨化食品、大豆素肉等）、胶基糖果、生湿面制品、生干面制品、粉圆、方便米面制品、调理肉制品、熟肉制品、冷冻水产糜及其制品、（蛋黄酱、沙拉酱）、植物蛋白饮料、速溶咖啡、其他固体饮料、果冻、胶原蛋白肠衣、其他（仅限人造海鲜产品，如人造鲍鱼、人造海参、人造海鲜贝类等）、其他（仅限魔芋凝胶制品）、食品加工用菌种制剂（16.04 除外），按生产需要适量使用
304	硫酸钙（又名石膏）	18.001/516	GB 1886.6—2016	76	稳定剂和凝固剂、增稠剂、酸度调节剂	硫酸钙是白色结晶性粉末，具涩味，有蛋白质交联作用。在豆腐加工中作凝固剂，将硫酸钙制成悬浮液，以大豆原料的 2.25%～4.1% 添加，做出的豆腐较细嫩。因溶解度因素，夏季用量少，冬季用量多	ADI：不作限制性规定（JECFA，2006），LD_{50}：1581mg/kg（雌性大鼠，经口）	豆类制品，按生产需要适量使用；小麦粉制品（生湿面制品、生干面制品除外），最大使用量 1.5g/kg；淀粉制品、面包、糕点、饼干、焙烤食品馅料及表面用挂浆、其他半固体复合调味料、果冻，最大使用量 10.0g/kg；调理肉制品、腌腊肉制品（仅限腊肠）、其他熟肉制品，最大使用量 5.0g/kg；肉灌肠类、冷冻水产糜及其制品，最大使用量 3.0g/kg

续表

序号	食品添加剂名称	CNS号/INS号	执行标准	在标准文本中的页码	食品添加剂功能分类	食品添加剂功能特点	食品添加剂安全性指标	食品添加剂使用范围和剂量
305	氯化钙	18.002/509	GB 1886.45—2016	79	稳定剂和凝固剂、增稠剂、其他	氯化钙是白色粉末，味微苦，吸湿性极强，暴露于空气中极易潮解。通过离子结合起作用。作为组织凝固剂，使可溶性果胶酸凝固为不溶性果胶酸钙，可保持果蔬制品的脆性，并有护色效果。用作豆制品凝固剂时，豆浆凝固快，制品持水性差	ADI：不作限制性规定（JECFA，2006），LD_{50}：1g/kg（大鼠，经口）	稀奶油、调制稀奶油、豆类制品，按生产需要适量使用；水果罐头、果酱、蔬菜罐头，最大使用量1.0g/kg；[装饰糖果、顶饰（非水果材料）和甜汁]、调味糖浆，最大使用量0.4g/kg；其他类饮用水（自然来源饮用水除外），最大使用量0.1g/L（以Ca计36mg/L）；其他（仅限畜禽血制品），最大使用量0.5g/kg
306	氯化镁	18.003/511	GB 25584—2010	79	稳定剂和凝固剂、增味剂	氯化镁是无色单斜晶体，味苦，常温下为六水盐。通过蛋白交联起作用，在豆腐加工中作凝固剂。易溶于水，最适用量为0.13%～0.22%。豆浆凝固快，硬度大，含水量低，具有独特盐卤风味，为北豆腐	ADI：不作限制性规定（JECFA，2006），LD_{50}：2800mg/kg（大鼠，经口）	豆类制品、方便米面制品、冷冻米面制品、复合调味料，按生产需要适量使用
307	柠檬酸亚锡二钠	18.006/—	GB 29940—2013	86	稳定剂和凝固剂	柠檬酸亚锡二钠是白色结晶，易吸湿潮解，易溶于水。呈强还原性，极易被氧化。护色效果优于异抗坏血酸钠，与亚硫酸盐效果相当，毒性低于亚硫酸盐。在罐装食品中添加，在罐体中亚锡离子（Sn^{2+}）氧化成锡离子（Sn^{4+}），消耗残余氧气，起防腐和护色作用，并且不影响罐头的风味	LD_{50}：2.7g/kg（小鼠，经口）	水果罐头、蔬菜罐头、食用菌和藻类罐头，最大使用量0.3g/kg

续表

序号	食品添加剂名称	CNS 号 / INS 号	执行标准	在标准文本中的页码	食品添加剂功能分类	食品添加剂功能特点	食品添加剂安全性指标	食品添加剂使用范围和剂量
308	葡萄糖酸-δ-内酯	18.007/575	GB 7657—2020	90	稳定剂和凝固剂、酸度调节剂	葡萄糖酸-δ-内酯是白色晶体或粉末，味先甜后酸。受热后转化为葡萄糖酸，使蛋白变性。在豆腐加工中作凝固剂，因豆浆 pH 值下降到蛋白质等电点，产生沉淀凝结。有微酸味，不适合豆干和油炸豆腐的生产	ADI：不作限制性规定（JECFA，2006），LD_{50}：7360mg/kg（兔，静脉注射）	可按生产需要适量使用于各类食品（表 A.2 中编号为 1～4、6～68 的食品类别除外）
309	乙二胺四乙酸二钠	18.005/386	GB 1886.100—2015	131	稳定剂、凝固剂、抗氧化剂、防腐剂	乙二胺四乙酸二钠是白色粉末，微咸。离子螯合剂，能消除金属离子或由其引起的不利作用，抑制水煮食品的水浑浊，防止食品氧化变色	ADI：0～2.5mg/kg（JECFA，2006），LD_{50}：2000mg/kg（大鼠，经口）	果酱、蔬菜泥（酱）（番茄沙司除外），最大使用量 0.07g/kg；果脯类（仅限地瓜果脯）、腌渍的蔬菜、蔬菜罐头、坚果与籽类罐头、杂粮罐头，最大使用量 0.25g/kg；腌渍的食用菌和藻类，最大使用量 0.2g/kg；复合调味料，最大使用量 0.075g/kg；饮料类[包装饮用水、果蔬汁（浆）、浓缩果蔬汁（浆）除外]，最大使用量 0.03g/kg
310	氧化镁	—/—	GB 1886.216—2016	国家卫健委公告 2025 年第 3 号	稳定剂和凝固剂	氧化镁固化柑橘果皮中的果胶，提高果胶凝胶强度	ADI：不作限制性规定（JECFA，2006），LD_{50}：8000mg/kg（大鼠，经口）	经表面处理的鲜水果（仅限柑橘类），按生产需要适量使用

19. 甜味剂——赋予食品甜味的物质

序号	食品添加剂名称	CNS 号 / INS 号	执行标准	在标准文本中的页码	食品添加剂功能分类	食品添加剂功能特点	食品添加剂安全性指标	食品添加剂使用范围和剂量
311	阿力甜［又名 L-α-天冬氨酰-*N*-（2,2,4,4-四甲基-3-硫化三亚甲基）-D-丙氨酰胺］	19.013/956	GB 1886.99—2015	14	甜味剂	阿力甜的甜度为蔗糖的 2000 倍，甜感正；耐热，耐酸碱；不需要标注“含苯丙氨酸”	ADI：0 ～ 1mg/kg（JECFA 2006），LD_{50}：大于 5g/kg（大鼠，经口）	冷冻饮品（食用冰除外）、饮料类［包装饮用水、果蔬汁（浆）、浓缩果蔬汁（浆）除外］、果冻，最大使用量 0.1g/kg；话化类、胶基糖果，最大使用量 0.3g/kg；餐桌甜味料，按生产需要适量使用
312	阿斯巴甜（又名天门冬酰苯丙氨酸甲酯）	19.004/951	GB 1886.47—2016	14	甜味剂	阿斯巴甜的甜度为蔗糖的 150 ～ 200 倍，甜感清爽，类似蔗糖；在酸性条件下易分解为氨基酸单体；应标注“含苯丙氨酸”	ADI 值：0～40mg/kg（JECFA，2006），LD_{50}：2.2g/kg（小鼠，经口）	调制乳、果蔬汁（浆）类饮料、蛋白饮料、碳酸饮料、［茶、咖啡、植物（类）饮料］、特殊用途饮料、风味饮料，最大使用量 0.6g/kg；风味发酵乳、稀奶油（淡奶油）及其类似品（01.05.01 稀奶油除外）、非熟化干酪、干酪类似品、以乳为主要配料的即食风味食品或其预制产品（不包括冰淇淋和风味发酵乳）、［02.02 类以外的脂肪乳化制品，包括混合的和（或）调味的脂肪乳化制品］、脂肪类甜品、冷冻饮品（食用冰除外）、水果罐头、果酱、果泥、除 0.4.01.02.05 以外的果酱（如印度酸辣酱）、装饰性果蔬、水果甜品（包括果味液体甜品）、发酵的水果制品、

续表

序号	食品添加剂名称	CNS 号 / INS 号	执行标准	在标准文本中的页码	食品添加剂功能分类	食品添加剂功能特点	食品添加剂安全性指标	食品添加剂使用范围和剂量
312	阿斯巴甜（又名天门冬酰苯丙氨酸甲酯）							煮熟的或油炸的水果、冷冻蔬菜、干制蔬菜、蔬菜罐头、蔬菜泥（酱）(番茄沙司除外)、经水煮或油炸的蔬菜、其他加工蔬菜、食用菌和藻类罐头、经水煮或油炸的藻类、其他加工食用菌和藻类、[装饰糖果、顶饰（非水果材料）和甜汁]、[即食谷物包括碾轧燕麦（片）]、谷类和淀粉类甜品（如米布丁、木薯布丁）、焙烤食品馅料及表面用挂浆、其他蛋制品、果冻，最大使用量 1.0g/kg；调制乳粉和调制奶油粉、冷冻水果、水果干类、蜜饯、固体复合调味料、半固体复合调味料，最大使用量 2.0g/kg；（醋、油、盐）渍水果、腌渍的蔬菜、腌渍的食用菌和藻类、冷冻挂浆制品、冷冻水产糜及其制品、预制水产品（半成品）、熟制水产品（可直接食用）、水产品罐头，最大使用量 0.3g/kg；发酵蔬菜制品，最大使用量 2.5g/kg；加工坚果与籽类、膨化食品，最大使用量 0.5g/kg；[可可制品、

续表

序号	食品添加剂名称	CNS号/INS号	执行标准	在标准文本中的页码	食品添加剂功能分类	食品添加剂功能特点	食品添加剂安全性指标	食品添加剂使用范围和剂量
312	阿斯巴甜（又名天门冬酰苯丙氨酸甲酯）							巧克力和巧克力制品［包括代可可脂巧克力及制品)］、除胶基糖果以外的其他糖果、调味糖浆、食醋、液体复合调味料，最大使用量3.0g/kg；胶基糖果，最大使用量10.0g/kg；面包，最大使用量4.0g/kg；糕点、饼干、其他焙烤食品，最大使用量1.7g/kg；餐桌甜味料，按生产需要适量使用
313	爱德万甜（又名*N*-{*N*-[3-(3-羟基-4-甲氧基苯基）丙基]-L-*α*-天冬氨酰}-L-苯丙氨酸-1-甲酯）	19.026/969	GB 1886.377—2024	17	甜味剂	①爱德万甜的甜度为蔗糖的2万倍，是商业应用的最高甜度的甜味剂；甜感正，与阿斯巴甜非常相似，但甜后味比阿斯巴甜持久。 ②在水溶液中的稳定性高于阿斯巴甜，在温度25℃、相对湿度60%的储存条件下，餐桌甜味剂储存25个月后的保留率在90%以上，在固体饮料中储存1年后的保留率达96%以上。 ③不需要标注“含苯丙氨酸”	ADI：0～5mg/kg（JECFA，2013）。在胃肠道中迅速水解成爱德万甜酸，口服后87%～93%以爱德万甜酸的形式从粪便中排出，其余的从尿液中排泄，爱德万甜或相应酸不会在组织中蓄积	风味发酵乳、碳酸饮料，最大使用量0.006g/kg；冷冻饮品（食用冰除外）、［可可制品、巧克力和巧克力制品（包括代可可脂巧克力及制品）以及糖果］、复合调味料，最大使用量0.0005g/kg；加工水果，最大使用量0.12g/kg；蛋制品（改变其物理性状）（脱水蛋制品、蛋液与液态蛋除外）、果冻，最大使用量0.0004g/kg；茶、咖啡、植物（类）饮料，最大使用量0.003g/kg；固体饮料，最大使用量0.004g/kg；餐桌甜味料、调味糖浆、其他甜味料，按生产需要适量使用

续表

序号	食品添加剂名称	CNS 号 / INS 号	执行标准	在标准文本中的页码	食品添加剂功能分类	食品添加剂功能特点	食品添加剂安全性指标	食品添加剂使用范围和剂量
314	安赛蜜（又名乙酰磺胺酸钾）	19.011/950	GB 25540—2010	18	甜味剂	安赛蜜甜度为蔗糖的200倍，甜感快，高浓度时略带苦味；对热、酸碱很稳定	ADI：0～15mg/kg（JECFA，2006），LD_{50}：2.2g/kg（大鼠，经口）	风味发酵乳、配制酒，最大使用量0.35g/kg；以乳为主要配料的即食风味食品或其预制产品（不包括冰淇淋和风味发酵乳）（仅限乳基甜品罐头）、冷冻饮品（食用冰除外）、水果罐头、果酱、（蜜饯类、凉果类）、腌渍的蔬菜、加工食用菌和藻类（冷冻食用菌和藻类除外）、杂粮罐头、其他杂粮制品（仅限黑芝麻糊）、谷类和淀粉类甜品（仅限谷类甜品罐头）、焙烤食品、饮料类［包装饮用水、果蔬汁（浆）、浓缩果蔬汁（浆）除外］、果冻，最大使用量0.3g/kg；豆干类，最大使用量0.2g/kg；熟制坚果与籽类，最大使用量3.0g/kg；糖果，最大使用量2.0g/kg；胶基糖果，最大使用量4.0g/kg；即食谷物，包括碾轧燕麦（片），最大使用量0.8g/kg；糕点、调味品（盐及代盐制品、香辛料类除外），最大使用量0.5g/kg；饼干，最大使用量0.6g/kg；餐桌甜味料，按生产需要适量使用；酱油、液体复合调味料，最大使用量1.0g/kg；茶（类）饮料，最大使用量0.58g/kg

序号	食品添加剂名称	CNS 号 / INS 号	执行标准	在标准文本中的页码	食品添加剂功能分类	食品添加剂功能特点	食品添加剂安全性指标	食品添加剂使用范围和剂量
315	赤藓糖醇	19.018/968	GB 26404—2011	27	甜味剂	①赤藓糖醇甜度 65，甜味纯净，味道接近蔗糖，有强清凉感，余味好。 ②热量低，0.31 ～ 0.32kJ/g。 ③能发生美拉德反应，可用于焙烤食品。 ④吸湿性很小，适用于粉末饮料产品。 ⑤可以明显掩盖和改善营养强化的不愉快味道，抑制咖啡和红茶的苦涩味道	ADI：不作特殊规定（JECFA，2006），LD_{50}：7000mg/kg（小鼠，腹腔注射）	可按生产需要适量使用于各类食品（表 A.2 中编号为 1 ～ 68 的食品类别除外）
316	甘草酸盐（包括甘草酸铵，甘草酸一钾，甘草酸三钾）	19.012，19.010，19.025/958	GB 1886.242—2016，GB 1886.240—2016，GB 1886.241—2016	40	甜味剂	甘草酸铵的甜度为蔗糖的 200 倍，甘草酸一钾是蔗糖的 500 倍，甘草酸三钾为蔗糖的 150 倍；甜感刺激慢，留甜时间长，有特殊风味	LD_{50}：大于 10g/kg（小鼠，经口）。GRAS	蜜饯、糖果、饼干、肉罐头类、调味品（盐及代盐制品、香辛料类除外）、饮料类[包装饮用水、果蔬汁（浆）、浓缩果蔬汁（浆）除外]，按生产需要适量使用
317	D-甘露糖醇	19.017/421	GB 1886.177—2016	5	甜味剂、乳化剂、膨松剂、稳定剂、增稠剂	① D-甘露糖醇甜度 55 ～ 65，柿饼表面白霜主要是甘露糖醇，有爽口的甜味。 ②热值 8.37kJ/g，约为葡萄糖的 50%。 ③糖醇中的吸水性最小，可作为糖果、糕点等食品的防黏剂。 ④可遮掩维生素、矿物质及药草气味	ADI：不作特殊规定（JECFA，2006），LD_{50}：大于 13.5g/kg（兔，经口）	糖果，按生产需要适量使用

续表

序号	食品添加剂名称	CNS 号 / INS 号	执行标准	在标准文本中的页码	食品添加剂功能分类	食品添加剂功能特点	食品添加剂安全性指标	食品添加剂使用范围和剂量
318	罗汉果甜苷	19.015/—	GB 1886.77—2016	78	甜味剂	罗汉果甜苷甜度约为蔗糖的 240 倍，甜味滞留时间较长，味感好；对光、热稳定性好，弱酸碱中不变质，甜度在 pH4.5 时最强；耐高温，在酸性及碱性溶液中较稳定	LD_{50}：大于 10g/kg（小鼠，经口）。GRAS	可按生产需要适量使用于各类食品（表 A.2 中编号为 1 ～ 68 的食品类别除外）
319	麦芽糖醇，麦芽糖醇液	19.005，19.022/965(i)，965（ii）	GB 28307—2012（同一标准）	80	甜味剂、稳定剂、水分保持剂、乳化剂、膨松剂、增稠剂	①麦芽糖醇甜度 85 ～ 95，甜味柔和可口。 ②人体不能消化吸收，不产生热量。防龋齿，能用于儿童食品。 ③不发生美拉德反应。 ④有显著吸湿性，可用于食品保湿。 ⑤有抑制体内脂肪蓄积作用	ADI：不作特殊规定（JECFA，2006）	调制乳、风味发酵乳、炼乳及其调制产品、稀奶油类似品、冷冻饮品（食用冰除外）、加工水果、腌渍的蔬菜、豆类制品、加工坚果与籽类、[可可制品、巧克力和巧克力制品（包括代可可脂巧克力及制品）]、糖果、粮食制品馅料、面包、糕点、饼干、焙烤食品馅料及表面用挂浆、食糖、淀粉糖（食用葡萄糖、低聚异麦芽糖、果葡糖浆、麦芽糖、麦芽糊精、葡萄糖浆等）、餐桌甜味料、半固体复合调味料、液体复合调味料、饮料类[包装饮用水、果蔬汁（浆）、浓缩果蔬汁（浆）] 除外、果冻，按生产需要适量使用；冷冻水产糜及其制品，最大使用量 0.5g/kg

续表

序号	食品添加剂名称	CNS 号 / INS 号	执行标准	在标准文本中的页码	食品添加剂功能分类	食品添加剂功能特点	食品添加剂安全性指标	食品添加剂使用范围和剂量
320	木糖醇	19.007/967	GB 1886.234—2016	83	甜味剂	①木糖醇甜度 100（同蔗糖）。 ②热值 16.7kJ/g（同葡萄糖）。 ③溶解时吸热，有愉快的凉爽感。 ④不发生美拉德反应。 ⑤不被变形杆菌发酵，可用于防治龋齿型糖果	ADI：不作特殊规定（JECFA，2006），LD_{50}：22g/kg（小鼠，经口）	可按生产需要适量使用于各类食品（表 A.2 中编号为 1 ～ 68 的食品类别除外）
321	纽甜｛又名 *N*-[*N*-(3,3-二甲基丁基)]-L-*α*-天门冬氨-L-苯丙氨酸 1-甲酯｝	19.019/961	—	87	甜味剂	纽甜是阿斯巴甜的烷基衍生物，甜度为蔗糖的 7000 ～ 13000 倍，甜感正；稳定性优于阿斯巴甜	ADI：0 ～ 2mg/kg（JECFA，2006）。GRAS	调制乳、含乳饮料、植物饮料，最大使用量 0.02g/kg；风味发酵乳、以乳为主要配料的即食风味食品或其预制产品（不包括冰淇淋和风味发酵乳）、脂肪类甜品、冷冻饮品（食用冰除外）、冷冻水果、水果干类、（醋、油、盐）渍水果、装饰性果蔬、水果甜品（包括果味液体甜品）、[可可制品、巧克力和巧克力制品（包括代可可脂巧克力及制品）以及糖果（05.02 糖果除外）]、焙烤食品馅料及其表面用挂浆、其他蛋制品、果冻，最大使用量 0.1g/kg；调制乳粉和调制奶油粉、发酵的水果制品、煮熟的或油炸的水果，最大使用量 0.065g/kg；稀奶

续表

序号	食品添加剂名称	CNS 号 / INS 号	执行标准	在标准文本中的页码	食品添加剂功能分类	食品添加剂功能特点	食品添加剂安全性指标	食品添加剂使用范围和剂量
321	纽甜{又名 *N*-[*N*-(3,3-二甲基丁基)]-L-*α*-天门冬氨-L-苯丙氨酸 1-甲酯}							油及其类似品（01.05.01 稀奶油除外）、干酪类似品、水果罐头、加工蔬菜（冷冻蔬菜和发酵蔬菜制品除外）、食用菌和藻类罐头、经水煮或油炸的藻类、其他加工食用菌和藻类、坚果与籽类的泥（酱）、谷类和淀粉类甜品（如米布丁、木薯布丁）、果蔬汁（浆）类饮料、植物蛋白饮料、复合蛋白饮料、碳酸饮料、特殊用途饮料、风味饮料、发酵酒（葡萄酒除外），最大使用量 0.033g/kg；[02.02 类以外的脂肪乳化制品，包括混合的和（或）调味的脂肪乳化制品]、腌渍的蔬菜、腌渍的食用菌和藻类、预制水产品（半成品）、水产品罐头，最大使用量 0.01g/kg；果酱、果泥、除 04.01.02.05 以外的果酱（如印度酸辣酱）、调味糖浆、复合调味料，最大使用量 0.07g/kg；蜜饯，最大使用量 0.3g/kg；加工坚果与籽类、膨化食品，最大使用量 0.032g/kg；胶基糖果，最大使用量 1.0g/kg；除胶基糖果

序号	食品添加剂名称	CNS 号 / INS 号	执行标准	在标准文本中的页码	食品添加剂功能分类	食品添加剂功能特点	食品添加剂安全性指标	食品添加剂使用范围和剂量
321	纽甜｛又名 *N*-[*N*-(3,3-二甲基丁基)]-L-*α*-天门冬氨-L-苯丙氨酸 1-甲酯｝							以外的其他糖果，最大使用量 0.33g/kg；即食谷物，包括碾轧燕麦（片），最大使用量 0.16g/kg；方便米面制品，最大使用量 0.06g/kg；焙烤食品，最大使用量 0.08g/kg；餐桌甜味料，按生产需要适量使用；调味糖浆、复合调味料，最大使用量 0.07g/kg；食醋、香辛料酱（如芥末酱、青芥酱），最大使用量 0.012g/kg；含乳饮料、植物饮料，最大使用量 0.02g/kg；茶、咖啡、植物（类）饮料，最大使用量 0.05g/kg
322	乳糖醇（又名 4-*β*-D-吡喃半乳糖-D-山梨醇）	19.014/966	GB 1886.98—2024	97	乳化剂、稳定剂、增稠剂、甜味剂	① 乳糖醇甜度 30 ～ 40，甜味温和，无后苦味。 ② 热值 1.6kcal/g，低于葡萄糖。 ③ 耐高温、耐酸碱，不易发生美拉德反应。 ④ 在相对湿度 70% 的环境中吸湿性为蔗糖的 1/5 左右，高湿条件下（如相对湿度＞ 80%）吸水量增长较为缓慢，用于糖果、烘焙食品可避免因吸潮导致的粘连或软化，在需要控制水分活度的食品（如巧克力涂层、脱水食品）中不会显著影响体系水分平衡	ADI 值：不作特殊规定（JECFA，2006），LD_{50}：大于 10g/kg（小鼠，经口）	可按生产需要适量使用于各类食品（表 A.2 中编号为 1 ～ 4、6 ～ 49、54 ～ 68 的食品类别除外）

续表

序号	食品添加剂名称	CNS 号 / INS 号	执行标准	在标准文本中的页码	食品添加剂功能分类	食品添加剂功能特点	食品添加剂安全性指标	食品添加剂使用范围和剂量
323	三氯蔗糖（又名蔗糖素）	19.016/955	GB 25531—2010	97	甜味剂	三氯蔗糖甜度为蔗糖的600倍；甜感正，甜味特征曲线与蔗糖几乎重合；对光、热、酸碱稳定	ADI：0～15mg/kg（JECFA，2006），LD_{50}：15g/kg（小鼠，经口），LD_{50}：10g/kg（大鼠，经口）	调制乳、风味发酵乳、加工食用菌和藻类（冷冻食用菌和藻类除外），最大使用量0.3g/kg；调制乳粉和调制奶油粉、腐乳类、加工坚果与籽类、即食谷物［包括碾轧燕麦（片）］，最大使用量1.0g/kg；带壳熟制坚果与籽类，最大使用量4.0g/kg；脱壳熟制坚果与籽类，最大使用量2.0g/kg；再制干酪，最大使用量0.2g/kg；冷冻饮品（食用冰除外）、水果罐头、腌渍的蔬菜、杂粮罐头、焙烤食品、食醋、酱油、酿造酱、复合调味料、饮料类［包装饮用水、果蔬汁（浆）、浓缩果蔬汁（浆）除外］、配制酒，最大使用量0.25g/kg；水果干类、煮熟的或油炸的水果，最大使用量0.15g/kg；果酱、果冻，最大使用量0.45g/kg；蜜饯、糖果，最大使用量1.5g/kg；新型豆制品（大豆蛋白及其膨化食品、大豆素肉等）、香辛料酱（如芥末酱、青芥酱），最大使用量0.4g/kg；其他杂粮制品（仅限微波爆米花），最大使用量5.0g/kg；方便米面制品，最大使用量0.6g/kg；肉灌肠类，最大使用量0.35g/kg；餐桌甜

续表

序号	食品添加剂名称	CNS 号 / INS 号	执行标准	在标准文本中的页码	食品添加剂功能分类	食品添加剂功能特点	食品添加剂安全性指标	食品添加剂使用范围和剂量
323	三氯蔗糖（又名蔗糖素）							味料，按生产需要适量使用；蛋黄酱、沙拉酱，最大使用量 1.25g/kg；发酵酒（葡萄酒除外），最大使用量 0.65g/kg
324	山梨糖醇，山梨糖醇液	19.006，19.023/420(i)，420（ii）	GB 1886.187—2016（同一标准）	102	甜味剂、膨松剂、乳化剂、水分保持剂、稳定剂、增稠剂	①山梨糖醇甜度 60，甜感愉快，易接受。 ②热值 16.7kJ/g（同葡萄糖）。 ③能螯合各种金属离子。 ④不易发生美拉德反应。 ⑤有吸湿性，可用于食品保水，在卷烟中作为加香保湿剂	ADI：不作特殊规定（JECFA，2006），LD_{50}：23.3g/kg（小鼠，经口），LD_{50}：15.9g/kg（大鼠，经口）	炼乳及其调制产品、[02.02 类以外的脂肪乳化制品，包括混合的和（或）调味的脂肪乳化制品（仅限植脂奶油）]、冷冻饮品（食用冰除外）、果酱、腌渍的蔬菜、豆类制品、熟制坚果与籽类（仅限油炸坚果与籽类）、(巧克力和巧克力制品，除 05.01.01 以外的可可制品)、糖果、面包、糕点、饼干、焙烤食品馅料及表面用挂浆（仅限焙烤食品馅料）、熟干水产品、经烹调或油炸的水产品、(熏、烤) 水产品、食糖、淀粉糖（食用葡萄糖、低聚异麦芽糖、果葡糖浆、麦芽糖、麦芽糊精、葡萄糖浆等）、调味品（盐及代盐制品、香辛料类除外）、饮料类 [包装饮用水、果蔬汁（浆）、浓缩果蔬汁（浆）除外]、膨化食品，按生产需要适量使用；生湿面制品，最大使用量 30.0g/kg；冷冻水产糜及其制品，最大使用量 20.0g/kg

续表

序号	食品添加剂名称	CNS 号 / INS 号	执行标准	在标准文本中的页码	食品添加剂功能分类	食品添加剂功能特点	食品添加剂安全性指标	食品添加剂使用范围和剂量
325	索马甜	19.020/957	GB 1886.321—2021	109	甜味剂	索马甜的甜度为蔗糖的1600倍；加热变性或遇单宁沉淀会失去甜味	ADI：不作特殊规定（JECFA，2006），LD_{50}：20g/kg（大鼠，经口）	冷冻饮品（食用冰除外）、加工坚果和籽类、焙烤食品、饮料类［包装饮用水、果蔬汁（浆）、浓缩果蔬汁（浆）除外］，最大使用量0.025g/kg；餐桌甜味料，按生产需要适量使用
326	糖精钠	19.001/954（iv）	GB 1886.18—2015	111	甜味剂、增味剂	糖精钠甜度为蔗糖的300～500倍，微带苦味；对热、酸、碱稳定	ADI：0～5mg/kg（JECFA，2006），LD_{50}：14.2g/kg（兔，经口）	冷冻饮品（食用冰除外）、腌渍的蔬菜、复合调味料、配制酒，最大使用量0.15g/kg；水果干类（仅限芒果干、无花果干）、（蜜饯类、凉果类）、话化类、果糕类，最大使用量5.0g/kg；果酱，最大使用量0.2g/kg；蜜饯、新型豆制品（大豆蛋白及其膨化食品、大豆素肉等）、熟制豆类、脱壳熟制坚果与籽类，最大使用量1.0g/kg；带壳熟制坚果与籽类，最大使用量1.2g/kg。以糖精计
327	天门冬酰苯丙氨酸甲酯乙酰磺胺酸	19.021/962	GB 1886.69—2016	112	甜味剂	天门冬酰苯丙氨酸甲酯乙酰磺胺酸的商品名是双甜，是阿斯巴甜和安赛蜜的共晶产品，甜度为蔗糖的340倍，稳定性优于阿斯巴甜	见阿斯巴甜和安赛蜜	风味发酵乳，最大使用量0.79g/kg；冷冻饮品（食用冰除外）、果酱、饮料类［包装饮用水、果蔬汁（浆）、浓缩果蔬汁（浆）除外］，最大使用量0.68g/kg；水果罐头、（蜜饯类、

续表

序号	食品添加剂名称	CNS 号 / INS 号	执行标准	在标准文本中的页码	食品添加剂功能分类	食品添加剂功能特点	食品添加剂安全性指标	食品添加剂使用范围和剂量
327	天门冬酰苯丙氨酸甲酯乙酰磺胺酸							凉果类）、杂粮罐头，最大使用量 0.35g/kg；腌渍的蔬菜，最大使用量 0.20g/kg；糖果，最大使用量 4.5g/kg；胶基糖果，最大使用量 5.0g/kg；餐桌甜味料，按生产需要适量使用；调味品（盐及代盐制品、香辛料类除外），最大使用量 1.13g/kg；酱油、液体复合调味料，最大使用量 2.0g/kg
328	甜菊糖苷	19.008/960a	GB 1886.355—2022	114	甜味剂	甜菊糖苷甜度为蔗糖的 200～300 倍，有类似薄荷醇的苦味及一定程度的涩味，甜感在口中不易消失；耐高温，在酸性及碱性溶液中较稳定。已分离纯化出 11 种组分，其中莱鲍迪苷 A 甜度约为蔗糖的 450 倍，莱鲍迪苷 M 甜度约为蔗糖的 350 倍，甜感接近蔗糖，无后苦味	ADI：0～4mg/kg（JECFA，2010），LD_{50}：15g/kg（小鼠，经口）	调制乳，最大使用量 0.18g/kg；风味发酵乳、发酵蔬菜制品、饮料类［包装饮用水、果蔬汁（浆）、浓缩果蔬汁（浆）除外］，最大使用量 0.2g/kg；冷冻饮品（食用冰除外）、果冻，最大使用量 0.5g/kg；水果罐头，最大使用量 0.27g/kg；果酱，最大使用量 0.22g/kg；蜜饯，最大使用量 3.3g/kg；腌渍的蔬菜，最大使用量 0.23g/kg；新型豆制品（大豆蛋白及其膨化食品、大豆素肉等），最大使用量 0.09g/kg；熟制坚果与籽类，最大使用量 1.0g/kg；可可制品、巧克力和巧克力制品（包括代可可脂巧克力及制品），

序号	食品添加剂名称	CNS 号 / INS 号	执行标准	在标准文本中的页码	食品添加剂功能分类	食品添加剂功能特点	食品添加剂安全性指标	食品添加剂使用范围和剂量
328	甜菊糖苷							最大使用量 0.83g/kg；糖果，最大使用量 3.5g/kg；杂粮罐头、[即食谷物，包括碾轧燕麦(片)]、膨化食品，最大使用量 0.17g/kg；糕点，最大使用量 0.33g/kg；饼干，最大使用量 0.43g/kg；餐桌甜味料，按生产需要适量使用；调味糖浆，最大使用量 0.91g/kg；调味品（盐及代盐制品、香辛料类除外），最大使用量 0.35g/kg；配制酒，最大使用量 0.21g/kg；茶制品（包括调味茶和代用茶类），最大使用量 10.0g/kg。以甜菊醇当量计
329	甜菊糖苷（发酵法）	—/—	—	新增公告	甜味剂	以葡萄糖为原料，经发酵后通过灭活、树脂处理、浓缩、结晶、干燥制得	国家卫生健康委公告 2025 年第 7 号批准 ADI：0 ～ 4mg/kg bw（以甜菊醇当量计） 生产菌信息：大肠杆菌 BL21(DE3)；供体：加拿大红豆杉（Taxus canadensis）[a]、甜叶菊（Stevia rebaudiana）[b]、拟南芥（Arabidopsis thaliana）[c] 和水稻（Oryza sativa）[d]。其中 a 为牻牛儿基	使用范围和使用量与甜菊糖苷相同，可以单独或与甜菊糖苷混合使用。以甜菊醇当量计

续表

序号	食品添加剂名称	CNS 号 / INS 号	执行标准	在标准文本中的页码	食品添加剂功能分类	食品添加剂功能特点	食品添加剂安全性指标	食品添加剂使用范围和剂量
329	甜菊糖苷（发酵法）						焦磷酸合成酶供体，b 为 ent-柯巴基焦磷酸合酶、内根-贝壳杉-16-烯合酶、内根-贝壳杉-16-烯氧化酶、甜菊醇-19-糖基转移酶、甜菊醇-13-糖基转移酶、β-1,3-糖基转移酶和细胞色素 P450 氧化还原蛋白供体，c 为细胞色素单加氧酶供体，d 为 β-1,2-糖基转移酶供体	
330	甜菊糖苷（酶转化法）	—/—	—	新增公告	甜味剂	以甜叶菊叶来源的瑞鲍迪苷 A 为原料，通过蔗糖合成酶、β-1,3-糖基转移酶和 β-1,2-糖基转移酶高效催化后，再经醇溶、过滤结晶、干燥制得的富含瑞鲍迪苷 M 的甜菊糖苷	国家卫生健康委公告 2024 年第 2 号、国家卫生健康委公告 2025 年第 1 号 国家卫生健康委公告 2025 年第 7 号批准 ADI：0 ～ 4mg/kg bw（以甜菊醇当量计） 生产菌信息：大肠杆菌 K-12；供体：拟南芥（Arabidopsisthaliana）[a]、甜叶菊（SteviarebaudianaBertoni）[b] 和番茄（Solanumlycopersicum）[c]。其中 a	使用范围和使用量与甜菊糖苷相同，可以单独或与甜菊糖苷混合使用。以甜菊醇当量计

续表

序号	食品添加剂名称	CNS 号 / INS 号	执行标准	在标准文本中的页码	食品添加剂功能分类	食品添加剂功能特点	食品添加剂安全性指标	食品添加剂使用范围和剂量
330	甜菊糖苷（酶转化法）						为蔗糖合成酶供体，b 为 β-1,3-糖基转移酶供体，c 为 β-1,2-糖基转移酶供体	
331	甜蜜素（又名环己基氨基磺酸钠），环己基氨基磺酸钙	19.002，19.024/952（iv），952（ii）	GB 1886.37—2015，GB 29217—2012	116	甜味剂	环己基氨基磺酸钠甜度为蔗糖的 40 ～ 50 倍，环己基氨基磺酸钙甜度为蔗糖的 30 倍；对热、光、空气、酸碱很稳定	ADI：0 ～ 11mg/kg（以环已基氨基磺酸计）（JECFA，2006），LD_{50}：环已基氨基磺酸钠，15250mg/kg（大鼠，经口）；环已基氨基磺酸钙，大于 10g/kg（大鼠，经口）	风味发酵乳、冷冻饮品（食用冰除外）、水果罐头、腐乳类、饼干、复合调味料、饮料类［包装饮用水、果蔬汁（浆）、浓缩果蔬汁（浆）除外］、配制酒、果冻，最大使用量 0.65g/kg；果酱、蜜饯、腌渍的蔬菜、熟制豆类、其他（仅限魔芋凝胶制品），最大使用量 1.0g/kg；（蜜饯类、凉果类）、话化类、果糕类，最大使用量 8.0g/kg；带壳熟制坚果与籽类，最大使用量 6.0g/kg；脱壳熟制坚果与籽类，最大使用量 1.2g/kg；方便米面制品（仅限调味面制品）、面包、糕点，最大使用量 1.6g/kg；焙烤食品馅料及表面用挂浆（仅限焙烤食品馅料），最大使用量 2.0g/kg（以环乙基氨基酸磺酸计）；餐桌甜味料，按生产需要适量使用；膨化食品，最大使用量 0.2g/kg（以环乙基氨基酸磺酸计）。未标注的以环已基氨基磺酸计

续表

序号	食品添加剂名称	CNS 号 / INS 号	执行标准	在标准文本中的页码	食品添加剂功能分类	食品添加剂功能特点	食品添加剂安全性指标	食品添加剂使用范围和剂量
332	异麦芽酮糖	19.003/—	GB 1886.182—2016	133	甜味剂	①异麦芽酮糖是唯一作为添加剂管理的糖类甜味剂，有双歧因子作用，甜度 45。 ②在体内有 50% 被消化为单糖。 ③耐酸性强，pH 2、100℃下不发生分解。 ④不发生美拉德反应。 ⑤对血糖影响不明显	ADI：不作特殊规定（JECFA，2006），LD_{50}：大于 44g/kg（大鼠，经口）	调制乳、风味发酵乳、冷冻饮品（食用冰除外）、水果罐头、果酱、蜜饯、（巧克力与巧克力制品、除 05.01.01 以外的可可制品）、代可可脂巧克力及其制品、糖果、糖果和巧克力制品包衣、其他杂粮制品、粮食制品馅料、面包、糕点、饼干、焙烤食品馅料及表面用挂浆、饮料类[包装饮用水、果蔬汁（浆）、浓缩果蔬汁（浆）除外]、配制酒，按生产需要适量使用

20. 增稠剂——可以提高食品的黏稠度或形成凝胶，从而改变食品的物理性状，赋予食品黏润、适宜的口感，并兼有乳化、稳定或使呈悬浮状态作用的物质

序号	食品添加剂名称	CNS 号 / INS 号	执行标准	在标准文本中的页码	食品添加剂功能分类	食品添加剂功能特点	食品添加剂安全性指标	食品添加剂使用范围和剂量
333	阿拉伯胶	20.008/414	GB 29949—2013	14	增稠剂、其他	阿拉伯胶以阿拉伯胶树或与其接近的金合欢属树的枝干获得的胶状分泌物为原料，经物理加工制得。在 pH 4 ～ 8 稳定；低黏度；不形成凝胶；水溶液透明；乳化能力强，水包油型。	ADI：不作特殊规定（JECFA，2006），LD_{50}：8g/kg（兔，经口）	可按生产需要适量使用于各类食品（表 A.2 中编号为 1 ～ 48、50 ～ 68 的食品类别除外）

序号	食品添加剂名称	CNS 号 / INS 号	执行标准	在标准文本中的页码	食品添加剂功能分类	食品添加剂功能特点	食品添加剂安全性指标	食品添加剂使用范围和剂量
333	阿拉伯胶					阿拉伯胶在制备乳化香精时作为乳化稳定剂；在制备微胶囊香精时和明胶一起作为壁材；在糖果中有防止结晶和乳化油脂作用；用于巧克力表面上光，可使巧克力不易发白发花；应用于冷冻食品可极大减少游离水；在啤酒中作为泡沫稳定剂；添加于面包中可赋予表面光滑感		
334	刺云实胶	20.041/417	GB 1886.86—2015	27	增稠剂	刺云实胶由豆科植物刺云实的种子提取，性能与槐豆胶相似，黏度更高，有胶凝性，适用于透明饮料、乳制品、果酱、果冻、糖果、沙拉等	ADI：不作特殊规定（JECFA，2006）	干酪、再制干酪、干酪制品及干酪类似品，最大使用量8.0g/kg；冷冻饮品（食用冰除外）、果酱、果冻，最大使用量5.0g/kg；焙烤食品，最大使用量1.5g/kg；预制肉制品、熟肉制品，最大使用量10.0g/kg；饮料类［包装饮用水、果蔬汁（浆）、浓缩果蔬汁（浆）除外］，最大使用量2.5g/kg
335	醋酸酯淀粉	20.039/1420	GB 29925—2013	27	增稠剂	醋酸酯淀粉由淀粉与醋酸酐酯化而成，对酸、碱、热、冻融稳定性好；分子间不易形成氢键，凝沉性弱，黏度和透明度高，抗剪切力强。适用于罐藏食品、肉糜制品、酱油、方便面等产品的生产	ADI：不作特殊规定（FAO/WHO，2001），LD_{50}：大于10g/kg（小鼠，经口）	可按生产需要适量使用于各类食品（表A.2中编号为1～30、32～68的食品类别除外）

序号	食品添加剂名称	CNS 号 / INS 号	执行标准	在标准文本中的页码	食品添加剂功能分类	食品添加剂功能特点	食品添加剂安全性指标	食品添加剂使用范围和剂量
336	淀粉磷酸酯钠（又名淀粉磷酸酯，磷酸酯淀粉，单淀粉磷酸酯）	20.013/1410	GB 29936—2013	29	增稠剂	淀粉磷酸酯钠，由淀粉悬液与磷酸盐（偏磷酸盐、聚磷酸盐等）混合后除去水分加热酯化而成。磷酸化后淀粉的冷水分散性提高，糊化温度降低（50～60℃），糊液的透明性、胶黏性、抗老化能力提高。适用于饮料、冰淇淋、调味料、果酱等产品的生产	ADI：不作特殊规定（JECFA，2006），LD_{50}：19.24g/kg（小鼠，经口）	脂肪含量 80% 以上的乳化制品（黄油和浓缩黄油除外）、冷冻饮品（食用冰除外）、果酱、调味品（盐及代盐制品、香辛料类除外）、饮料类［包装饮用水、果蔬汁（浆）、浓缩果蔬汁（浆）除外］，按生产需要适量使用
337	瓜尔胶	20.025/412	GB 28403—2012	42	增稠剂	瓜尔胶从热带草本植物瓜尔豆的种子中提取。在 pH 3.5～6.0，黏度随 pH 值降低而降低，pH 值在 3.5 以下时黏度又增大；高黏度；不形成凝胶；水溶液不透明；悬浮能力较强。 对冰淇淋等冷冻食品有保持水分、抑制冰晶增长作用；在饮料中作为耐酸增稠剂、悬浮剂；用于酸奶、果冻、沙拉酱中作为耐酸性乳化稳定剂；用于面条可使表面光滑，增加弹性，干燥过程中防止粘连，减少烘干时间，成品耐煮，不断条；用于面包、糕点中可改善面体柔韧度，控制含油量	ADI：不作特殊规定（JECFA，2006），LD_{50}：7.06g/kg（大鼠，经口）	可按生产需要适量使用于各类食品（表 A.2 中编号为 1～68 的食品类别除外）；稀奶油，最大使用量 1.0g/kg；较大婴儿和幼儿配方食品，最大使用量 1.0g/L（以即食状态计）

续表

序号	食品添加剂名称	CNS 号 / INS 号	执行标准	在标准文本中的页码	食品添加剂功能分类	食品添加剂功能特点	食品添加剂安全性指标	食品添加剂使用范围和剂量
338	果胶	20.006/440	GB 25533—2010	42	乳化剂、稳定剂、增稠剂	果胶由柚子、苹果等水果的皮中提取，适用于酸性食品；中等黏度；可形成凝胶，高酯果胶快凝，低酯果胶慢凝；高酯果胶需可溶性固形物高于55%（一般加糖实现）和pH小于3.6（调酸）时才能胶凝；低酯果胶在Ca^{2+}存在下有糖或无糖均能形成凝胶；水溶液一般不透明；悬浮能力较好；口感是增稠剂中最好的。 对果酱制品能赋型，提供良好口感；对冰淇淋有乳化稳定作用，成品滑爽细腻；对酸乳、酸乳饮料、果汁有增稠稳定作用，防止分层；对焙烤食品可帮助面团保型，提高口感，延长保质期；对糖果可使成品柔韧，防止结晶	ADI：不作特殊规定（JECFA，2006），LD_{50}：4g/kg（大鼠，经口）	可按生产需要适量使用于各类食品（表A.2中编号为1～4、6～9、11～30、33～46、48～49、54～68的食品类别除外）；果蔬汁（浆），最大使用量3.0g/kg

续表

序号	食品添加剂名称	CNS 号 / INS 号	执行标准	在标准文本中的页码	食品添加剂功能分类	食品添加剂功能特点	食品添加剂安全性指标	食品添加剂使用范围和剂量
339	海藻酸丙二醇酯	20.010/405	GB 1886.226—2016	43	增稠剂、乳化剂、稳定剂	从海带、巨藻、泡叶藻等褐藻中提取后与氧化丙烯聚合而成，在 pH2 ～ 4 稳定；高黏度；不形成凝胶；水溶液透明；乳化能力很强；悬浮能力强。 海藻酸丙二醇酯对兼具耐酸、增稠、乳化需要的体系如风味发酵乳尤其适合	ADI：0 ～ 70mg/kg（JECFA，2006），LD_{50}：7200mg/kg（大鼠，经口）	乳及乳制品（特殊膳食用食品涉及品种、巴氏杀菌乳、灭菌乳、高温杀菌乳、发酵乳、乳粉和奶油粉、稀奶油除外）、果蔬汁（浆）类饮料、咖啡（类）饮料，最大使用量 3.0g/kg；调制乳、风味发酵乳、含乳饮料，最大使用量 4.0g/kg；淡炼乳（原味）、氢化植物油、水油状脂肪乳化制品（黄油和浓缩黄油除外）、[02.02 类以外的脂肪乳化制品，包括混合的和（或）调味的脂肪乳化制品]、果酱、[可可制品、巧克力和巧克力制品（包括代可可脂巧克力及制品）]、胶基糖果、[装饰糖果、顶饰（非水果材料）和甜汁]、生湿面制品、生干面制品、发酵面制品、方便米面制品、冷冻米面制品、面包、糕点、焙烤食品馅料及表面用挂浆、其他焙烤食品、调味糖浆、植物蛋白饮料，最大使用量 5.0g/kg；冰淇淋、雪糕类，最大使用量 1.0g/kg；（粉丝、粉条）、粉圆，最大使

续表

序号	食品添加剂名称	CNS 号 / INS 号	执行标准	在标准文本中的页码	食品添加剂功能分类	食品添加剂功能特点	食品添加剂安全性指标	食品添加剂使用范围和剂量
339	海藻酸丙二醇酯							用量 1.5g/kg；半固体复合调味料，最大使用量 8.0g/kg；饮料类［包装饮用水、果蔬汁（浆）、浓缩果蔬汁（浆）除外］、啤酒和麦芽饮料，最大使用量 0.3g/kg
340	海藻酸钙（又名褐藻酸钙）	20.046/404	GB 1886.308—2020	44	增稠剂、稳定和凝固剂	从海带、巨藻、泡叶藻等褐藻中提取后，与氢氧化钙或碳酸钙反应而得。不溶于水、有机溶剂，难溶于乙醇，能缓慢溶于聚磷酸钠、碳酸钠溶液及钙化合物的溶液	ADI：不作特殊规定（JECFA，2006），LD_{50}：1407mg/kg（大鼠，静脉注射）	小麦粉制品（生湿面制品、生干面制品除外）、面包，最大使用量 5.0g/kg
341	海藻酸钾（又名褐藻酸钾）	20.005/402	GB 29988—2013	44	增稠剂	从海带、巨藻、泡叶藻等褐藻中提取后，与碳酸钾或氢氧化钾反应制成，不溶于乙醇和乙醇含量高于 30% 的溶液及 pH 低于 3 的酸。余见海藻酸钠	ADI：不作特殊规定（JECFA，2006），LD_{50}：5000mg/kg（大鼠，经口）	可按生产需要适量使用于各类食品（表 A.2 中编号为 1 ～ 68 的食品类别除外）

续表

序号	食品添加剂名称	CNS 号 / INS 号	执行标准	在标准文本中的页码	食品添加剂功能分类	食品添加剂功能特点	食品添加剂安全性指标	食品添加剂使用范围和剂量
342	海藻酸钠（又名褐藻酸钠）	20.004/401	GB 1886.243—2016	45	增稠剂、稳定剂	从海带、巨藻、泡叶藻等褐藻中提取制得。在 pH 5～9 稳定，在 pH 2～3 时生成不溶于水的海藻酸沉淀析出；中等黏度；遇钙离子形成海藻酸钙凝胶；水溶液透明；悬浮能力较强。 海藻酸钠冻融后表观黏度不会改变，可用于冷冻食品；海藻酸钠添加到面条中可以明显增加面条筋力，减少断头率，耐煮；用于面包等面食、糕点时，可以有效地防止老化和干燥，减少落屑；用于冰淇淋、雪糕类产品可抑制冰晶、口感细腻、保形性好；用于牛奶制品及饮料，口感平滑均匀，无黏滞，不分层；用于糖果、冷冻甜食及食品芯、馅的制作，质地平滑	ADI：不作特殊规定（JECFA，2006），LD_{50}：5000mg/kg（大鼠，经口）	可按生产需要适量使用于各类食品（表 A.2 中编号为 1～4、6～9、11～30、33～49、54～61、63～68 的食品类别除外）；赤砂糖、原糖、其他糖和糖浆，最大使用量 10.0g/kg；其他特殊膳食用食品（仅限 13 月龄～10 岁特殊医学用途配方食品中氨基酸代谢障碍配方产品），13～36 月龄幼儿产品的最大使用量 1.0g/kg，37 月龄～10 岁人群产品，按生产需要适量使用

续表

序号	食品添加剂名称	CNS 号 / INS 号	执行标准	在标准文本中的页码	食品添加剂功能分类	食品添加剂功能特点	食品添加剂安全性指标	食品添加剂使用范围和剂量
343	槐豆胶（又名刺槐豆胶）	20.023/410	GB 29945—2013	50	增稠剂	槐豆胶由刺槐豆的种子提取而成，在 pH 3.5 ～ 9 稳定；中等黏度；自身不凝胶，复配卡拉胶可增加凝胶弹性；水溶液透明；悬浮能力较好；口感好。 槐豆胶持水能力好，口感柔嫩，用于冷冻乳制品可以增进口感，减缓冰晶形成；用于奶酪生产可加快奶酪的絮凝作用，增加产量并增进涂布效果；用于肉制品、西式香肠等可以改善组织结构和冷冻稳定性；用于面制品可以改善面团持水特性，延长老化时间。槐豆胶与琼脂、卡拉胶、黄原胶等有良好的协同效应，与卡拉胶复配可形成弹性果冻，单独使用卡拉胶则只能获得脆性果冻。与卡拉胶、CMC 复配是良好的冰淇淋稳定剂	ADI：不作特殊规定（JECFA，2006），LD_{50}：大于 13g/kg（大鼠，经口）	可按生产需要适量使用于各类食品（表 A.2 中编号为 1 ～ 68 的食品类别除外）；婴幼儿配方食品，最大使用量 7.0g/kg（以即食状态计）

续表

序号	食品添加剂名称	CNS 号 / INS 号	执行标准	在标准文本中的页码	食品添加剂功能分类	食品添加剂功能特点	食品添加剂安全性指标	食品添加剂使用范围和剂量
344	黄原胶（又名汉生胶）	20.009/415	GB 1886.41—2025	50	稳定剂、增稠剂	黄原胶是由假黄单胞菌属发酵产生的单孢多糖，在pH3～11稳定；高黏度；不形成凝胶，水溶液不透明；乳化能力较强；悬浮能力强。 黄原胶性能稳定、增稠力强，广泛应用于饮料、面条、糕点、乳制品等	ADI：不作特殊规定（JECFA，2006），LD_{50}：10g/kg（小鼠，经口）	可按生产需要适量使用于各类食品（表A.2中编号为1～4、6～49、54～61、63～68的食品类别除外）；黄油和浓缩黄油、（赤砂糖、原糖、其他糖和糖浆），最大使用量5.0g/kg；生湿面制品，最大使用量10.0g/kg；生干面制品，最大使用量4.0g/kg；特殊医学用途婴儿配方食品，最大使用量9.0g/kg（使用量仅限粉状产品，液态产品按照稀释倍数折算）
345	*β*-环状糊精	20.024/459	GB 1886.352—2021	12	增稠剂、其他	*β*-环状糊精是由7个葡萄糖残基以*β*-1,4-糖苷键连接构成的环状物，分子量1135，可与多种化合物形成包结复合物，起稳定、增溶、缓释、乳化、抗分解，以及掩蔽异味的作用	ADI：0～5mg/kg（JECFA，2006），LD_{50}：大于20g/kg（小鼠、大鼠，经口）	腌渍的蔬菜、果蔬汁（浆）类饮料、植物蛋白饮料、复合蛋白饮料、其他蛋白饮料、碳酸饮料、［茶、咖啡、植物（类）饮料］、特殊用途饮料、风味饮料、膨化食品，最大使用量0.5g/kg；胶基糖果，最大使用量20.0g/kg；除胶基糖果以外的其他糖果（仅限压片糖果），最大使用量15.0g/kg；方便米面制品、预制肉制品、熟肉制品，最大使用量1.0g/kg

序号	食品添加剂名称	CNS 号 / INS 号	执行标准	在标准文本中的页码	食品添加剂功能分类	食品添加剂功能特点	食品添加剂安全性指标	食品添加剂使用范围和剂量
346	甲基纤维素	20.043/461	GB 1886.256—2024	51	增稠剂	①甲基纤维素钠是纤维素碱化处理后与氯甲烷聚合而成，甲基取代度 1.3 ～ 2.6 可溶于水，2.4 ～ 2.7 溶于极性有机溶剂。 ②在 pH 3 ～ 11 稳定；中等到高黏度；凝胶强度较大；有独特的热胶凝性质，在 50 ～ 70℃时形成凝胶，冷却时融化。 ③水溶液透明；乳化能力强；悬浮能力较好；成膜性能好，可用于裱花奶油的防脱水收缩、油炸食品的保持脆度等；口感好	ADI：不作特殊规定（JECFA，2006）。GRAS	可按生产需要适量使用于各类食品（表 A.2 中编号为 1 ～ 68 的食品类别除外）
347	甲壳素（又名几丁质）	20.018/—	GB 1886.312—2020	51	增稠剂、稳定剂	甲壳素是 2-乙酰氨基 -2-脱氧 -D-葡萄糖经 β-1,4-糖苷键连接而成的聚合物，不溶于水和稀酸	暂无 INS 号，无 ADI 值。LD_{50}：77.5g/kg（小鼠，经口）	氢化植物油、其他油脂或油脂制品（仅限植脂末）、冷冻饮品（食用冰除外）、坚果与籽类的泥（酱）、（蛋黄酱、沙拉酱），最大使用量 2.0g/kg；果酱，最大使用量 5.0g/kg；食醋、液体复合调味料，最大使用量 1.0g/kg；乳酸菌饮料，最大使用量 2.5g/kg；啤酒和麦芽饮料，最大使用量 0.4g/kg

续表

序号	食品添加剂名称	CNS 号 / INS 号	执行标准	在标准文本中的页码	食品添加剂功能分类	食品添加剂功能特点	食品添加剂安全性指标	食品添加剂使用范围和剂量
348	结冷胶	20.027/418	GB 25535—2010	57	增稠剂	结冷胶由假单胞菌发酵后提取而得，在 pH2 ～ 10 稳定；高黏度；浓度大于 0.05% 即可形成高弹性、低硬度、热可逆的凝胶；水溶液非常透明；悬浮能力很强；口感好。 结冷胶用于冰淇淋可有效提高冰淇淋的抗融保形性；用于蛋糕有保湿、保鲜和保形的效果；用于果冻和果酱，以及糕点和水果馅料，有良好的持水赋型作用；用于糖果可以提供优越的质构，并缩短软糖成型时间；用于面条可以增加面条硬度、弹性，抑制热水溶胀，减轻汤汁浑浊；用于饼干可以改良饼干的层次，具有良好的疏松度	ADI：不作特殊规定（JECFA，2006），LD_{50}：5g/kg（大鼠，经口）	可按生产需要适量使用于各类食品（表 A.2 中编号为 1 ～ 68 的食品类别除外）
349	聚丙烯酸钠	20.036/—	GB 29948—2013	58	增稠剂	聚丙烯酸钠由丙烯酸钠单体以过硫酸铵为催化剂聚合而得，pH 在 4 左右时容易凝聚，pH2.5 时近于溶解；高黏度，约为 CMC（羧甲基纤维素钠）、海藻酸钠的 15 ～ 20 倍；不形成凝胶；水溶液高透明；带负电荷，吸附反电荷胶体；口感较差	暂无 INS 号，无 ADI 值。LD_{50}：大于 10g/kg（小鼠，经口）	可按生产需要适量使用于各类食品（表 A.2 中编号为 1 ～ 68 的食品类别除外）

续表

序号	食品添加剂名称	CNS 号 / INS 号	执行标准	在标准文本中的页码	食品添加剂功能分类	食品添加剂功能特点	食品添加剂安全性指标	食品添加剂使用范围和剂量
350	聚葡萄糖	20.022/1200	GB 25541—2010	60	增稠剂、膨松剂、水分保持剂、稳定剂	聚葡萄糖是葡萄糖和少量山梨醇、柠檬酸经高温熔融缩聚而成，是随机交联的葡萄糖组成的多糖，分子结构复杂，糖苷键种类繁多，是水溶性膳食纤维，有饱腹感，能明显降低饭后血糖水平。 可提高食品油质状口感性，适用于制冷餐、甜点心，并且不会导致龋齿；可减低食品中糖、脂肪及淀粉用量，热量仅 4.18 kJ/g	ADI：不作特殊规定（JECFA，2006），LD_{50}：19g/kg（大鼠，经口）	调制乳、风味发酵乳、冷冻饮品（食用冰除外）、[可可制品、巧克力和巧克力制品（包括代可可脂巧克力及制品）以及糖果]、焙烤食品、肉灌肠类、（蛋黄酱、沙拉酱）、饮料类 [包装饮用水、果蔬汁（浆）、浓缩果蔬汁（浆）除外]、果冻，按生产需要适量使用
351	决明胶	20.045/427	GB 31619—2014	61	增稠剂	决明胶由决明植物的种子提取而得，具有与槐豆胶相同的性质。水溶液的黏度较低，黏度随温度上升而增加，随浓度增加而指数级增加；耐酸、耐盐、热稳定性和冻融稳定性好；与黄原胶及海藻胶复配使用可形成凝胶	ADI：不作特殊规定（JECFA，2010）	风味发酵乳、稀奶油、以乳为主要配料的即食风味甜点或其预制产品（不包括冰淇淋和风味发酵乳）、（冰淇淋、雪糕类）、方便米面制品、焙烤食品、半固体复合调味料、液体复合调味料、乳酸菌饮料，最大使用量 2.5g/kg；小麦粉制品（生湿面制品、生干面制品除外），最大使用量 3.0g/kg；肉灌肠类，最大使用量 1.5g/kg

序号	食品添加剂名称	CNS 号 / INS 号	执行标准	在标准文本中的页码	食品添加剂功能分类	食品添加剂功能特点	食品添加剂安全性指标	食品添加剂使用范围和剂量
352	卡拉胶	20.007/407	GB 1886.169—2016	62	乳化剂、稳定剂、增稠剂	卡拉胶是从红藻的角叉菜属、麒麟菜属等海藻中提取，在 pH4 以下易分解；高黏度；可形成凝胶强度高、弹性好、热可逆的凝胶；水溶液透明度很高；悬浮能力强；口感好。 卡拉胶用于巧克力牛乳饮料有独特的悬浮稳定作用；用于高脂乳产品如炼乳中可防止脂肪分离；用于固态速溶饮料，可提高产品的贮藏稳定性；用于果冻、布丁、冰淇淋、裱花奶油、酱汁、色拉调味汁等，有赋型、稳定的作用	ADI：不作特殊规定（JECFA，2006），LD_{50}：5.1 ～ 6.2g/kg（大鼠，混入 75% 玉米油乳浊液，经口）	可按生产需要适量使用于各类食品（表 A.2 中编号为 1～4、6 ～ 9、11 ～ 30、32 ～ 49、54～61、63～68 的食品类别除外）；生干面制品，最大使用量 8.0g/kg；赤砂糖、原糖、其他糖和糖浆，最大使用量 5.0g/kg；婴幼儿配方食品，最大使用量 3.0g/L（以即食状态计）
353	可溶性大豆多糖	20.044/—	GB 1886.322—2021	65	增稠剂、乳化剂、被膜剂、抗结剂	可溶性大豆多糖是从大豆子叶中提取的水溶性多糖，由半乳糖、阿拉伯糖、半乳糖酸、鼠李糖、海藻糖、木糖以及葡萄糖等分子通过 1,4-糖苷键和 1, 6-糖苷键相连而成，也称为可溶性大豆膳食纤维。具有很好的耐酸、耐热、耐盐性能，乳化性良好；能够黏附在淀粉类化合物的表面形成水合层，增加	国家卫生健康委员会公告（2019 年第 4 号）	风味发酵乳，最大使用量 6.0g/kg；脂肪类甜品、冷冻饮品（食用冰除外）、大米制品、小麦粉制品（生湿面制品、生干面制品除外）、淀粉制品、方便米面制品、冷冻米面制品、焙烤食品、饮料类［包装饮用水、果蔬汁（浆）、浓缩果蔬汁（浆）除外］，最大使用量 10.0g/kg；生湿面制品、配制酒，最大使用量 5.0g/kg

续表

序号	食品添加剂名称	CNS号/INS号	执行标准	在标准文本中的页码	食品添加剂功能分类	食品添加剂功能特点	食品添加剂安全性指标	食品添加剂使用范围和剂量
353	可溶性大豆多糖					其持水性，抑制淀粉老化，不浑汤；形成的食用膜的黏结强度优于阿拉伯树胶；能作为无色透明水溶性可食用涂膜剂用于食品表面，形成的薄膜在不加任何添加剂时表现出和普鲁兰多糖一样高的张力抗性；应用于酸性乳体系中，用量少于果胶时就可以达到相同的稳定效果，而且具有比果胶更清爽的口感		
354	磷酸化二淀粉磷酸酯	20.017/1413	GB 29935—2013	71	增稠剂	磷酸化二淀粉磷酸酯是淀粉乳与磷酸盐（正磷酸、正磷酸钠或钾盐、三聚磷酸钠、三偏磷酸钠、三氯氧磷）酯化反应生成的淀粉磷酸酯。溶解度和膨润力均大于淀粉，温度越高差别越大。耐热、冷冻稳定性高、抗老化	ADI：不作特殊规定（JECFA，2006）。GRAS	果酱，最大使用量1.0g/kg；生湿面制品、方便米面制品，最大使用量0.2g/kg；固体饮料，最大使用量0.5g/kg

序号	食品添加剂名称	CNS号/INS号	执行标准	在标准文本中的页码	食品添加剂功能分类	食品添加剂功能特点	食品添加剂安全性指标	食品添加剂使用范围和剂量
355	磷酸酯双淀粉	20.034/1412	GB 29926—2013	74	增稠剂	磷酸酯双淀粉是淀粉乳与磷酸盐（三偏磷酸钠、三氯氧磷）酯化反应生成的淀粉磷酸酯。容易糊化，持水性、流动性好，较稳定，不易受酸、碱、剪切力影响，具有较高的冷冻稳定性和冻融稳定性。因糊化温度较高，在罐装食品杀菌初期能保持罐内的对流传热，适用于冷冻食品、罐头食品、布丁等产品的生产	ADI：不作特殊规定（JECFA，2006）。GRAS	可按生产需要适量使用于各类食品（表A.2中编号为1～68的食品类别除外）
356	罗望子多糖胶	20.011/—	GB 1886.106—2015	78	增稠剂	罗望子多糖胶由酸豆属豆科植物的荚果种子胚乳提取制成。有良好的耐热、耐酸、耐盐、耐冻融性，乳化、胶凝和成膜性能好。具有类似果胶的性能，有糖存在时可形成凝胶，适宜的pH值范围比果胶更广泛，凝胶强度约为果胶的两倍，且性能稳定。可用于冷冻饮品、可可制品、巧克力制品、糖果、果冻等食品；在生产低热量的甜品或饮料时，可弥补因用糖量少、固形物低而导致的口味下降	ADI：不作特殊规定（JECFA，2006），LD_{50}：9260mg/kg（大鼠，经口），LD_{50}：1000mg/kg（小鼠，经口）	冷冻饮品（食用冰除外）、[可可制品、巧克力和巧克力制品（包括代可可脂巧克力及制品）以及糖果]、果冻，最大使用量2.0g/kg；果酱，最大使用量5.0g/kg；果糕类，最大使用量20.0g/kg；半固体复合调味料，最大使用量7.0g/kg；液体复合调味料、果蔬汁（浆）类饮料，最大使用量3.0g/kg

续表

序号	食品添加剂名称	CNS 号 / INS 号	执行标准	在标准文本中的页码	食品添加剂功能分类	食品添加剂功能特点	食品添加剂安全性指标	食品添加剂使用范围和剂量
357	明胶	20.002/428	GB 6783—2013	83	增稠剂	①明胶是动物胶原蛋白部分水解后，分子量在10000～70000的蛋白质，在pH3～9范围性能变化幅度约10%；中等黏度；一般在浓度10%～15%时发生热可逆胶凝，弹性较好；水溶液透明；乳化能力强；对固体颗粒悬浮较好，但容易与多酚类聚合沉淀；口感好。 ②明胶的原料（皮、骨）、动物品种、制法（酸法、碱法、酶法）不同，性能变动较大，以实际应用为准。 ③在糖果生产中，明胶比淀粉、琼脂更富有弹性、韧性和透明性，生产弹性充足、形态饱满的软糖、奶糖则需要凝胶强度大的优质明胶；明胶的胶冻具有熔点较低、易溶于热水、入口即化的特点，因此明胶可用于制作肉冻、含糖胶冻等；明胶用于冰淇淋有防止形成冰晶重结晶，保持组织细腻和降低融化速度的作用；在奶酪、酸奶等乳制品中可添加少量	ADI：不作特殊规定（JECFA，2006），LD_{50}：大于5g/kg（兔，经口）	可按生产需要适量使用于各类食品（表A.2中编号为1～68的食品类别除外）

续表

序号	食品添加剂名称	CNS号/INS号	执行标准	在标准文本中的页码	食品添加剂功能分类	食品添加剂功能特点	食品添加剂安全性指标	食品添加剂使用范围和剂量
357	明胶					明胶，可以防止乳清析出，并保持质地细腻；在罐头食品中添加明胶可以使汤汁凝结，保持食品固形物的湿度和香味，宜采用冻力高一些的明胶；用明胶制作食品涂层，可防止氧化、防止腐败、抑制褐变、提高表面光泽等		
358	羟丙基淀粉	20.014/1440	GB 29930—2013	91	增稠剂、膨松剂、乳化剂、稳定剂	羟丙基淀粉是淀粉在强碱性条件下，由淀粉与环氧丙烷反应制得，稳定性及抗剪切性能高，保水性能较强，淀粉糊的冻融稳定性从1～2次提高到35次以上，糊的透明度增大。高取代度羟丙基淀粉具有良好的耐酸、耐碱稳定性，适用于冷冻面团、沙司、布丁等。高直链玉米羟丙基淀粉形成的食用薄膜，在25℃和不同相对湿度时氧气都不能渗透，适于作食品涂层	ADI：不作特殊规定（JECFA，2006），LD_{50}：大于15g/kg（小鼠，经口）	可按生产需要适量使用于各类食品（表A.2中编号为1～68的食品类别除外）

序号	食品添加剂名称	CNS 号 / INS 号	执行标准	在标准文本中的页码	食品添加剂功能分类	食品添加剂功能特点	食品添加剂安全性指标	食品添加剂使用范围和剂量
359	羟丙基二淀粉磷酸酯	20.016/1442	GB 29931—2013	91	增稠剂	羟丙基二淀粉磷酸酯是以食用淀粉为原料，与磷酸化试剂和醚化剂反应制得。耐盐、耐高温、耐酸、抗剪切，口感细腻，经高温杀菌或均质后仍能保持良好的增稠性能，比羟丙基淀粉更适合罐装食品、酸奶、调味酱、沙司等食品的生产	ADI：不作特殊规定（JECFA，2006）。GRAS	可按生产需要适量使用于各类食品（表 A.2 中编号为 1～4、6～68 的食品类别除外）
360	羟丙基甲基纤维素（简称“HPMC”）	20.028/464	GB 1886.109—2015	91	增稠剂	①羟丙基甲基纤维素由纤维素与氯甲烷、氧化乙烯聚合而成，羟丙基甲基取代度一般在 1.2 ～ 2.0。溶于水及部分溶剂，如乙醇水溶液，水溶液干燥后可形成薄膜。 ②在 pH 2 ～ 12 稳定；中等到高黏度；可形成高强度凝胶；独特的热凝胶性能；水溶液透明；乳化能力强；悬浮能力较好；口感好。 ③利用其热凝胶性能制造油炸食品，可大量节约煎炸油，制品外酥内软。其对酸、碱稳定，抗酶，不参与代谢，增强肠胃蠕动，可用于保健食品。可用于烘焙食品、馅料、色拉装饰配料等	ADI：不作特殊规定（JECFA，2006）。LD_{50}：大于 10g/kg（小鼠，经口）	可按生产需要适量使用于各类食品（表 A.2 中编号为 1 ～ 68 的食品类别除外）

续表

序号	食品添加剂名称	CNS 号 / INS 号	执行标准	在标准文本中的页码	食品添加剂功能分类	食品添加剂功能特点	食品添加剂安全性指标	食品添加剂使用范围和剂量
361	琼脂	20.001/406	GB 1886.239—2016	93	增稠剂	琼脂在石花菜等红藻中提取，在 pH4 以下性能弱；pH 中性下高黏度；形成的凝胶特点是强度高、硬、脆、热可逆；水溶液透明；悬浮能力较强；口感较好。 用于果粒橙饮料能悬浮果肉，口感爽滑；用于果汁软糖，产品的透明度和弹性远胜于其他软糖；用于酸奶复配增稠剂，可以防止乳清析出；用于布丁、果冻、八宝粥、银耳燕窝、羹类食品等，有口感爽滑、透明度高、悬浮性好的优点	ADI：不作特殊规定（JECFA，2006），LD_{50}：11g/kg（大鼠，经口）	可按生产需要适量使用于各类食品（表 A.2 中编号为 1 ～ 68 的食品类别除外）
362	三赞胶	20.047/—	—	99	增稠剂、稳定剂和凝固剂	三赞胶是以鞘氨醇单胞菌属 TP-3 菌株发酵生产，由葡萄糖、甘露糖、鼠李糖和葡糖醛酸、脂类（十六碳脂肪酸及十八碳脂肪酸）组成，含有与结冷胶类似的糖骨架及天门冬氨酸和谷氨酸占 23.3% 的氨基酸组成，具有优良的性能	—	调制乳、风味饮料，最大使用量 0.5g/kg；肉灌肠类，最大使用量 5.0g/kg；果蔬汁（浆）饮料，最大使用量 1.4g/kg；植物蛋白饮料，最大使用量 1.3g/kg；复合蛋白饮料，最大使用量 0.75g/kg

续表

序号	食品添加剂名称	CNS号/INS号	执行标准	在标准文本中的页码	食品添加剂功能分类	食品添加剂功能特点	食品添加剂安全性指标	食品添加剂使用范围和剂量
363	沙蒿胶	20.037/—	GB 1886.70—2015	100	增稠剂	沙蒿胶由沙漠植物沙蒿的种子提取，黏度为明胶的1800倍，不溶于水，但可均匀分散于水，吸水数十倍后溶胀成蛋清样胶体，有很好的保水性能，耐强碱、强酸和高温，发泡性、成膜性好。在小麦粉中加入0.1%～0.3%，可使面团拉伸强度提高2～3倍，面条悬挂断条时间延长2～5倍；在谷物及杂粮等面团和面糊中添加能显著改善其延展性	暂无INS号，无ADI值。LD_{50}：大于10g/kg（大鼠，经口）	专用小麦粉（如自发粉、饺子粉等）、生干面制品（仅限挂面）、杂粮制品、方便米面制品（仅限方便面），最大使用量0.3g/kg；预制肉制品、西式火腿类、肉灌肠类、冷冻水产糜及其制品，最大使用量0.5g/kg
364	酸处理淀粉	20.032/1401	GB 29928—2013	108	增稠剂	经酸处理后淀粉发生解聚，糖苷键断裂，成为可溶性淀粉；溶液的透明性良好，流动性增加，持水性提高，黏度降为原淀粉的1/5；高浓度可形成强凝胶；因为形成部分分子碎片，所以淀粉溶液易老化。适用于软糖、罐装食品、冰淇淋、调味料、裹粉、果酱等产品的生产	ADI：不作特殊规定（JECFA，2006）。GRAS	可按生产需要适量使用于各类食品（表A.2中编号为1～68的食品类别除外）

序号	食品添加剂名称	CNS 号 / INS 号	执行标准	在标准文本中的页码	食品添加剂功能分类	食品添加剂功能特点	食品添加剂安全性指标	食品添加剂使用范围和剂量
365	羧甲基淀粉钠	20.012/—	GB 29937—2013	108	增稠剂	羧甲基淀粉钠是用羧甲基醚化的变性淀粉，与羧甲基纤维素钠有相似的性能，具有增稠、悬浮、乳化、保水、成膜等性能；不适用于强酸性食品；水溶液在80℃以上长时间加热黏度降低。适用于冷饮、快餐食品、糕点等产品的生产	ADI：不作限制性规定（JECFA，2006），LD_{50}：9.26g/kg（大鼠，经口）	冰淇淋、雪糕类，最大使用量 0.06g/kg；果酱、酿造酱、调味酱，最大使用量 0.1g/kg；方便米面制品，最大使用量 15.0g/kg；面包，最大使用量 0.02g/kg
366	羧甲基纤维素钠	20.003/466	GB 1886.232—2016	109	增稠剂、稳定剂	①羧甲基纤维素钠是纤维素碱化处理后与氯乙酸聚合而成。每个葡萄糖有三个羟基可羧甲基醚化，即最大醚化度 DS=3。羧甲基纤维素钠醚化度大于 0.4 时为水溶性，0.8 以上耐酸耐盐好。 ②耐酸型 CMC 在 pH2～10 稳定，普通 CMC 不适用于酸性食品。 ③中等到高黏度，取代度越高，黏度越大；不形成凝胶；水溶液透明；乳化能力较好；悬浮能力较好；口感好。 ④羧甲基纤维素钠具有良好的冻融稳定性，并且具有一定的乳化能力，所以特别适用于冰淇淋、雪糕等食品	ADI：不作特殊规定（JECFA，2006），LD_{50}：27g/kg（大鼠，经口）	可按生产需要适量使用于各类食品（表 A.2 中编号为 1～4、6～68 的食品类别除外）

续表

序号	食品添加剂名称	CNS号/INS号	执行标准	在标准文本中的页码	食品添加剂功能分类	食品添加剂功能特点	食品添加剂安全性指标	食品添加剂使用范围和剂量
367	田菁胶	20.021/—	GB 1886.188—2016	114	增稠剂	田菁胶由豆科植物田菁的种子提取，性能与瓜尔胶相似，常温下能分散于冷水中，黏度一般比天然植物胶、海藻酸钠、淀粉高5～10倍；具有较强的交联性能，形成具有三维网状结构的高黏度弹性胶冻，其黏度比原胶液高10～50倍；具有良好的抗盐性能；在pH值6～11范围内稳定，pH值为7.0时黏度最高，pH值为3.5时黏度最低	ADI：0～6.22mg/kg（JECFA，2006），LD_{50}：19.3g/kg（雄性大鼠，经口）	冰淇淋、雪糕类，最大使用量5.0g/kg；生干面制品、方便米面制品、面包，最大使用量2.0g/kg；植物蛋白饮料，最大使用量1.0g/kg
368	脱乙酰甲壳素（又名壳聚糖）	20.026/—	GB 29941—2013	118	增稠剂、被膜剂	脱乙酰甲壳素又名壳聚糖，有防腐、保鲜作用，需溶解于酸性溶液后添加于食品体系，其黏度随介质酸度下降而提高	暂无INS号，无ADI值。LD_{50}：10g/kg（大鼠，经口）	西式火腿类、肉灌肠类，最大使用量6.0g/kg
369	亚麻籽胶（又名富兰克胶）	20.020/—	GB 1886.175—2016	123	增稠剂	亚麻籽胶由亚麻籽的种皮提取而得，在pH 5～9稳定；高黏度；不形成凝胶；水溶液不透明；乳化能力强；成膜性好，有很好的乳化能力、泡沫稳定能力和冻融稳定性。适用于灌肠类肉制品、速冻水饺等易脱水食品以及冰淇淋等食品	ADI：不作特殊规定（JECFA，2006），LD_{50}：15g/kg（小鼠，经口）	冰淇淋、雪糕类，最大使用量0.3g/kg；生干面制品，最大使用量1.5g/kg；熟肉制品、饮料类［包装饮用水、果蔬汁（浆）、浓缩果蔬汁（浆）除外］，最大使用量5.0g/kg

续表

序号	食品添加剂名称	CNS 号 / INS 号	执行标准	在标准文本中的页码	食品添加剂功能分类	食品添加剂功能特点	食品添加剂安全性指标	食品添加剂使用范围和剂量
370	氧化淀粉	20.030/1404	GB 29927—2013	128	增稠剂	氧化淀粉是淀粉与氧化剂作用而得到的变性淀粉，具有糊化温度低、黏度低、成膜性好、抗冻融性好的特点。适用于蛋黄酱、冰淇淋、牛皮糖、色拉酱、软糕点、糖果、蜜饯及调味料、油炸食品的辅料和拌粉	ADI：不作特殊规定（JECFA，2006）。GRAS	可按生产需要适量使用于各类食品（表 A.2 中编号为 1 ～ 68 的食品类别除外）
371	氧化羟丙基淀粉	20.033/—	GB 29933—2013	129	增稠剂	氧化羟丙基淀粉是羟丙基淀粉再经过氧化处理得到的复合型变性淀粉，具有糊化温度低、糊液透明度高、黏度低、凝沉性弱、耐酸性好、成膜更加均匀、不易收缩及断裂的特点。适用于糖果、口含片、脆皮炸鸡粉、饼干表面上光等	ADI：0 ～ 1.4mg/kg（暂定）(FAO/WHO，1994)，LD_{50}: 3600mg/kg（大鼠，经口）	可按生产需要适量使用于各类食品（表 A.2 中编号为 1 ～ 68 的食品类别除外）
372	乙酰化二淀粉磷酸酯	20.015/1414	GB 29929—2013	132	增稠剂	乙酰化二淀粉磷酸酯是经多偏磷酸钠交联或三氯氧磷交联后，再经乙酸酐酯化制得。不易受酸、碱、盐、剪切力影响，具有较高的稳定性，持水性好，冻融稳定性较高，抗老化能力强，成膜性好，可用于酸性食品。适用于调味酱、速冻食品、乳制品等产品的生产	ADI：不作特殊规定（JECFA，2006）	可按生产需要适量使用于各类食品（表 A.2 中编号为 1 ～ 68 的食品类别除外）

续表

序号	食品添加剂名称	CNS 号 / INS 号	执行标准	在标准文本中的页码	食品添加剂功能分类	食品添加剂功能特点	食品添加剂安全性指标	食品添加剂使用范围和剂量
373	乙酰化双淀粉己二酸酯	20.031/1422	GB 29932—2013	132	增稠剂	乙酰化双淀粉己二酸酯是由乙酸酐和己二酸酐与淀粉进行酯化反应制得的复合变性淀粉。引入乙酰基使淀粉具有较低的糊化温度、较高的热黏度以及良好的成膜性和抗老化性，交联键则可以增大淀粉的黏度，提高热糊稳定性和冻融稳定性。具有极佳的抗析水性，良好的透明度、低温稳定性和耐酸性，适用于糕点、速冻水饺、调味料、汤料、糖果、冷饮等产品的生产	ADI：不作特殊规定（JECFA，2006）。GRAS	可按生产需要适量使用于各类食品（表 A.2 中编号为 1 ～ 68 的食品类别除外）
374	皂荚糖胶	20.029/—	GB 1886.67—2015	138	增稠剂	皂荚糖胶由豆科皂荚属的皂荚种子提取，黏度高，1.0% 水溶液的黏度大于 1600mPa·s。对热、酸稳定。能耐受无机盐，但高价金属离子可使其溶解度下降，特别是在高 pH 值情况下。具有稳定泡沫的作用，使更多的空气融入食品而维持食品原有形状，增加黏稠度	ADI：7.83mg/kg（安全系数 300 倍）（哈尔滨医科大学公共卫生学院），LD_{50}：大于 10g/kg（小鼠，大鼠，经口）	（冰淇淋、雪糕类）、专用小麦粉（如自发粉、饺子粉等）、调味品（盐及代盐制品、香辛料类除外）、饮料类［包装饮用水、果蔬汁（浆）、浓缩果蔬汁（浆）除外］，最大使用量 4.0g/kg

21. 食品用香料——添加到食品产品中以产生香味、修饰香味或提高香味的物质

见附录 5、附录 6。

22. 食品工业用加工助剂——有助于食品加工顺利进行的各种物质，与食品本身无关

如助滤、澄清、吸附、脱模、脱色、脱皮、提取溶剂等，见附录 4。

23. 其他——上述功能类别中不能涵盖的其他功能

序号	食品添加剂名称	CNS 号 / INS 号	执行标准	在标准文本中的页码	食品添加剂功能分类	食品添加剂功能特点	食品添加剂安全性指标	食品添加剂使用范围和剂量
375	半乳甘露聚糖	00.014/—	GB 1886.301—2018	20	其他	半乳甘露聚糖耐酸、耐盐，热稳定性好。可溶于水，黏度低，水溶液透明，热量低，可促进双歧杆菌增殖，预防便秘、结肠癌、心血管病，降血糖	无作用剂量：大于 2500mg/kg。LD_{50}：大于 5g/kg（大鼠，经口）	可在各类食品中按生产需要适量使用（表 A.2 中编号为 1 ～ 68 的食品类别除外）
376	冰结构蛋白	00.020/—	GB 1886.299—2018	22	其他	冰结构蛋白又称为抗冻蛋白，是一组能阻止冰结晶形成，控制冰晶生长规律、生长速度、冰晶体形状和大小，并能抑制重结晶的天然蛋白质。冰结构蛋白可以非依数性降低溶液的冰点，可以在低温下保护生物机体免受冷冻的损伤。 冰结构蛋白在冰淇淋中的应用，可以抑制冰晶重结晶；在冷冻面团中应用，可以保护面筋网络结构；在肉制品中应用，可以减少解冻汁液损失，保护肉制品质构	LD_{50}：5.05g/kg（大鼠，经口），1900mg/kg（小鼠，经口）。GRAS	冷冻饮品（食用冰除外），按生产需要适量使用

序号	食品添加剂名称	CNS 号 / INS 号	执行标准	在标准文本中的页码	食品添加剂功能分类	食品添加剂功能特点	食品添加剂安全性指标	食品添加剂使用范围和剂量
377	氮气（液氮）	00.024/—	GB 29202—2012	28	其他	氮气可提供隔绝氧保护，也有起泡作用。液氮应减压气化后使用，直接接触液氮可被冷冻。在不透氧包装食品中用作置换气体，在饮料中作起泡剂	—	风味发酵乳、蛋白饮料、[茶、咖啡、植物（类）饮料]，按生产需要适量使用
378	高锰酸钾	00.001/—	GB 1886.13—2015	41	其他	高锰酸钾在氧化淀粉生产中作氧化剂	LD_{50}：1090mg/kg（大鼠，经口）	食用淀粉，最大使用量 0.5g/kg
379	咖啡因	00.007/—	GB 14758—2010	62	其他	咖啡因主要用于可乐型饮料及咖啡，有短期抗疲劳作用	LD_{50}：192mg/kg（大鼠，经口）。GRAS	可乐型碳酸饮料，最大使用量 0.15g/kg
380	硫酸镁	00.021/518	GB 29207—2012	77	其他	硫酸镁在矿物质饮料、发酵工艺中作营养素	ADI：不作特殊规定（JECFA，2007），LD_{50}：5.0g/kg（小鼠，经口）	其他类饮用水（自然来源饮用水除外），最大使用量 0.05g/L
381	硫酸锌	00.018/—	GB 25579—2010	77	其他	硫酸锌在矿物质饮料、发酵工艺中作营养素	LD_{50}：1.18g/kg（大鼠，经口），LD_{50}：2949mg/kg（大鼠，经口）。GRAS	其他类饮用水（自然来源饮用水除外），最大使用量 0.006g/L（以 Zn 计 2.4mg/L）
382	硫酸亚铁	00.022/—	GB 29211—2012	77	其他	硫酸亚铁用于臭豆腐发色	ADI：0～0.8mg/kg（以 Fe 计；JECFA，2006），LD_{50}：279～558mg/kg（大鼠，经口，以 Fe 计）	发酵豆制品（仅限臭豆腐），最大使用量 0.15g/L（以 $FeSO_4$ 计）

续表

序号	食品添加剂名称	CNS号/INS号	执行标准	在标准文本中的页码	食品添加剂功能分类	食品添加剂功能特点	食品添加剂安全性指标	食品添加剂使用范围和剂量
383	氯化钾	00.008/508	—	79	其他	氯化钾在食品配料中调节增稠剂性能，在盐制品中补充钾离子	ADI：0 ～ 6mg/kg（JECFA，2006），LD_{50}：2600mg/kg（大鼠，经口）	可按生产需要适量使用于各类食品（表A.2中编号为1～60、62～68的食品类别除外）（自然来源类饮用水不能使用）；盐及代盐制品，最大使用量350g/kg
384	乳糖酶	00.023/—	—	97	其他	乳糖酶用于乳制品生产中降低乳糖含量，减少乳糖不耐风险，以及减少乳糖晶型转化造成的品质下降	ADI：不作特殊规定，LD_{50}：20mg/kg（大鼠，经口）	调制乳、风味发酵乳、调制乳粉和调制奶油粉、调制炼乳（包括加糖炼乳及使用了非乳原料的调制炼乳等）、稀奶油及其类似品（01.05.01稀奶油除外），按生产需要适量使用
385	异构化乳糖	00.003/—	GB 1886.176—2016	133	其他	异构化乳糖又名乳果糖，在结肠中促进益生菌的生长，自身被转化成低分子量有机酸，抑制蛋白分解菌，改善细菌氨代谢，并通过保留水分，增加粪便体积	LD_{50}：25 ～ 28g/kg（大鼠，经口）	调制乳粉和调制奶油粉、婴幼儿配方食品，最大使用量15.0g/kg；饼干，最大使用量2.0g/kg；饮料类［包装饮用水、果蔬汁（浆）、浓缩果蔬汁（浆）除外］，最大使用量1.5g/kg

附录1　GB 2760—2024 中附录 D 食品添加剂功能类别

D.1 酸度调节剂：用以维持或改变食品酸碱度的物质。

D.2 抗结剂：用于防止颗粒或粉状食品聚集结块，保持其松散或自由流动的物质。

D.3 消泡剂：在食品加工过程中降低表面张力、消除泡沫的物质。

D.4 抗氧化剂：能防止或延缓油脂或食品成分氧化分解、变质，提高食品稳定性的物质。

D.5 漂白剂：能够破坏、抑制食品的发色因素，使其褪色或使食品免于褐变的物质。

D.6 膨松剂：在食品加工过程中加入的，能使产品形成致密多孔组织，从而使制品具有膨松、柔软或酥脆特性的物质。

D.7 胶基糖果中基础剂物质：赋予胶基糖果起泡、增塑、耐咀嚼等作用的物质。

D.8 着色剂：赋予食品色泽和改善食品色泽的物质。

D.9 护色剂：能与肉及肉制品中呈色物质作用，使之在食品加工、保藏等过程中不致被分解、破坏，呈现良好色泽的物质。

D.10 乳化剂：能改善乳化体中各种构成相之间的表面张力，形成均匀分散体或乳化体的物质。

D.11 酶制剂：由动物或植物的可食部分或非可食部分直接提取，或由传统或通过基因修饰的微生物（包括但不限于细菌、放线菌、真菌菌种）发酵、提取制得，用于食品加工，具有特殊催化功能的生物制品。

D.12 增味剂：补充或增强食品原有风味的物质。

D.13 面粉处理剂：促进面粉的熟化和提高制品品质的物质。

D.14 被膜剂：涂抹于食品表面，起保质、保鲜、上光、防止水分蒸发等作用的物质。

D.15 水分保持剂：有助于保持食品中水分而加入的物质。

D.16 营养强化剂：其定义符合《食品安全国家标准　食品营养强化剂使用标准》（GB 14880）中的规定。

D.17 防腐剂：防止食品腐败变质、延长食品储存期的物质。

D.18 稳定剂和凝固剂：使食品结构稳定或使食品组织结构不变，增强固形物黏性的物质。

D.19 甜味剂：赋予食品甜味的物质。

D.20 增稠剂：可以提高食品的黏稠度或形成凝胶，从而改变食品的物理性状，赋予食品黏润、适宜的口感，并兼有乳化、稳定或使呈悬浮状态作用的物质。

D.21 食品用香料：添加到食品产品中以产生香味、修饰香味或提高香味的物质。

D.22 食品工业用加工助剂：有助于食品加工顺利进行的各种物质，与食品本身无关。

D.23 其他：上述功能类别中不能涵盖的其他功能。

附录 2　GB 2760—2024 中附录 E 食品分类系统

表 E.1　食品分类系统

食品分类号	食品类别 / 名称	食品分类号	食品类别 / 名称
01.0	乳及乳制品（13.0 特殊膳食用食品涉及品种除外）	01.06	干酪、再制干酪、干酪制品及干酪类似品
01.01	巴氏杀菌乳、灭菌乳、高温杀菌乳和调制乳	01.06.01	非熟化干酪
01.01.01	巴氏杀菌乳	01.06.02	熟化干酪
01.01.02	灭菌乳和高温杀菌乳	01.06.03	乳清干酪
01.01.03	调制乳	01.06.04	再制干酪及干酪制品
01.02	发酵乳和风味发酵乳	01.06.04.01	普通再制干酪
01.02.01	发酵乳	01.06.04.02	调味再制干酪
01.02.02	风味发酵乳	01.06.05	干酪类似品
01.03	乳粉和奶油粉及其调制产品	01.06.06	乳清蛋白干酪
01.03.01	乳粉和奶油粉	01.07	以乳为主要配料的即食风味食品或其预制产品（不包括冰淇淋和风味发酵乳）
01.03.02	调制乳粉和调制奶油粉		
01.04	炼乳及其调制产品	01.08	其他乳制品（如乳清粉、酪蛋白粉等）
01.04.01	淡炼乳（原味）	02.0	脂肪，油和乳化脂肪制品
01.04.02	调制炼乳（包括加糖炼乳及使用了非乳原料的调制炼乳等）	02.01	基本不含水的脂肪和油
01.05	稀奶油（淡奶油）及其类似品	02.01.01	植物油脂
01.05.01	稀奶油	02.01.01.01	植物油
01.05.02	—	02.01.01.02	氢化植物油
01.05.03	调制稀奶油	02.01.02	动物油脂（包括猪油、牛油、鱼油和其他动物脂肪等）
01.05.04	稀奶油类似品	02.01.03	无水黄油，无水乳脂

续表

食品分类号	食品类别 / 名称	食品分类号	食品类别 / 名称
02.02	水油状脂肪乳化制品	04.01.02	加工水果
02.02.01	脂肪含量 80% 以上的乳化制品	04.01.02.01	冷冻水果
02.02.01.01	黄油和浓缩黄油	04.01.02.02	水果干类
02.02.01.02	人造黄油（人造奶油）及其类似制品（如黄油和人造黄油混合品）	04.01.02.03	醋、油或盐渍水果
		04.01.02.04	水果罐头
02.02.02	脂肪含量 80% 以下的乳化制品	04.01.02.05	果酱
02.03	02.02 类以外的脂肪乳化制品，包括混合的和（或）调味的脂肪乳化制品	04.01.02.06	果泥
		04.01.02.07	除 04.01.02.05 以外的果酱（如印度酸辣酱）
02.04	脂肪类甜品	04.01.02.08	蜜饯
02.05	其他油脂或油脂制品	04.01.02.08.01	蜜饯类、凉果类
03.0	冷冻饮品	04.01.02.08.02	—
03.01	冰淇淋、雪糕类	04.01.02.08.03	果脯类
03.02	—	04.01.02.08.04	话化类
03.03	风味冰、冰棍类	04.01.02.08.05	果糕类
03.04	食用冰	04.01.02.09	装饰性果蔬
03.05	其他冷冻饮品	04.01.02.10	水果甜品，包括果味液体甜品
04.0	水果、蔬菜（包括块根类）、豆类、食用菌、藻类、坚果以及籽类等	04.01.02.11	发酵的水果制品
		04.01.02.12	煮熟的或油炸的水果
04.01	水果	04.01.02.13	其他加工水果
04.01.01	新鲜水果	04.02	蔬菜
04.01.01.01	未经加工的鲜水果	04.02.01	新鲜蔬菜
04.01.01.02	经表面处理的鲜水果	04.02.01.01	未经加工鲜蔬菜
04.01.01.03	去皮或预切的鲜水果		

续表

食品分类号	食品类别 / 名称	食品分类号	食品类别 / 名称
04.02.01.02	经表面处理的新鲜蔬菜	04.03.02.05	经水煮或油炸的藻类
04.02.01.03	去皮、切块或切丝的蔬菜	04.03.02.06	其他加工食用菌和藻类
04.02.01.04	芽菜类	04.04	豆类制品
04.02.02	加工蔬菜	04.04.01	非发酵豆制品
04.02.02.01	冷冻蔬菜	04.04.01.01	豆腐类
04.02.02.02	干制蔬菜	04.04.01.02	豆干类
04.02.02.03	腌渍的蔬菜	04.04.01.03	豆干再制品
04.02.02.04	蔬菜罐头	04.04.01.03.01	炸制豆干
04.02.02.05	蔬菜泥（酱），番茄沙司除外	04.04.01.03.02	卤制豆干
04.02.02.06	发酵蔬菜制品	04.04.01.03.03	熏制豆干
04.02.02.07	经水煮或油炸的蔬菜	04.04.01.03.04	其他豆干
04.02.02.08	其他加工蔬菜	04.04.01.04	腐竹类（包括腐竹、油皮等）
04.03	食用菌和藻类	04.04.01.05	新型豆制品（大豆蛋白及其膨化食品、大豆素肉等）
04.03.01	新鲜食用菌和藻类	04.04.01.06	熟制豆类
04.03.01.01	未经加工鲜食用菌和藻类	04.04.02	发酵豆制品
04.03.01.02	经表面处理的鲜食用菌和藻类	04.04.02.01	腐乳类
04.03.01.03	去皮、切块或切丝的食用菌和藻类	04.04.02.02	豆豉及其制品（包括纳豆）
04.03.02	加工食用菌和藻类	04.04.03	其他豆制品
04.03.02.01	冷冻食用菌和藻类	04.05	坚果和籽类
04.03.02.02	干制食用菌和藻类	04.05.01	新鲜坚果与籽类
04.03.02.03	腌渍的食用菌和藻类	04.05.02	加工坚果与籽类
04.03.02.04	食用菌和藻类罐头	04.05.02.01	熟制坚果与籽类

续表

食品分类号	食品类别 / 名称
04.05.02.01.01	带壳熟制坚果与籽类
04.05.02.01.02	脱壳熟制坚果与籽类
04.05.02.02	—
04.05.02.03	坚果与籽类罐头
04.05.02.04	坚果与籽类的泥（酱），包括花生酱等
04.05.02.05	其他加工的坚果与籽类（如腌渍的果仁）
05.0	可可制品、巧克力和巧克力制品（包括代可可脂巧克力及制品）以及糖果
05.01	可可制品、巧克力和巧克力制品，包括代可可脂巧克力及制品
05.01.01	可可制品（包括以可可为主要原料的脂、粉、浆、酱、馅等）
05.01.02	巧克力和巧克力制品、除 05.01.01 以外的可可制品
05.01.03	代可可脂巧克力及其制品
05.02	糖果
05.02.01	胶基糖果
05.02.02	除胶基糖果以外的其他糖果
05.03	糖果和巧克力制品包衣
05.04	装饰糖果（如工艺造型，或用于蛋糕装饰）、顶饰（非水果材料）和甜汁
06.0	粮食和粮食制品，包括大米、面粉、杂粮、块根植物、豆类和玉米提取的淀粉等（不包括 07.0 类焙烤制品）
06.01	原粮
06.02	大米及其制品
06.02.01	大米
06.02.02	大米制品
06.02.03	米粉（包括汤圆粉等）
06.02.04	米粉制品
06.03	小麦粉及其制品
06.03.01	小麦粉
06.03.01.01	通用小麦粉
06.03.01.02	专用小麦粉（如自发粉、饺子粉等）
06.03.02	小麦粉制品
06.03.02.01	生湿面制品（如面条、饺子皮、馄饨皮、烧麦皮）
06.03.02.02	生干面制品
06.03.02.03	发酵面制品
06.03.02.04	—
06.03.02.05	油炸面制品
06.03.02.06	其他小麦粉制品（如面筋等）
06.04	杂粮粉及其制品
06.04.01	杂粮粉
06.04.02	杂粮制品
06.04.02.01	杂粮罐头
06.04.02.02	其他杂粮制品
06.05	淀粉及淀粉类制品
06.05.01	食用淀粉

续表

食品分类号	食品类别 / 名称
06.05.02	淀粉制品
06.05.02.01	粉丝、粉条
06.05.02.02	虾味片
06.05.02.03	藕粉
06.05.02.04	粉圆
06.05.02.05	其他淀粉制品（如凉粉等）
06.06	即食谷物，包括碾轧燕麦（片）
06.07	方便米面制品
06.08	冷冻米面制品
06.09	谷类和淀粉类甜品（如米布丁、木薯布丁）
06.10	粮食制品馅料
06.11	面糊（如用于鱼和禽肉的拖面糊）、裹粉、煎炸粉
06.12	其他粮食制品
07.0	焙烤食品
07.01	面包
07.02	糕点
07.02.01	中式糕点（月饼除外）
07.02.02	西式糕点
07.02.03	月饼
07.02.04	糕点上彩装
07.03	饼干
07.03.01	夹心及装饰类饼干
07.03.02	威化饼干
07.03.03	蛋卷
07.03.04	其他饼干
07.04	焙烤食品馅料及表面用挂浆
07.05	其他焙烤食品
08.0	肉及肉制品
08.01	生、鲜肉
08.01.01	生鲜肉
08.01.02	冷却肉、冰鲜肉
08.01.03	冻肉
08.02	预制肉制品
08.02.01	调理肉制品（生肉添加调理料）
08.02.02	腌腊肉制品类（如咸肉、腊肉、板鸭、中式火腿、腊肠）
08.02.03	肉丸类
08.02.04	其他预制肉制品
08.03	熟肉制品
08.03.01	酱卤肉制品类
08.03.01.01	白煮肉类
08.03.01.02	酱卤肉类
08.03.01.03	糟肉类
08.03.02	熏、烧、烤肉类（熏肉、叉烧肉、烤鸭、肉脯等）
08.03.03	油炸肉类

续表

食品分类号	食品类别 / 名称	食品分类号	食品类别 / 名称
08.03.04	西式火腿（熏烤、烟熏、蒸煮火腿）类	09.03.05	其他预制水产品（如鱼肉饺皮）
08.03.05	肉灌肠类	09.04	熟制水产品（可直接食用）
08.03.06	发酵肉制品类	09.04.01	熟干水产品
08.03.07	熟肉干制品	09.04.02	经烹调或油炸的水产品
08.03.07.01	肉松类	09.04.03	熏、烤水产品
08.03.07.02	肉干类	09.04.04	发酵水产品
08.03.07.03	—	09.04.05	鱼肉灌肠类
08.03.08	肉罐头类	09.05	水产品罐头
08.03.09	其他熟肉制品	09.06	其他水产品及其制品
08.04	肉制品的可食用动物肠衣类	10.0	蛋及蛋制品
09.0	水产及其制品（包括鱼类、甲壳类、贝类、软体类、棘皮类等水产及其加工制品等）	10.01	鲜蛋
		10.02	再制蛋（不改变物理性状）
09.01	鲜水产	10.02.01	卤蛋
09.02	冷冻水产品及其制品	10.02.02	糟蛋
09.02.01	冷冻水产品	10.02.03	皮蛋
09.02.02	冷冻挂浆制品	10.02.04	咸蛋
09.02.03	冷冻水产糜及其制品（包括冷冻丸类产品等）	10.02.05	其他再制蛋
09.03	预制水产品（半成品）	10.03	蛋制品（改变其物理性状）
09.03.01	醋渍或肉冻状水产品	10.03.01	脱水蛋制品（如蛋白粉、蛋黄粉、蛋白片）
09.03.02	腌制水产品	10.03.02	热凝固蛋制品（如蛋黄酪、皮蛋肠）
09.03.03	鱼子制品	10.03.03	蛋液与液态蛋
09.03.04	风干、烘干、压干等水产品	10.04	其他蛋制品

续表

食品分类号	食品类别 / 名称	食品分类号	食品类别 / 名称
11.0	甜味料，包括蜂蜜	12.08	—
11.01	食糖	12.09	香辛料类
11.01.01	白砂糖及白砂糖制品、绵白糖、红糖、冰片糖	12.09.01	香辛料及粉
11.01.02	赤砂糖、原糖、其他糖和糖浆	12.09.02	香辛料油
11.02	淀粉糖（食用葡萄糖、低聚异麦芽糖、果葡糖浆、麦芽糖、麦芽糊精、葡萄糖浆等）	12.09.03	香辛料酱（如芥末酱、青芥酱）
		12.09.04	其他香辛料加工品
11.03	蜂蜜及花粉	12.10	复合调味料
11.03.01	蜂蜜	12.10.01	固体复合调味料
11.03.02	花粉	12.10.01.01	固体汤料
11.04	餐桌甜味料	12.10.01.02	鸡精、鸡粉
11.05	调味糖浆	12.10.01.03	其他固体复合调味料
11.05.01	水果调味糖浆	12.10.02	半固体复合调味料
11.05.02	其他调味糖浆	12.10.02.01	蛋黄酱、沙拉酱
11.06	其他甜味料	12.10.02.02	调味酱
12.0	调味品	12.10.02.03	—
12.01	盐及代盐制品	12.10.02.04	其他半固体复合调味料
12.02	鲜味剂和助鲜剂	12.10.03	液体复合调味料
12.03	食醋	12.10.03.01	浓缩汤
12.04	酱油	12.10.03.02	肉汤、骨汤
12.05	酿造酱	12.10.03.03	调味汁
12.06	—	12.10.03.04	蚝油、虾油、鱼露等
12.07	料酒及制品	12.10.03.05	其他液体复合调味料

续表

食品分类号	食品类别 / 名称	食品分类号	食品类别 / 名称
12.11	其他调味品	14.03.01.02	配制型含乳饮料
13.0	特殊膳食用食品	14.03.01.03	乳酸菌饮料
13.01	婴幼儿配方食品	14.03.02	植物蛋白饮料
13.01.01	婴儿配方食品	14.03.03	复合蛋白饮料
13.01.02	较大婴儿和幼儿配方食品	14.03.04	其他蛋白饮料
13.01.03	特殊医学用途婴儿配方食品	14.04	碳酸饮料
13.02	婴幼儿辅助食品	14.04.01	可乐型碳酸饮料
13.02.01	婴幼儿谷类辅助食品	14.04.02	其他型碳酸饮料
13.02.02	婴幼儿罐装辅助食品	14.05	茶、咖啡、植物（类）饮料
13.03	其他特殊膳食用食品	14.05.01	茶（类）饮料
14.0	饮料类	14.05.02	咖啡（类）饮料
14.01	包装饮用水	14.05.03	植物饮料
14.01.01	饮用天然矿泉水	14.06	固体饮料
14.01.02	饮用纯净水	14.06.01	—
14.01.03	其他类饮用水	14.06.02	蛋白固体饮料
14.02	果蔬汁类及其饮料	14.06.03	速溶咖啡
14.02.01	果蔬汁（浆）	14.06.04	其他固体饮料
14.02.02	浓缩果蔬汁（浆）	14.07	特殊用途饮料
14.02.03	果蔬汁（浆）类饮料	14.08	风味饮料
14.03	蛋白饮料	14.09	其他类饮料
14.03.01	含乳饮料	15.0	酒类
14.03.01.01	发酵型含乳饮料	15.01	蒸馏酒

续表

食品分类号	食品类别 / 名称
15.01.01	白酒
15.01.02	调香蒸馏酒
15.01.03	白兰地
15.01.04	威士忌
15.01.05	伏特加
15.01.06	朗姆酒
15.01.07	其他蒸馏酒
15.02	配制酒
15.03	发酵酒
15.03.01	葡萄酒
15.03.01.01	无汽葡萄酒
15.03.01.02	起泡葡萄酒
15.03.01.03	调香葡萄酒
15.03.01.04	特种葡萄酒（按特殊工艺加工制作的葡萄酒，如在葡萄原酒中加入白兰地、浓缩葡萄汁等）
15.03.02	黄酒
15.03.03	果酒
15.03.04	蜂蜜酒
15.03.05	啤酒和麦芽饮料
15.03.06	其他发酵酒类（充气型）
16.0	其他类（01.0 ～ 15.0 类除外）
16.01	果冻
16.02	茶叶、咖啡和茶制品
16.02.01	茶叶、咖啡
16.02.02	茶制品（包括调味茶和代用茶）
16.03	胶原蛋白肠衣
16.04	酵母及酵母类制品
16.04.01	干酵母
16.04.02	其他酵母及酵母类制品
16.05	食品加工用菌种制剂（16.04 除外）
16.06	膨化食品
16.07	其他

附录 3　GB 2760—2024 中表 A.2（表 A.1 中例外食品编号对应的食品类别）

表 A.2　表 A.1 中例外食品编号对应的食品类别

例外食品类别编号	食品分类号	食品名称
1	01.01.01	巴氏杀菌乳
2	01.01.02	灭菌乳和高温杀菌乳
3	01.02.01	发酵乳
4	01.03.01	乳粉和奶油粉
5	01.05.01	稀奶油
6	02.01.01 .01	植物油
7	02.01.01.02	氢化植物油
8	02.01.02	动物油脂（包括猪油、牛油、鱼油和其他动物脂肪等）
9	02.01.03	无水黄油、无水乳脂
10	02.02.01.01	黄油和浓缩黄油
11	04.01.01.01	未经加工的鲜水果
12	04.01.01.02	经表面处理的鲜水果
13	04.01.01.03	去皮或鲜切的鲜水果
14	04.02.01.01	未经加工的鲜蔬菜
15	04.02.01.02	经表面处理的新鲜蔬菜
16	04.02.01.03	去皮、切块或切丝的蔬菜
17	04.02.01.04	芽菜类
18	04.02.02.01	冷冻蔬菜
19	04.02.02.06	发酵蔬菜制品

续表

例外食品类别编号	食品分类号	食品名称
20	04.03.01.01	未经加工鲜食用菌和藻类
21	04.03.01.02	经表面处理的鲜食用菌和藻类
22	04.03.01.03	去皮、切块或切丝的食用菌和藻类
23	04.03.02.01	冷冻食用菌和藻类
24	06.01	原粮
25	06.02.01	大米
26	06.02.02	大米制品
27	06.02.03	米粉（包括汤圆粉等）
28	06.02.04	米粉制品
29	06.03.01.01	通用小麦粉
30	06.03.01.02	专用小麦粉（如自发粉、饺子粉等）
31	06.03.02.01	生湿面制品（面条、饺子皮、馄饨皮、烧麦皮）
32	06.03.02.02	生干面制品
33	06.04.01	杂粮粉
34	08.01.01	生鲜肉
35	08.01.02	冷却肉、冰鲜肉
36	08.01.03	冻肉
37	09.01	鲜水产
38	09.03.01	醋渍或肉冻状水产品
39	09.03.02	腌制水产品
40	09.03.03	鱼子制品
41	09.03.04	风干、烘干、压干等水产品

续表

例外食品类别编号	食品分类号	食品名称
42	09.03.05	其他预制水产品（如鱼肉饺皮）
43	10.01	鲜蛋
44	10.03.01	脱水蛋制品（如蛋白粉、蛋黄粉、蛋白片）
45	10.03.03	蛋液与液态蛋
46	11.01.01	白砂糖及白砂糖制品、绵白糖、红糖、冰片糖
47	11.01.02	赤砂糖、原糖、其他糖和糖浆
48	11.03.01	蜂蜜
49	12.01	盐及代盐制品
50	12.09.01	香辛料及粉
51	12.09.02	香辛料油
52	12.09.03	香辛料酱（如芥末酱、青芥酱）
53	12.09.04	其他香辛料加工品
54	13.01.01	婴儿配方食品
55	13.01.02	较大婴儿和幼儿配方食品
56	13.01.03	特殊医学用途婴儿配方食品
57	13.02.01	婴幼儿谷类辅助食品
58	13.02.02	婴幼儿罐装辅助食品
59	14.01.01	饮用天然矿泉水
60	14.01.02	饮用纯净水
61	14.01.03	其他类饮用水
62	14.02.01	果蔬汁（浆）
63	14.02.02	浓缩果蔬汁（浆）

续表

例外食品类别编号	食品分类号	食品名称
64	15.03.01.01	无汽葡萄酒
65	15.03.01.02	起泡葡萄酒
66	15.03.01.03	调香葡萄酒
67	15.03.01.04	特种葡萄酒（按特殊工艺加工制作的葡萄酒，如在葡萄原酒中加入白兰地、浓缩葡萄汁等）
68	16.02.01	茶叶、咖啡

附录 4　GB 2760—2024 中附录 C 食品工业用加工助剂的使用规定

在 GB 2760—2024 中对食品工业用加工助剂的功能定义是："保证食品加工能顺利进行的各种物质，与食品本身无关。如助滤、澄清、吸附、脱模、脱色、脱皮、提取溶剂、发酵用营养物质等"。换言之，食品工业用加工助剂不是食品原料，可以在食品加工生产过程中添加，与食品成分直接接触，但在食品成品中应除去。例如，助滤剂在过滤澄清过程中完全被截留，不进入食品成品。又如，阿拉伯胶在葡萄酒加工工艺中用作澄清剂，与红酒中的多酚类物质反应形成絮凝，可过滤除去，此时阿拉伯胶的功能不是增稠剂。有些加工助剂无法完全除去，例如，在水果去皮切片后可浸泡在柠檬酸溶液中护色，此时柠檬酸的作用不是酸度调节剂，而是食品工业用加工助剂，护色后柠檬酸在水果表面无法完全除去，但应尽可能降低其残留量。食品生产中使用过的加工助剂在食品标签中无须标出。食品加工助剂分为两类：一类为可在各类食品加工过程中使用，残留量不需限定；另一类需要规定功能和使用范围。

GB 2760—2024 中表 C.1 可在各类食品加工过程中使用，残留量不需限定的加工助剂名单（不含酶制剂）如下：

氨水及液氨、甘油（又名丙三醇）、丙酮、丙烷、(单，双甘油脂肪酸酯)、氮气（液氮）、二氧化硅、二氧化碳、硅藻土、活性炭、磷脂、硫酸钙、硫酸镁、硫酸钠、氯化铵、氯化钙、氯化钾、柠檬酸、氢气、氢氧化钙、氢氧化钾、氢氧化钠、乳酸、硅酸镁、碳酸钙（包括轻质碳酸钙，重质碳酸钙）、碳酸钾、碳酸镁（包括轻质碳酸镁，重质碳酸镁）、碳酸钠、碳酸氢钾、碳酸氢钠、纤维素、盐酸、氧化钙、氧化镁（包括重质氧化镁，轻质氧化镁）、乙醇、冰乙酸（又名冰醋酸）、植物活性炭，共 37 种。

GB 2760—2024 中表 C.2 如下：

表 C.2　需要规定功能和使用范围的加工助剂名单（不含酶制剂）

序号	助剂中文名称	功能	使用范围
1	1-丁醇	萃取溶剂	发酵工艺
2	植物油抽提溶剂	浸油溶剂、提取溶剂	发酵工艺、油脂加工提取工艺
3	D-甘露糖醇	防黏剂	糖果的加工工艺
4	DL-苹果酸钠	发酵用营养物质	发酵工艺
5	L-苹果酸	发酵用营养物质	发酵工艺
6	*β*-环状糊精	胆固醇提取剂	调制乳、发酵乳和风味发酵乳、稀奶油（淡奶油）及其类似品、干酪、再制干酪、干酪制品及干酪类似品的加工工艺

续表

序号	助剂中文名称	功能	使用范围
7	阿拉伯胶	澄清剂	葡萄酒加工工艺
8	凹凸棒黏土	脱色剂	油脂加工工艺
9	丙二醇	冷却剂、消泡剂、提取溶剂	啤酒加工工艺、提取工艺
10	巴西棕榈蜡	脱模剂	焙烤食品加工工艺、膨化食品加工工艺、蜜饯果糕的加工工艺
11	白油（液体石蜡）	消泡剂、脱模剂、防黏剂、润滑剂	薯类的加工工艺、油脂加工工艺、糖果的加工工艺、胶原蛋白肠衣的加工工艺、膨化食品加工工艺、粮食加工工艺（用于防尘）、发酵工艺、豆制品的加工工艺、鲜酵母制品加工工艺（最大使用量为0.1g/kg）
12	不溶性聚乙烯聚吡咯烷酮	吸附剂	啤酒、葡萄酒、果酒、黄酒、配制酒的加工工艺和发酵工艺、茶（类）饮料加工工艺
13	丙酸及其钠盐、钙盐	发酵用营养物质	酵母的生产工艺，残留量≤0.1g/kg
14	单宁（包括食用单宁，固化单宁）	助滤剂、澄清剂、脱色剂	黄酒、啤酒、葡萄酒和配制酒的加工工艺，油脂脱色工艺、发酵工艺
15	丁烷	提取溶剂、推进剂	提取工艺、焙烤食品用喷雾脱模油的加工工艺
16	蜂蜡	脱模剂	焙烤食品加工工艺、膨化食品加工工艺
17	高岭土	澄清剂、助滤剂	葡萄酒、果酒、黄酒、配制酒的加工工艺、发酵工艺
18	高碳醇脂肪酸酯复合物	消泡剂	发酵工艺、大豆蛋白加工工艺
19	硅胶	澄清剂	啤酒、葡萄酒、果酒、配制酒和黄酒的加工工艺
20	硅酸钙	助滤剂	煎炸油加工工艺，最大使用量为40g/kg
21	过氧化氢	脱硫剂、脱色剂、去碘剂	淀粉糖和淀粉加工工艺、油脂加工工艺、海藻加工工艺、胶原蛋白肠衣加工工艺、乳清粉和乳清蛋白粉的加工工艺、酵母衍生制品加工工艺
22	滑石粉	脱模剂、防黏剂	糖果的加工工艺、发酵提取工艺
23	活性白土	澄清剂、食用油脱色剂、吸附剂	配制酒的加工工艺和发酵工艺、油脂加工工艺、水处理工艺

序号	助剂中文名称	功能	使用范围
24	甲醇钠	油脂酯交换催化剂	油脂加工工艺
25	甲酸钠	发酵用营养物质	发酵工艺
26	焦亚硫酸钠	黏度调节剂	大豆蛋白的加工工艺（仅限大豆分离蛋白、大豆浓缩蛋白），最大使用量为0.03g/kg（以二氧化硫残留量计）
27	酒石酸氢钾	结晶剂	葡萄酒加工工艺
28	聚苯乙烯	助滤剂	啤酒加工工艺
29	聚丙烯酰胺	絮凝剂、助滤剂	饮料加工工艺的水处理工艺、制糖工艺和发酵工艺、制盐工艺
30	聚二甲基硅氧烷及其乳液（包括聚二甲基硅氧烷、聚二甲基硅氧烷乳液）	消泡剂、脱模剂	豆制品工艺（最大使用量0.3g/kg，以每千克黄豆类的使用量计，以聚二甲基硅氧烷计）、肉制品、啤酒加工工艺（上述加工工艺最大使用量0.2g/kg，以聚二甲基硅氧烷计）、焙烤食品工艺（在模具中的最大使用量30mg/dm^2，以聚二甲基硅氧烷计）、油脂加工及煎炸工艺（最大使用量0.01g/kg，以聚二甲基硅氧烷计）、果冻、果汁、浓缩果汁粉、饮料、速溶食品、冰淇淋、果酱、调味品和蔬菜加工工艺（上述加工工艺最大使用量0.05g/kg，以聚二甲基硅氧烷计）、发酵工艺（最大使用量0.1g/kg，以聚二甲基硅氧烷计）、薯类加工工艺（最大使用量为按生产需要适量使用）、畜禽血制品加工工艺（最大使用量0.2g/kg，以聚二甲基硅氧烷计）、酵母加工制品生产加工工艺（最大使用量0.1g/kg，以聚二甲基硅氧烷计）、胶原蛋白肠衣加工工艺
31	聚甘油脂肪酸酯	消泡剂	制糖工艺
32	聚氧丙烯甘油醚	消泡剂	发酵工艺
33	聚氧丙烯氧化乙烯甘油醚	消泡剂	发酵工艺
34	聚氧乙烯（20）山梨醇酐单月桂酸酯（又名吐温20），聚氧乙烯（20）山梨醇酐单棕榈酸酯（又名吐温40），聚氧乙烯（20）山梨醇酐单硬脂酸酯（又名吐温60），聚氧乙烯（20）山梨醇酐单油酸酯（又名吐温80）	分散剂、提取溶剂、消泡剂	制糖工艺、发酵工艺、提取工艺、果蔬汁（浆）饮料加工工艺（最大使用量为0.75g/kg）、植物蛋白饮料加工工艺（最大使用量为2.0g/kg）、豆类制品加工工艺（最大使用量为0.05g/kg，最大使用量以每千克豆类的使用量计）

序号	助剂中文名称	功能	使用范围
35	聚氧乙烯聚氧丙烯胺醚	消泡剂	发酵工艺
36	聚氧乙烯聚氧丙烯季戊四醇醚	消泡剂	发酵工艺
37	卡拉胶	澄清剂	啤酒加工工艺
38	离子交换树脂	脱色剂、吸附剂	啤酒、葡萄酒、果酒、配制酒、黄酒、罐头食品的加工工艺，水处理工艺、制糖工艺及糖处理工艺和发酵工艺
39	磷酸	澄清剂、精炼脱胶、发酵用营养物质、自溶促进剂	制糖工艺和油脂加工工艺、发酵工艺、酵母加工制品的生产工艺 [包括磷酸（湿法）, 磷酸（湿法）仅用于制糖工艺、油脂加工工艺、发酵工艺]
40	磷酸二氢铵	发酵用营养物质	发酵工艺
41	磷酸氢二铵	发酵用营养物质	发酵工艺
42	磷酸二氢钾	发酵用营养物质	发酵工艺
43	磷酸二氢钠	发酵用营养物质	发酵工艺
44	磷酸三钙	分散剂	乳制品加工工艺
45	磷酸氢二钠	絮凝剂、发酵用营养物质	饮料加工工艺的水处理工艺、发酵工艺
46	磷酸三钠	絮凝剂、发酵用营养物质	饮料加工工艺的水处理工艺、发酵工艺
47	多聚磷酸钠（包括六偏磷酸钠）	螯合剂	乳糖加工工艺（残留量为 0.2g/kg）
48	硫磺	澄清剂、助分离剂	制糖工艺、淀粉加工工艺
49	硫酸	絮凝剂、发酵用营养物质、中和除皂、破壁剂	啤酒的加工工艺、发酵工艺、淀粉加工工艺、乳制品加工工艺、油脂加工工艺、藻类破壁工艺
50	硫酸铵	发酵用营养物质	发酵工艺

续表

序号	助剂中文名称	功能	使用范围
51	硫酸锰	发酵用营养物质	发酵工艺
52	硫酸铜	澄清剂、螯合剂、发酵用营养物质	葡萄酒的加工工艺、皮蛋的加工工艺、发酵工艺
53	硫酸锌	螯合剂、絮凝剂、发酵用营养物质	皮蛋的加工工艺、啤酒的加工工艺、发酵工艺
54	硫酸亚铁	絮凝剂	饮料加工工艺的水处理工艺和啤酒的加工工艺
55	氯化镁	发酵用营养物质	发酵工艺
56	明胶	澄清剂	果酒的加工工艺、葡萄酒的加工工艺
57	镍	催化剂	发酵工艺、油脂加工工艺、糖醇加工工艺
58	膨润土	吸附剂、助滤剂、澄清剂、脱色剂	葡萄酒、果酒、黄酒和配制酒、油脂、调味品、果蔬汁、茶饮料、固体饮料的加工工艺、发酵工艺
59	石蜡	脱模剂、脱毛剂	糖果、焙烤食品加工工艺、畜禽脱毛处理工艺
60	石油醚	提取溶剂	配制酒的加工工艺、提取工艺
61	松香甘油酯	脱毛剂	畜禽脱毛处理工艺
62	脱乙酰甲壳素	澄清剂	果蔬汁类加工工艺、植物饮料类的加工工艺、啤酒和麦芽饮料的加工工艺、制糖工艺
63	维生素 B 族	发酵用营养物质	发酵工艺
64	五水硫化钠	脱酸剂、脱色剂、沉降剂	制盐工艺（最大使用量 0.065g/kg）
65	五碳双缩醛（又名戊二醛）	交联剂	胶原蛋白肠衣的加工工艺
66	辛，癸酸甘油酯	防黏剂	糖果、蜜饯果糕、胶原蛋白肠衣的加工工艺，巧克力和巧克力制品加工工艺（最大使用量为 0.08g/kg）
67	辛烯基琥珀酸淀粉钠	防黏剂	胶基糖果加工工艺

续表

序号	助剂中文名称	功能	使用范围
68	氧化亚氮	推进剂、起泡剂	水油状脂肪乳化制品（仅限植脂乳）02.02 类以外的脂肪乳化制品，包括混合的和（或）调味的脂肪乳化制品（仅限植脂奶油）的加工工艺、稀奶油（淡奶油）及其类似品的加工工艺
69	异丙醇	提取溶剂	提取工艺
70	乙二胺四乙酸二钠	吸附剂、螯合剂	熟制坚果与籽类、啤酒和配制酒的加工工艺、发酵工艺、饮料的加工工艺
71	乙醚	提取溶剂	配制酒的加工工艺、米糠油加工工艺（残留量为≤ 2mg/kg）
72	乙酸钠（又名醋酸钠）	螯合剂	发酵工艺、淀粉加工工艺
73	乙酸乙酯	提取溶剂	配制酒的加工工艺、酵母抽提物的加工工艺、藻类来源的油脂加工工艺（残留量≤ 20mg/kg）
74	硬脂酸镁	润滑剂、脱模剂、防黏剂	泡腾片压片工艺
75	月桂酸	脱皮剂	果蔬脱皮
76	蔗糖聚氧丙烯醚	消泡剂	发酵工艺和制糖工艺
77	蔗糖脂肪酸酯	消泡剂	制糖工艺、豆制品加工工艺
78	珍珠岩	助滤剂	啤酒、葡萄酒、果酒和配制酒的加工工艺、发酵工艺，油脂加工工艺，淀粉糖加工工艺
79	正己烷	提取溶剂	提取工艺、大豆蛋白加工工艺
80	植物活性炭（稻壳来源）	助滤剂	油脂加工工艺

附录 5　GB 2760—2024 中表 B.2 允许使用的食品用天然香料名单（按剂型排序）

酊剂类香料中文名称（编码、FEMA 编号）	净油类香料中文名称（编码、FEMA 编号）	香油类香料中文名称（编码、FEMA 编号）	浸膏类香料中文名称（编码、FEMA 编号）	萜烯类香料中文名称（编码、FEMA 编号）	树脂类香料中文名称（编码、FEMA 编号）	复合提取物类香料中文名称（编码、FEMA 编号）	其他类香料中文名称（编码、FEMA 编号）
丁香花蕾酊（提取物）（N002、2322）	白兰花净油（N031、3950）	丁香叶油（N001、2325）	九里香浸膏（N006、—）	白柠檬萜烯（N035、—）	大蒜油树脂（N016、—）	核桃壳提取物（N123、3111）	L-天冬酰胺（N230、—）
小豆蔻酊（N011、2240）	玫瑰净油（N055、2988）	丁香花蕾油（N003、2323）	甘草流浸膏（N027、2628）	柠檬油萜烯（N088、—）	生姜油树脂（N036、2523）	可乐果提取物（N155、2607）	L-苏氨酸（N359、4710）
小茴香酊（N012、—）	大花茉莉净油（N068、2598）	罗勒油（N004、2119）	白兰花浸膏（N032、3950）	甜橙油萜烯（N133、—）	姜黄油树脂（N077、3087）	奶油发酵起子蒸馏物（又名黄油蒸馏物）（N159、2173）	L-丝氨酸（N360、—）
山楂酊（N014、—）	小花茉莉净油（N070、—）	八角茴香油（N005、2096）	吐鲁香膏（N044、3070）	葡萄柚油萜烯（N269、—）	辣椒油树脂（又名灯笼辣椒油树脂）（N143、2834）	月桂叶提取物/油树脂（N161、2613）	阿拉伯胶（N249、2001）
乌梅酊（N021、—）	树苔净油（N095、—）	广藿香油（N007、2838）	玫瑰浸膏（N056、—）	柏木油萜烯（N321、—）	香脂冷杉油树脂（N193、2115）	生姜提取物（生姜浸膏）（N162、2521）	达瓦树胶（N347、2519）
可可酊（N023、—）	桂花净油（N118、3750）	万寿菊油（N008、3040）	鸢尾浸膏（N057、2829）		榄香香树脂（N217、2407）	白栎木屑提取物（N163、2794）	刺梧桐树胶（N365、2605）
可可壳酊（N024、—）	素方花净油（N124、—）	小豆蔻油（N010、2241）	杭白菊花浸膏（又名杭菊花流浸膏）（N060、4689）		小米辣椒油树脂（N227、2234）	苏合香提取物（N173、3037）	黄蓍胶（N372、3079）
甘草酊（N026、2628）	槐树花净油（N140、—）	山苍子油（N013、3846）	枫槭浸膏（N062、—）		白胡椒油树脂（N237、2852）	角豆提取物（N175、2243）	褐藻胶（N396、2014）

续表

酊剂类香料中文名称（编码、FEMA编号）	净油类香料中文名称（编码、FEMA编号）	香油类香料中文名称（编码、FEMA编号）	浸膏类香料中文名称（编码、FEMA编号）	萜烯类香料中文名称（编码、FEMA编号）	树脂类香料中文名称（编码、FEMA编号）	复合提取物类香料中文名称（编码、FEMA编号）	其他类香料中文名称（编码、FEMA编号）
白芷酊（N033、—）	墨红花净油（N146、—）	大蒜油（N015、2503）	岩蔷薇浸膏（又名赖百当浸膏）（N063、2610）		安息香树脂（N242、2133）	皂树皮提取物（N176、2973）	白脱酸（N240、2171）
肉豆蔻酊（N038、—）	金合欢净油（N184、2260）	天然康酿克油（N017、2331）	金合欢浸膏（N066、—）		肉豆蔻衣油树脂/提取物（N245、2654）	良姜根提取物（N179、2499）	油酸（N252、2815）
中国肉桂皮酊（提取物）（N040、2257）	波罗尼花净油（N187、2167）	云木香油（N019、2336）	大花茉莉浸膏（N069、2599）		欧芹油树脂（N251、2837）	药鼠李提取物（N197、2253）	焦木酸（N267、2967）
红茶酊（N041、—）	春黄菊花净油（提取物）（罗马）（N196、2274）	月桂叶油（N020、2125）	小花茉莉浸膏（N071、—）		金钮扣油树脂（N257、3783）	夏至草提取物（N201、2581）	单宁酸（N371、3042）
吐鲁酊（提取物）（N043、3069）	银白金合欢净油（又名含羞草净油）（N209、2755）	布枯叶油（N022、2169）	姜黄浸膏（N078、3086）		洋葱油树脂（N260、—）	莫哈弗丝兰提取物（N202、3121）	天然薄荷脑（N018、2665）
豆豉酊（N045、—）	接骨木花净油（N210、—）	甘松油（N025、—）	玳玳花浸膏（N081、2771）		黑胡椒油树脂/黑胡椒提取物（N270、2846）	海草（藻）提取物（N203、2606）	*d*-樟脑（N220、2230）
枣子酊（N053、—）	橙花净油（N221、2818）	冬青油（N028、3113）	栀子花浸膏（N091、—）		众香子油树脂/提取物（N281、2019）	黄龙胆根提取物（N212、2506）	白脱酯（N239、2172）
咖啡酊（N064、—）	鹰爪豆净油（N224、2504）	白兰花油（N029、3950）	树兰花浸膏（N094、—）		丁香花蕾油树脂（N289、2324）	野黑樱桃树皮提取物（N214、2276）	L-阿拉伯糖（N248、3255）

酊剂类香料中文名称（编码、FEMA编号）	净油类香料中文名称（编码、FEMA编号）	香油类香料中文名称（编码、FEMA编号）	浸膏类香料中文名称（编码、FEMA编号）	萜烯类香料中文名称（编码、FEMA编号）	树脂类香料中文名称（编码、FEMA编号）	复合提取物类香料中文名称（编码、FEMA编号）	其他类香料中文名称（编码、FEMA编号）
罗汉果酊（N065、—）	巴拉圭茶净油/提取物（N231、—）	白兰叶油（N030、3950）	树苔浸膏（N096、—）		鼠尾草油树脂/提取物（N296、3002）	蜡菊提取物（N218、2592）	金鸡纳树皮（N256、2283）
圆叶当归根酊（又名独活酊）（N073、2087）	苦橙叶净油（N254、2820）	白柠檬油（N034、2631）	香根浸膏（N103、—）		香荚兰油树脂（N300、3106）	柚苷（又名柚皮苷）提取物（N222、2769）	奎宁盐酸盐（N258、2976）
葫芦巴酊（N079、2485）	蜂蜡净油（N272、2126）	肉豆蔻油（N037、2793）	香荚兰豆浸膏（提取物）（N105、3105）		葫芦巴油树脂（N314、2486）	白山核桃树皮提取物（N232、2577）	檀香醇（包括α-檀香醇、β-檀香醇）（N277、3006）
树兰花酊（N093、—）	赖百当净油（又名岩蔷薇净油）（N273、2608）	中国肉桂油（N039、2258）	香榧子壳浸膏（N109、—）		德国鸢尾树脂（N316、—）	瓜拉纳提取物（N233、2536）	达迷草叶（N308、—）
香荚兰豆酊（N104、3105）	蜡菊净油（N275、—）	印蒿油（N042、2359）	酒花浸膏（N113、2579）		肉豆蔻油树脂（N322、—）	西印度月桂叶提取物（N246、2121）	甘草酸铵（N332、2528）
酒花酊（N112、2578）	黄葵籽净油（N282、2050）	杜松籽油（又名刺柏子油）（N046、2604）	桂花浸膏（N120、—）		墨西哥鼠尾草油树脂（又名棘枝油树脂）（N331、2827）	欧当归提取物（N250、2650）	苏合香（N334、3036）
海狸酊（N115、2261）	紫罗兰叶净油（N301、3110）	芫荽籽油（N047、2334）	野玫瑰浸膏（N128、—）		甘牛至油树脂/提取物（N373、2659）	苦木提取物（N253、2971）	白藓牛至（N337、2399）
桂花酊（N119、—）	晚香玉净油（N305、—）	芹菜花油（N048、—）	菊苣浸膏（N134、2280）		豆豉油树脂（N381、—）	黄芥末提取物/黄芥末油树脂（N265、—）	儿茶粉（N344、2265）

续表

酊剂类香料中文名称（编码、FEMA编号）	净油类香料中文名称（编码、FEMA编号）	香油类香料中文名称（编码、FEMA编号）	浸膏类香料中文名称（编码、FEMA编号）	萜烯类香料中文名称（编码、FEMA编号）	树脂类香料中文名称（编码、FEMA编号）	复合提取物类香料中文名称（编码、FEMA编号）	其他类香料中文名称（编码、FEMA编号）
桂圆酊（N121、—）	母菊（匈牙利春黄菊）花净油（N309、—）	芹菜籽油（N049、2271）	晚香玉浸膏（N135、—）			棕芥末提取物（N266、—）	苦艾（N345、3114）
蚕豆花酊（N126、—）	海藻净油（N330、—）	牡荆叶油（N050、—）	紫罗兰叶浸膏/净油（N136、3110）			糖蜜提取物（N276、—）	甜菜碱（天然提取）（N351、4223）
绿茶酊（N127、—）	桃树叶净油（N336、—）	圆柚油（N051、2530）	黑加仑浸膏（N139、2346）			苜蓿提取物（N279、2013）	橙皮素（N375、4313）
黑加仑酊（N138、2346）	薰衣草净油（N340、2620）	苍术脂（又名苍术硬脂、苍术油）（N052、—）	槐树花浸膏（N141、—）			罗勒提取物（N284、2120）	芝麻蒸馏物（N378、—）
辣椒酊（N142、2233）	橡苔净油（N353、2795）	玫瑰油（N054、2989）	墨红花浸膏（N147、—）			芹菜籽固体提取物（N285、2270）	药蜀葵（N382、2048）
龙涎香酊（N390、2049）	灵猫净油（N361、2319）	鸢尾脂（又名鸢尾凝脂）（N058、2830）	山达草流浸膏（N278、3118）			芹菜籽（含 CO_2）提取物（N286、2269）	香蜂草（N383、2111）
黄葵酊（N391、2052）	朗姆酒净油（N380、—）	杭白菊花油（N059、—）	蒲公英流浸膏（N291、2357）			黄色金鸡纳树皮提取物（N288、2284）	毕澄茄（N388、2338）
		枫槭油（N061、—）	葫芦巴籽浸膏（N319、2485）			红三叶草提取物（固体）（N290、2326）	高倍天然苹果香料（N394、—）
		依兰依兰油（N067、3119）	红枣浸膏（N393、—）			蒲公英根固体提取物（N292、2358）	β-愈疮木烯（N395、—）

续表

酊剂类香料中文名称（编码、FEMA编号）	净油类香料中文名称（编码、FEMA编号）	香油类香料中文名称（编码、FEMA编号）	浸膏类香料中文名称（编码、FEMA编号）	萜烯类香料中文名称（编码、FEMA编号）	树脂类香料中文名称（编码、FEMA编号）	复合提取物类香料中文名称（编码、FEMA编号）	其他类香料中文名称（编码、FEMA编号）
		佛手油（N072、3899）				穗花槭提取物（固体）（N294、2757）	(–) - 高圣草酚钠盐（N398、4228）
		洋葱油（N074、2817）				菝葜提取物（N297、3009）	酶处理异槲皮苷（N399、4225）
		生姜油（N075、2522）				缬草根提取物（N299、3099）	葡萄糖基甜菊糖苷（N403、4728）
		姜黄油（N076、3085）				美国栗树叶提取物（N306、—）	
		玳玳花油（N080、2771）				接骨木花提取物（N310、—）	
		玳玳果油（N082、2771）				藏红花提取物（N312、2999）	
		柚皮油（N083、—）				香叶提取物（N313、—）	
		柏木叶油（北美香柏）（N084、2267）				柠檬提取物（N315、2623）	
		枯茗籽油（又名孜然油）（N085、2343）				罗望子提取物（浸膏）（N317、—）	
		柠檬油（N086、2625）				甜橙皮提取物（N327、2824）	

续表

酊剂类香料中文名称（编码、FEMA编号）	净油类香料中文名称（编码、FEMA编号）	香油类香料中文名称（编码、FEMA编号）	浸膏类香料中文名称（编码、FEMA编号）	萜烯类香料中文名称（编码、FEMA编号）	树脂类香料中文名称（编码、FEMA编号）	复合提取物类香料中文名称（编码、FEMA编号）	其他类香料中文名称（编码、FEMA编号）
		无萜柠檬油（N087、2626）				阿魏液态提取物（流浸膏）（N335、2106）	
		柠檬叶油（N089、2853）				没药树脂提取物（N341、—）	
		柠檬草油（N090、2624）				花椒提取物（N342、2110/4754）	
		树兰花油（N092、—）				苦艾提取物（N348、3115）	
		香叶油（又名玫瑰香叶油）（N097、2508）				刺柏提取物（N349、2603）	
		除萜香叶油（N098、2508）				甘草提取物（粉）（N350、2629）	
		香风茶油（又名香茶菜油）（N099、—）				海索草提取物（又名神香草提取物）（N355、2590）	
		香柠檬油（N101、2153）				安古树皮提取物（N356、2092）	
		香根油（N102、—）				德国春黄菊花（母菊花）提取物（N357、—）	
		香附子油（N106、—）				胭脂树提取物（N362、2103）	

续表

酊剂类香料中文名称（编码、FEMA编号）	净油类香料中文名称（编码、FEMA编号）	香油类香料中文名称（编码、FEMA编号）	浸膏类香料中文名称（编码、FEMA编号）	萜烯类香料中文名称（编码、FEMA编号）	树脂类香料中文名称（编码、FEMA编号）	复合提取物类香料中文名称（编码、FEMA编号）	其他类香料中文名称（编码、FEMA编号）
		香葱油（N107、—）				卡黎皮提取物（N363、2254）	
		香紫苏油（N108、2321）				玫瑰果籽提取物（N368、2990）	
		橘子油（N110、2657）				摩洛哥豆蔻提取物（N374、2529）	
		除萜橘子油（N111、—）				芝麻（CO_2）提取物（N377、—）	
		桉叶油（蓝桉油）（N114、2466）				干制鲣鱼（CO_2）提取物（N379、—）	
		斯里兰卡肉桂皮油（N116、2291）				芦荟提取物（N389、2047）	
		斯里兰卡肉桂叶油（N117、2292）				燕根（萝藦科植物）提取物（N392、4283）	
		留兰香油（N122、3032）				葡萄籽提取物（N400、4045）	
		桦焦油（N125、2154）				留兰香提取物（N401、3031）	
		甜小茴香油（N129、2483）				非洲竹芋提取物（N404、4831）	

续表

酊剂类香料中文名称（编码、FEMA编号）	净油类香料中文名称（编码、FEMA编号）	香油类香料中文名称（编码、FEMA编号）	浸膏类香料中文名称（编码、FEMA编号）	萜烯类香料中文名称（编码、FEMA编号）	树脂类香料中文名称（编码、FEMA编号）	复合提取物类香料中文名称（编码、FEMA编号）	其他类香料中文名称（编码、FEMA编号）
		甜叶菊油（N130、—）					
		甜橙油（N131、2821）					
		除萜甜橙油（N132、2822）					
		椒样薄荷油（N137、2848）					
		愈疮木油（N144、2534）					
		缬草油（N145、3100）					
		橙叶油（N149、2855）					
		亚洲薄荷油（N150、4219）					
		亚洲薄荷素油（N151、—）					
		檀香油（N152、3005）					
		薰衣草油（N153、2622）					

续表

酊剂类香料中文名称（编码、FEMA编号）	净油类香料中文名称（编码、FEMA编号）	香油类香料中文名称（编码、FEMA编号）	浸膏类香料中文名称（编码、FEMA编号）	萜烯类香料中文名称（编码、FEMA编号）	树脂类香料中文名称（编码、FEMA编号）	复合提取物类香料中文名称（编码、FEMA编号）	其他类香料中文名称（编码、FEMA编号）
		头状百里香油（又名西班牙牛至油）（N154、2828）					
		加州胡椒油（N156、3018）					
		卡黎皮油（N157、2255）					
		百里香油（N158、3064）					
		卡南伽油（N160、2232）					
		龙蒿油（N164、2412）					
		白樟油（N165、2231）					
		肉豆蔻衣油（N166、2653）					
		众香叶油（N167、2901）					
		西班牙鼠尾草油（N168、3003）					

续表

酊剂类香料中文名称（编码、FEMA编号）	净油类香料中文名称（编码、FEMA编号）	香油类香料中文名称（编码、FEMA编号）	浸膏类香料中文名称（编码、FEMA编号）	萜烯类香料中文名称（编码、FEMA编号）	树脂类香料中文名称（编码、FEMA编号）	复合提取物类香料中文名称（编码、FEMA编号）	其他类香料中文名称（编码、FEMA编号）
		红橘油（N169、3041）					
		杂薰衣草油（N170、2618）					
		杏仁油（N171、2105）					
		苏合香油（N172、—）					
		长角豆油（N174、—）					
		乳香油（N177、2816）					
		没药油（N178、2766）					
		苏格兰松油（N180、2906）					
		小茴香油（又名普通小茴香油）（N181、2481）					
		苦杏仁油（N182、2046）					
		阿魏油（N183、2108）					

续表

酊剂类香料中文名称（编码、FEMA编号）	净油类香料中文名称（编码、FEMA编号）	香油类香料中文名称（编码、FEMA编号）	浸膏类香料中文名称（编码、FEMA编号）	萜烯类香料中文名称（编码、FEMA编号）	树脂类香料中文名称（编码、FEMA编号）	复合提取物类香料中文名称（编码、FEMA编号）	其他类香料中文名称（编码、FEMA编号）
		欧芹叶油（N185、2836）					
		松针油（N186、2905）					
		玫瑰木油（N188、2156）					
		玫瑰草油（N189、2831）					
		香茅油（N190、2308）					
		迷迭香油（N191、2992）					
		香脂冷杉油（N192、2114）					
		胡萝卜籽油（N194、2244）					
		春黄菊花油（罗马）（N195、2275）					
		荜澄茄油（N198、2339）					
		胡薄荷油（又名唇萼薄荷油）（N199、2839）					

续表

酊剂类香料中文名称（编码、FEMA编号）	净油类香料中文名称（编码、FEMA编号）	香油类香料中文名称（编码、FEMA编号）	浸膏类香料中文名称（编码、FEMA编号）	萜烯类香料中文名称（编码、FEMA编号）	树脂类香料中文名称（编码、FEMA编号）	复合提取物类香料中文名称（编码、FEMA编号）	其他类香料中文名称（编码、FEMA编号）
		欧当归油（N200、2651）					
		海索草油（N204、2591）					
		莳萝草油（又名莳萝油）（N205、2383）					
		秘鲁香脂（N206、2116）					
		格蓬油（N207、2501）					
		脂檀油（N208、—）					
		甘牛至油（N211、2663）					
		黄葵籽油（N213、2051）					
		黑胡椒油（N215、2845）					
		葛缕籽油（N216、2238）					
		香蜂花油（N219、2113）					

续表

酊剂类香料中文名称（编码、FEMA编号）	净油类香料中文名称（编码、FEMA编号）	香油类香料中文名称（编码、FEMA编号）	浸膏类香料中文名称（编码、FEMA编号）	萜烯类香料中文名称（编码、FEMA编号）	树脂类香料中文名称（编码、FEMA编号）	复合提取物类香料中文名称（编码、FEMA编号）	其他类香料中文名称（编码、FEMA编号）
		穗薰衣草油（N223、3033）					
		玳玳果皮油（N225、3823）					
		甜橙油（橙皮压榨法）（N226、2825）					
		丁香茎油（N228、2328）					
		大茴香油（又名茴芹油）（N229、2094）					
		白百里香油（N235、3065）					
		白胡椒油（N236、2851）					
		白康酿克油（N238、2332）					
		众香果油（N241、2018）					
		当归籽油（N243、2090）					
		当归根油（N244、2088）					

续表

酊剂类香料中文名称（编码、FEMA编号）	净油类香料中文名称（编码、FEMA编号）	香油类香料中文名称（编码、FEMA编号）	浸膏类香料中文名称（编码、FEMA编号）	萜烯类香料中文名称（编码、FEMA编号）	树脂类香料中文名称（编码、FEMA编号）	复合提取物类香料中文名称（编码、FEMA编号）	其他类香料中文名称（编码、FEMA编号）
		西印度月桂叶油（N247、2122）					
		苦橙油（N255、2823）					
		茶树油（又名互叶白千层油）（N261、3902）					
		除萜白柠檬油（N262、2632）					
		除萜甜橙皮油（N263、2826）					
		紫苏油（N268、4013）					
		榄香油 / 提取物 / 香树脂（N271、2408）					
		鼠尾草油（又名药鼠尾草油）（N274、3001）					
		秘鲁香膏油（N283、2117）					
		母菊（匈牙利春黄菊）花油（N287、2273）					

续表

酊剂类香料中文名称（编码、FEMA编号）	净油类香料中文名称（编码、FEMA编号）	香油类香料中文名称（编码、FEMA编号）	浸膏类香料中文名称（编码、FEMA编号）	萜烯类香料中文名称（编码、FEMA编号）	树脂类香料中文名称（编码、FEMA编号）	复合提取物类香料中文名称（编码、FEMA编号）	其他类香料中文名称（编码、FEMA编号）
		加拿大飞蓬草油（N293、2409）					
		芸香油（N295、2995）					
		水蒸气蒸馏松节油（N298、3089）					
		洋艾油（N302、3116）					
		橘柚油（N303、—）					
		古巴香脂油（N307、—）					
		防风根油（又名没药油）（N311、—）					
		辣根油（N318、—）					
		芹菜叶油（N320、—）					
		芫荽油 / 油树脂（N324、2334）					
		韭葱油（N326、—）					

续表

酊剂类香料中文名称（编码、FEMA编号）	净油类香料中文名称（编码、FEMA编号）	香油类香料中文名称（编码、FEMA编号）	浸膏类香料中文名称（编码、FEMA编号）	萜烯类香料中文名称（编码、FEMA编号）	树脂类香料中文名称（编码、FEMA编号）	复合提取物类香料中文名称（编码、FEMA编号）	其他类香料中文名称（编码、FEMA编号）
		香橙皮油（N329、2318）					
		冬香草油（N333、3016）					
		酒花油（N338、2580）					
		赖百当油（N339、2609）					
		蓖麻油（N343、2263）					
		苦橙花油（N346、2771）					
		松焦油（N352、2907）					
		苏格兰留兰香油（N354、4221）					
		肉桂皮油/油树脂（N364、2290）					
		橘叶油（N366、2854）					
		欧洲山松针叶油（N367、2904）					

续表

酊剂类香料中文名称（编码、FEMA编号）	净油类香料中文名称（编码、FEMA编号）	香油类香料中文名称（编码、FEMA编号）	浸膏类香料中文名称（编码、FEMA编号）	萜烯类香料中文名称（编码、FEMA编号）	树脂类香料中文名称（编码、FEMA编号）	复合提取物类香料中文名称（编码、FEMA编号）	其他类香料中文名称（编码、FEMA编号）
		夏香草油（N369、3013）					
		加拿大细辛油（N370、3023）					
		白千层油（N384、2225）					
		香厚壳桂皮油（N397、3747）					
		杂醇油（精制过）（N402、2497）					

附录 6　GB 2760—2024 中表 B.3 允许使用的食品用合成香料名单（按化学名称类别排序）

醇类香料中文名称（编码、FEMA 编号）	醛类香料中文名称（编码、FEMA 编号）	酮类香料中文名称（编码、FEMA 编号）	酚类香料中文名称（编码、FEMA 编号）	醚类香料中文名称（编码、FEMA 编号）	羧酸类香料中文名称（编码、FEMA 编号）	酯类香料中文名称（编码、FEMA 编号）	烯烃类香料中文名称（编码、FEMA 编号）
2-甲硫基乙醇（S1461、4004）	2,6,6-三甲基环己-1,3-二烯基甲醛（S0183、3389）	甲乙酮（S0203、2170）	对甲酚（S0094、2337）	对甲酚甲醚（S0080、2681）	甲酸（S0346、2487）	甲酸乙酯（S0353、2434）	1-乙氧基-3-甲基-2-丁烯（S0971、3777）
（+/–）-1-环己基乙醇（S1502、4794）	2,6,6-三甲基-1 或 2-环己烯-1-甲醛（S0715、3639）	丙酮（S0247、3326）	邻甲酚（S0095、3480）	异丁香酚甲醚（S0081、2476）	环己烷基甲酸（S1301、3531）	甲酸丙酯（S0906、2943）	1-辛烯（S1140、4293）
2-(*l*-蓋氧基）乙醇[又名 2-(*l*-薄荷烷氧基乙醇)]（S1344、4154）	*N*-甲基吡咯-2-甲醛（S0984、4332）	二羟基丙酮（S1385、4033）	间甲酚（S0096、3530）	糠基甲基醚（S1083、3159）	乙酸（S0293、2006）	甲酸丁酯（S0354、2196）	（反式，反式）-2,4-壬二烯（S1139、4292）
正丙醇（S0049、2928）	5-甲基-2-噻吩甲醛（S1065、3209）	三硫丙酮（S0787、3475）	3,4-二甲酚（S0675、3596）	仲丁基乙醚（S0084、3131）	烯丙基乙酸（S1270、2843）	甲酸戊酯（S0355、2068）	（反式和顺式）-1-甲氧基-1-癸烯（S1391、4161）
异丙醇（S0003、2929）	乙醛（S0115、2003）	1-巯基-2-丙酮（S0992、3856）	丁香酚（S0091、2467）	香兰基乙醚（S0090、3815）	丙酸（S0294、2924）	甲酸己酯（S0357、2570）	1,3,5-十一碳三烯（S0666、3795）
丙二醇（S0001、2940）	对-甲苯基乙醛（S0714、3071）	1-（对-甲氧基苯基）-2-丙酮（S0959，2674）	异丁香酚（S0092、2468）	香兰基丁醚（S1297、3796）	乙酰丙酸（S0328、2627）	甲酸异丙酯（S0914、2944）	月桂烯（S0653、2762）
甘油（又名丙三醇）（S0002、2525）	香茅氧基乙醛（S1246、2310）	1,3-二苯基-2-丙酮（S1352、2397）	甲基丁香酚（S0093、2475）	2-巯基苯甲醚（S1052、4159）	2-巯基丙酸（S1183、3180）	甲酸异丁酯（S1025、S1025）	*α*-松油烯（S0680、3558）

续表

醇类香料中文名称（编码、FEMA编号）	醛类香料中文名称（编码、FEMA编号）	酮类香料中文名称（编码、FEMA编号）	酚类香料中文名称（编码、FEMA编号）	醚类香料中文名称（编码、FEMA编号）	羧酸类香料中文名称（编码、FEMA编号）	酯类香料中文名称（编码、FEMA编号）	烯烃类香料中文名称（编码、FEMA编号）
1-苯基丙醇-1（S0995、2884）	丙醛（S0117、2923）	2-呋喃基-2-丙酮（S0874、2496）	苄基异丁香酚（S1244、3698）	甲基苯乙醚（S0082、3198）	丙酮酸（S0295、2970）	甲酸异戊酯（S0356、2069）	*α*-金合欢烯（S0678、3839）
1-氨基-2-丙醇（S1112、3965）	3-甲硫基丙醛（S0700、2747）	胡椒基丙酮（S0283、2701）	苯酚（S0099、3223）	二苯醚（S0079、3667）	丁酸（S0296、2221）	甲酸香叶酯（S0359、2514）	*α*-水芹烯（S0668、2856）
3-甲硫基丙醇（S0687、3415）	2-甲基-3-（对甲基苯基）丙醛（S1248、2748）	1-苯基-1,2-丙二酮（S0248、3226）	2-乙基苯酚（S0982、—）	二苄醚（S1371、2371）	异丁酸（S0297、2222）	甲酸香茅酯（S0360、2314）	*β*-石竹烯（S0651、2252）
3-（*l*-薄荷烷氧基)-2-甲基-1,2-丙二醇（S0067、3849）	2-甲基-2-（甲二硫基）-丙醛（S0966、3866）	3-羟基-2-丁酮（又名乙偶姻）（S0204、2008）	对乙基苯酚（S0101、3156）	乙基苄基醚（S0085、2144）	2-甲基丁酸（S0298、2695）	甲酸芳樟酯（S0362、2642）	氧化石竹烯（S0684、4085）
3-*l*-蓋氧基-1,2-丙二醇（又名3-*l*-薄荷烷氧基-1,2-丙二醇）（S1296、3784）	3-（2-呋喃基）丙烯醛（S0118、2494）	2-乙酰氧基-3-丁酮（S1501、3526）	对丙基苯酚（S1145、3649）	苄基丁基醚（S1415、2139）	2-乙基丁酸（S0299、2429）	甲酸橙花酯（S0578、2776）	*γ*-松油烯（S0670、3559）
正丁醇（S0004、2178）	2-甲基-3（2-呋喃基）丙烯醛（S0753、2704）	3-甲硫基-2-丁酮（S1435、4181）	邻丙基苯酚（S1243、3522）	*β*-萘甲醚（S1384、4704）	2-氧代丁酸（S0329、3723）	甲酸龙脑酯（S0611、2161）	巴伦西亚橘烯（S0652、3443）
异丁醇（S0005、2179）	2-苯基-3-（2-呋喃基）丙-2-烯醛（S1249、3586）	4-甲硫基-2-丁酮（S0989、3375）	2-异丙基苯酚（S0107、3461）	*β*-萘乙醚（S1241、2768）	4-氨基丁酸（又名*γ*-氨基丁酸）（S1096、4288）	甲酸肉桂酯（S0780、2299）	红没药烯（S0669、3331）
3-巯基-3-甲基-1-丁醇（S0806、3854）	丙酮醛（S0964、2969）	4-苯基-3-丁烯-2-酮（S0206、2881）	2,5-二甲基苯酚（S0113、3595）	异丁基*β*-萘醚（S1242、3719）	反式-2-丁烯酸（又名巴豆酸）（S1019、3908）	甲酸松油酯（S1135、3052）	异松油烯（S0655、3046）

续表

醇类香料中文名称（编码、FEMA编号）	醛类香料中文名称（编码、FEMA编号）	酮类香料中文名称（编码、FEMA编号）	酚类香料中文名称（编码、FEMA编号）	醚类香料中文名称（编码、FEMA编号）	羧酸类香料中文名称（编码、FEMA编号）	酯类香料中文名称（编码、FEMA编号）	烯烃类香料中文名称（编码、FEMA编号）
2-甲基-1-丁醇（S0863、3998）	丁醛（S0119、2219）	4-（对-甲氧基苯基）-2-丁酮（S0205、2672）	2,6-二甲基苯酚（S0108、3249）	对丙基茴香醚（S1329、2930）	戊酸（S0300、3101）	甲酸苄酯（S0358、2145）	罗勒烯（S0656、3539）
3-甲基-2-丁烯-1-醇（S0956、3647）	异丁醛（S0184、2220）	3-巯基-2-丁酮（又名3-巯基丁-2-酮）（S0282、3298）	2,6-二甲氧基苯酚（S0109、3137）	大茴香醚（S0086、2097）	异戊酸（S0303、3102）	甲酸苯乙酯（S0361、2864）	苏合香烯（S0679、3233）
3-甲基-2-丁醇（S0975、3703）	2-甲基丁醛（S0120、2691）	3-[(2-甲基-3-呋喃）硫基]-2-丁酮（S1342、4056）	2-甲氧基-4-甲基苯酚（S0100、2671）	邻甲基大茴香醚（S0087、2680）	2-甲基戊酸（S0301、2754）	甲酸大茴香酯（S0514、2101）	α-蒎烯（S0658、2902）
2-巯基-3-丁醇（S1158、3502）	2-乙基丁醛（S0919、2426）	丁二酮（2,3-丁二酮）（S0207、2370）	2-甲氧基-4-丙基苯酚（S0112、3598）	2,4-二甲基大茴香醚（S0089、3828）	3-甲基戊酸（又名酐酪酸）（S0320、3437）	甲酸3-巯基3-甲基丁酯（S0821、3855）	β-蒎烯（S0659、2903）
4-苯基2-丁醇（S0996、2879）	3-甲硫基丁醛（S0272、3374）	2-戊酮（S0208、2842）	2-甲氧基-4-乙烯基苯酚（S0102、2675）	朗姆醚（又名乙醇氧化水合物）（S0083、2996）	2-甲基-2-戊烯酸（又名草莓酸）（S0302、3195）	甲酸顺式-3-己烯酯（又名甲酸叶醇酯）（S0515、3353）	d-苧烯（S0654、2633）
4-苯基-3-丁烯-2-醇（S1233、2880）	2-甲基-2-丁烯醛（S0121、3407）	1-戊烯-3-酮（S0209、3382）	对乙烯基苯酚（S0114、3739）	橙花醚（S0088、3661）	2-甲基-3-戊烯酸（S0876、3464）	甲酸α-戊基肉桂酯（S1409、2066）	l-苧烯（S1105、—）
2-甲基-4-苯基-2-丁醇（S1234、3629）	3-甲基-2-丁烯醛（S1042、3646）	3-戊烯-2-酮（S0908、3417）	邻甲硫基苯酚（S0699、3210）	玫瑰醚（S0707、3236）	2-甲基-4-戊烯酸（S1184、3511）	甲酸桃金娘烯酯（S0151、3405）	聚苧烯（S0682、—）

续表

醇类香料中文名称（编码、FEMA编号）	醛类香料中文名称（编码、FEMA编号）	酮类香料中文名称（编码、FEMA编号）	酚类香料中文名称（编码、FEMA编号）	醚类香料中文名称（编码、FEMA编号）	羧酸类香料中文名称（编码、FEMA编号）	酯类香料中文名称（编码、FEMA编号）	烯烃类香料中文名称（编码、FEMA编号）
赤、苏-3-巯基-2-甲基丁-1-醇（又名3-巯基-2-甲基丁醇）（S1359、3993）	2-苯基-2-丁烯醛（S0122、3224）	3-巯基-2-戊酮（S1177、3300）	间苯二酚（S0110、3589）	二糠基醚（S1108、3337）	2-氧代戊二酸（S0878、3891）	甲酸二甲基苄基原酯（S1271、2395）	莰烯（S0657、2229）
正戊醇（S0006、2056）	2-甲硫甲基-2-丁烯醛（S0816、3601）	4-巯基-2-戊酮（S1428、4157）	愈疮木酚（S0104、2532）	乙基芳樟基醚（S1496，4591）	己酸（S0304、2559）	乙酸甲酯（S0363、2676）	3-蒈烯（S0681、3821）
2-戊醇（S0007、3316）	戊醛（S0123、3098）	4-甲基-2-戊酮（S0977、2731）	4-乙基愈疮木酚（S0105、2436）	*l*-蓋基甲基醚（又名2-异丙基-5-甲基环己基甲基醚）（S1061、4054）	异己酸（S0348、3463）	甲硫基乙酸甲酯（S0912、4003）	对,*α*-二甲基苯乙烯（S0667、3144）
异戊醇（S0008、2057）	异戊醛（S0124、2692）	4-甲硫基-2-戊酮（S1448、4182）	3-丙烯基-6-乙氧基苯酚（又名丙烯基乙基愈创木酚）（S1164、2922）		2-甲基己酸（S0330、3191）	乙酸乙酯（S0364、2414）	1,4-二甲基-4-乙酰基-1-环己烯（S0663、3449）
1-戊烯-3-醇（S0009、3584）	2-甲基戊醛（S0125、3413）	4-甲硫基-4-甲基-2-戊酮（S1176、3376）	麦芽酚（S0098、2656）		反式-2-己烯酸（S0306、3169）	乙酸1-乙氧基乙醇酯（S1397、4069）	2-甲酰基-6,6-二甲基双环[3.1.1]庚-2-烯（又名桃金娘烯醛）（S0664、3395）
3-甲基-1-戊醇（S0976、3762）	3-巯基-2-甲基戊醛（S1343、3994）	4-巯基-4-甲基-2-戊酮（S0886、3997）	乙基麦芽酚（S1162、3487）		3-己烯酸（S0307、3170）	乙酸环己基乙酯（S1274、2348）	

续表

醇类香料中文名称（编码、FEMA编号）	醛类香料中文名称（编码、FEMA编号）	酮类香料中文名称（编码、FEMA编号）	酚类香料中文名称（编码、FEMA编号）	醚类香料中文名称（编码、FEMA编号）	羧酸类香料中文名称（编码、FEMA编号）	酯类香料中文名称（编码、FEMA编号）	烯烃类香料中文名称（编码、FEMA编号）
3-巯基-2-甲基戊醇（S1056、3996）	2-戊烯醛（S0126、3218）	4-甲基-3-戊烯-2-酮（S0869、3368）	香芹酚（S0111、2245）		己二酸（S0305、2011）	2-（甲硫基）乙酸乙酯（S0789、3835）	
2,3,4-三甲基-3-戊醇（S1121、3903）	4-戊烯醛（S1148、4262）	4-甲基-1-苯基-2-戊酮（S1263、2740）	乙基香芹酚（S1387、2246）		庚酸（S0308、3348）	乙酸丙酯（S0366、2925）	
1-苯基-3-甲基-戊醇-3（S1362、2883）	2-甲基-2-戊烯醛（S0127、3194）	1-（对甲氧基苯基）-1-戊烯-3-酮（S1264、2673）	百里香酚（又名麝香草酚）（S0097、3066）		2-甲基庚酸（S0331、2706）	乙酸异丙酯（S0367、2926）	
5-苯基戊醇（S1363、3618）	4-甲基-2-戊烯醛（S0915、3510）	1-(4-甲氧苯基)-4-甲基-1-戊烯-3-酮（S1430、3760）			辛酸（S0309、2799）	乙酸烯丙酯（S0368、—）	
(+/–)-4-巯基-4-甲基-2-戊醇（S1438、4158）	4-甲基-2-苯基-2-戊烯醛（S0128、3200）	3-乙基-2-羟基-4-甲基-2-环戊烯-1-酮（S0289、3453）			4-甲基辛酸（S0332、3575）	环己基乙酸烯丙酯（S1186、2023）	
正己醇（S0010、2567）	2,8-二硫杂-4-壬烯-4-甲醛 [5-（甲硫基）-2-（甲硫基甲基）-2-戊烯醛]（S1101、3483）	*α*-己叉基环戊酮（S1265、2573）			4-乙基辛酸（S0969、3800）	乙酸 3-甲硫基丙酯（S0822、3883）	
3-己醇（S0050、3351）	2,4-戊二烯醛（S0129、3217）	3-乙基-2-羟基-2-环戊烯-1-酮（S0211、3152）			3,7-二甲基-6-辛烯酸（S0333、3142）	乙酸丁酯（S0370、2174）	

续表

醇类香料中文名称（编码、FEMA编号）	醛类香料中文名称（编码、FEMA编号）	酮类香料中文名称（编码、FEMA编号）	酚类香料中文名称（编码、FEMA编号）	醚类香料中文名称（编码、FEMA编号）	羧酸类香料中文名称（编码、FEMA编号）	酯类香料中文名称（编码、FEMA编号）	烯烃类香料中文名称（编码、FEMA编号）
2-乙基己醇（S0052、3151）	己醛（S0130、2557）	甲基环戊烯醇酮（又名3-甲基-2-羟基-2-环戊烯-1-酮）（S0212、2700）			壬酸（S0310、2784）	乙酸异丁酯（S0371、2175）	
3,5,5-三甲基环己醇（S0068、3962）	3-甲基己醛（S1138、4261）	4[（2-呋喃甲基）硫基]-2-戊酮（又名4-糠硫基-2-戊酮）（S1130、3840）			4-甲基壬酸（S0347、3574）	乙酸2-甲基丁酯（S0516、3644）	
3,5,5-三甲基-1-己醇（S0573、3324）	3-甲硫基己醛（S0817、3877）	2,3-戊二酮（S0210、2841）			癸酸（S0311、2364）	乙酸2-乙基丁酯（S1446、2425）	
3-（甲硫基）-1-己醇（S0690、3438）	3,5,5-三甲基己醛（S1250、3524）	4-甲基-2，3-戊二酮（S0285、2730）			4-癸烯酸（S1491、3914）	乙酸正戊酯（S0993、—）	
3-巯基己醇（S0786、3850）	2-己烯醛（又名叶醛）（S0131、2560）	3,4-二甲基-1,2-环戊二酮（S0249、3268）			9-癸烯酸（S0334、3660）	乙酸2-戊酯（S1099、4012）	
2-己烯-1-醇（S0011、2562）	顺式-3-己烯醛（S0132、2561）	3,5-二甲基-1,2-环戊二酮（S0250、3269）			（*E*）-2-癸烯酸（S1104、3913）	乙酸异戊酯（S0372、2055）	
4-己烯-1-醇（S0012、3430）	顺式-4-己烯醛（S0185、3496）	3-己酮（S1084、3290）			5和6-癸烯酸（又名牛奶内酯）（S1302、3742）	乙酸己酯（S0373、2565）	

续表

醇类香料中文名称（编码、FEMA编号）	醛类香料中文名称（编码、FEMA编号）	酮类香料中文名称（编码、FEMA编号）	酚类香料中文名称（编码、FEMA编号）	醚类香料中文名称（编码、FEMA编号）	羧酸类香料中文名称（编码、FEMA编号）	酯类香料中文名称（编码、FEMA编号）	烯烃类香料中文名称（编码、FEMA编号）
1-己烯-3-醇（S0051、3608）	3-己烯醛（反式/顺式混合物）（S1126、3923）	4-己烯-3-酮（S0213、3352）			6-[5(6)-癸烯酰氧基]癸酸（S1482、4442）	乙酸环己酯（S0818、2349）	
2,4-己二烯-1-醇（S1063、3922）	反式-4-己烯醛（S1341、4046）	5-甲基-3-己烯-2-酮（S0214、3409）			十一酸（S0335、3245）	乙酸2-己烯酯（S0374、2564）	
反式-3-己烯醇（S1134、4356）	5-甲基-2-苯基-2-己烯醛（S0133、3199）	3（2）-羟基-5-甲基-2（3）-己酮（S1431、3989）			10-十一碳烯酸（S0336、3247）	乙酸3-巯基己酯（S0790、3851）	
顺式-2-己烯-1-醇（S1444、3924）	2-异丙基-5-甲基-2-己烯醛（S0134、3406）	2,3-己二酮（S0251、2558）			十二酸（又名月桂酸）（S0312、2614）	乙酸3-（乙酰巯基）己酯（S1017、3816）	
正庚醇（S0013、2548）	（+/–）-2-苯基-4-甲基-2-己烯醛（S1058、4194）	3,4-己二酮（S0215、3168）			十四酸（又名肉豆蔻酸）（S0313、2764）	乙酸庚酯（S0375、2547）	
2-庚醇（S0053、3288）	反式，反式-2,4-己二烯醛（S0135、3429）	1-甲基-2,3-环己二酮（S0252、3305）			十六酸（又名棕榈酸）（S0314、2832）	乙酸3-巯基庚酯（S1075、4289）	
庚醇-3（S0997、3547）	庚醛（S0136、2540）	5-甲基-2,3-己二酮（S0875、3190）			亚油酸（S0880、3380）	乙酸辛酯（S0376、2806）	
2,6-二甲基-4-庚醇（S0576、3140）	6-甲基庚醛（S1487、4498）	环己酮（S0290、3909）			硬脂酸（S0352、3035）	乙酸3-辛酯（S0377、3583）	
1-庚烯-3-醇（S0927、4129）	4-庚烯醛（S0137、3289）	2-仲丁基环己酮（S1299、3261）			L-苯基丙氨酸（S0322、3585）	乙酸2-辛烯醇酯（S0958、3516）	

续表

醇类香料中文名称（编码、FEMA编号）	醛类香料中文名称（编码、FEMA编号）	酮类香料中文名称（编码、FEMA编号）	酚类香料中文名称（编码、FEMA编号）	醚类香料中文名称（编码、FEMA编号）	羧酸类香料中文名称（编码、FEMA编号）	酯类香料中文名称（编码、FEMA编号）	烯烃类香料中文名称（编码、FEMA编号）
正辛醇（S0014、2800）	反式-2-庚烯醛（S0138、3165）	2,2,6-三甲基环己酮（S0253、3473）			L-半胱氨酸（S0323、3263）	1-辛烯-3-醇乙酸酯（S0378、3582）	
2-辛醇（S0015、2801）	2,6-二甲基-5-庚烯醛（S0139、2389）	1,2-环己二酮（S1357、3458）			甘氨酸（S0324、3287）	乙酸壬酯（S0379、2788）	
3-辛醇（S0054、3581）	2,4-庚二烯醛（S0140、3164）	四甲基乙基环己烯酮（S1266、3061）			L-谷氨酸（S0325、3285）	1,3-壬二醇乙酸酯（混合酯）（S1195、2783）	
1-辛烯-3-醇（S0016、2805）	辛醛（S0141、2797）	3-甲基-5-丙基-2-环己烯-1-酮（S1466、3577）			L-亮氨酸（S0326、3297）	乙酸癸酯（S0381、2367）	
顺式-5-辛烯-1-醇（S0017、3722）	2-甲基辛醛（S1465、2727）	4-异丙基-2-环己烯酮（S0962、3939）			L-脯氨酸（S0329、3319）	顺式-4-癸烯醇乙酸酯（S1455、3967）	
顺式-3-辛烯-1-醇（S0055、3467）	6-甲基辛醛（S1478、4433）	2-羟基-3,5,5-三甲基-2-环己烯酮（S0756、3459）			L-和DL-丙氨酸（S0342、3818）	乙酸十二醇酯（S0918、2616）	
反式-2-辛烯-4-醇（S0071、3888）	2-辛烯醛（S0142、3215）	（6*R*）-3-甲基-6-（1-甲基乙基）-2-环己烯-1-酮（S0955、4200）			L-精氨酸（S0343、3819）	乙酰乙酸乙酯（S0365、2415）	
反式-2-辛烯-1-醇（S0866、3887）	顺式-5-辛烯醛（S0186、3749）	2,6,6-三甲基-2-环己烯-1,4-二酮（S0254、3421）			L-赖氨酸（S0344、3847）	乙酰丙酸乙酯（S0369、2442）	

续表

醇类香料中文名称（编码、FEMA编号）	醛类香料中文名称（编码、FEMA编号）	酮类香料中文名称（编码、FEMA编号）	酚类香料中文名称（编码、FEMA编号）	醚类香料中文名称（编码、FEMA编号）	羧酸类香料中文名称（编码、FEMA编号）	酯类香料中文名称（编码、FEMA编号）	烯烃类香料中文名称（编码、FEMA编号）
正壬醇（S0018、2789）	反式，反式-2,4-辛二烯醛（S0143、3721）	2-庚酮（S0216、2544）			L-天冬氨酸（S0848、3656）	乙酸茴香酯（S0384、2098）	
2-壬醇（S0865、3315）	反式，反式-2,6-辛二烯醛（S0144、3466）	3-庚酮（S0255、2545）			L-酪氨酸（S0877、3736）	乙酸龙脑酯（S0385、2159）	
顺式-2-壬烯-1-醇（S0069、3720）	壬醛（S0145、2782）	4-庚酮（S1026、2546）			L-胱氨酸（S0882、—）	乙酸异龙脑酯（S0622、2160）	
反式-2-壬烯-1-醇（S0020、3379）	2-壬烯醛（S0147、3213）	3-庚烯-2-酮（S0217、3400）			L-蛋氨酸（S0883、—）	乙酸 *l*-龙脑酯（S0930、4080）	
顺式-6-壬烯-1-醇（S0019、3465）	顺式-6-壬烯醛（S0148、3580）	4-庚烯-3-酮（S1262、—）			L-谷氨酰胺（S0884、3684）	乙酸龙脑烯醇酯（S0581、3657）	
反式-3-顺式-6-壬二烯醇（S0978、3884）	反式-2-顺式-6-壬二烯醛（S0150、3377）	3-羟甲基-2-庚酮（S1347、2804）			L-组氨酸（S0986、3694）	乙酸薄荷酯（S0386、2668）	
2,4-壬二烯-1-醇（S1467、3951）	反式-2-反式-4-壬二烯醛（S0149、3212）	2,6-二甲基-4-庚酮（S1132、3537）			DL-异亮氨酸（S0849、3295）	乙酸异胡薄荷酯（S0520、2965）	
2,6-壬二烯-1-醇（S0021、2780）	反式，反式-2,6-壬二烯醛（S0197、3766）	5-甲基-2-庚烯-4-酮（S0256、3761）			DL-蛋氨酸（S0327、3301）	乙酸胡椒醛酯（S0615、2912）	
顺式-3-顺式-6-壬二烯-1-醇（S0862、3885）	正癸醛（又名癸醛）（S0152、2362）	6-甲基-5-庚烯-2-酮（S0218、2707）			DL-缬氨酸（S0340、3444）	乙酸肉桂酯（S0387、2293）	

续表

醇类香料中文名称（编码、FEMA编号）	醛类香料中文名称（编码、FEMA编号）	酮类香料中文名称（编码、FEMA编号）	酚类香料中文名称（编码、FEMA编号）	醚类香料中文名称（编码、FEMA编号）	羧酸类香料中文名称（编码、FEMA编号）	酯类香料中文名称（编码、FEMA编号）	烯烃类香料中文名称（编码、FEMA编号）
（+/−）-反式和顺式-4,8-二甲基-3,7-壬二烯-2-醇（S1389、4102）	2-癸烯醛（S0153、2366）	反式6-甲基-3-庚烯-2-酮（S1054、4001）			*β*-丙氨酸（S0321、3252）	乙酸*α*-戊基肉桂酯（S1408、2064）	
正癸醇（S0022、2365）	4-癸烯醛（S0187、3264）	6-甲基-3,5-庚二烯-2-酮（S0257、3363）			*S*-烯丙基-L-半胱氨酸（S1157、4322）	乙酸香茅酯（S0388、2311）	
反式，反式-2,4-癸二烯醇（S0070、3911）	9-癸烯醛（S1298、3912）	2,3-庚二酮（S0291、2543）			L-蛋氨酰基甘氨酸（S1473、4692）	乙酸香叶酯（S0389、2509）	
十一醇（S0023、3097）	4,5-环氧反式-2-癸烯醛（S0860、4037）	2-辛酮（S0258、2802）			L-*γ*-谷氨酰-L-缬氨酰-甘氨酸（S1503、4709）	乙酸苏合香酯（S0391、2684）	
2-十一醇（S0056、3246）	2,4-癸二烯醛（S0154、3135）	3-辛酮（S0259、2803）			牛磺酸（又名2-氨基乙基磺酸）（S0797、3813）	乙酸橙花酯（S0392、2773）	
2-十一烯-1-醇（S1128、4068）	2,4,7-癸三烯醛（S0198、4089）	1-辛烯-3-酮（S0219、3515）			苯甲酸（S0315、2131）	乙酸松油酯（S0393、3047）	
月桂醇（又名十二醇）（S0024、2617）	十一醛（S0155、3092）	2-辛烯-4-酮（S0873、3603）			*N*-苯甲酰邻氨基苯甲酸（S1457、4078）	乙酸芳樟酯（S0398、2636）	
1-十六醇（S0025、2554）	2-十一烯醛（S0156、3423）	3-辛烯-2-酮（S0260、3416）			苯乙酸（S0316、2878）	乙酸葛缕酯（S0399、2250）	

续表

醇类香料中文名称（编码、FEMA编号）	醛类香料中文名称（编码、FEMA编号）	酮类香料中文名称（编码、FEMA编号）	酚类香料中文名称（编码、FEMA编号）	醚类香料中文名称（编码、FEMA编号）	羧酸类香料中文名称（编码、FEMA编号）	酯类香料中文名称（编码、FEMA编号）	烯烃类香料中文名称（编码、FEMA编号）
对,α-二甲基苄醇（S0057、3139）	9-十一烯醛（S1168、3094）	5-羟基-4-辛酮（S1031、2587）			3-苯丙酸（S0337、2889）	乙酸二氢葛缕酯（S0400、2380）	
对-异丙基苄醇（S0058、2933）	10-十一烯醛（S1169、3095）	3-羟甲基-2-辛酮（S1356、3292）			柠檬酸（S0317、2306）	乙酸丁香酯（S0518、2469）	
对,α,α-三甲基苄醇（S0059、3242）	甲基壬乙醛（又名2-甲基十一醛）（S0146、2749）	反式-7-甲基-3-辛烯-2-酮（S0286、3868）			富马酸（S0319、2488）	乙酸异丁香酯（S1224、2470）	
芳樟醇（S0029、2635）	2,4-十一碳二烯醛（S0157、3422）	反式-1,5-辛二烯-3-酮（S1113、4405）			琥珀酸（S0351、4719）	乙酸玫瑰酯（S1187、2981）	
氧化芳樟醇（S0030、3746）	月桂醛（S0158、2615）	反式，反式-3,5-辛二烯-2-酮（S0870、4008）			乳酸（S0338、2611）	乙酸香兰素酯（S0985、3108）	
脱氢芳樟醇（S0075、3830）	2-十二碳烯醛（S0159、2402）	2,3-辛二酮（S0292、4060）			肉桂酸（S0318、2288）	乙酸桃金娘烯酯（S1153、3765）	
四氢芳樟醇（S1239、3060）	顺式-4-十二烯醛（S0859、4036）	4,5-辛二酮（S1493、4533）			2-羟基苯甲酸（又名水杨酸）（S0349、3985）	乙酸柏木酯（S1197、—）	
α-紫罗兰醇（又名甲位紫罗兰醇）（S0043、3624）	反式-2-顺式-6-十二碳二烯醛（S0160、3637）	2-壬酮（S0220、2785）			4-茴香酸（S0879、3945）	乙酸檀香酯（S1354、3007）	

续表

醇类香料中文名称（编码、FEMA编号）	醛类香料中文名称（编码、FEMA编号）	酮类香料中文名称（编码、FEMA编号）	酚类香料中文名称（编码、FEMA编号）	醚类香料中文名称（编码、FEMA编号）	羧酸类香料中文名称（编码、FEMA编号）	酯类香料中文名称（编码、FEMA编号）	烯烃类香料中文名称（编码、FEMA编号）
β-紫罗兰醇（又名乙位紫罗兰醇）（S0044、3625）	反式，反式-2,4-十二碳二烯醛（S0188、3670）	3-壬酮（S1014、3440）			愓各酸（S0350、3599）	乙酸紫苏酯（又名对-1,8- 盖二烯-7-醇乙酸酯）（S0910、3561）	
二氢-*β*-紫罗兰醇（S0045、3627）	12-甲基十三醛（S0202、4005）	3-壬烯-2-酮（S1338、3955）			香叶酸（S0934、4121）	乙酸糠酯（S0396、2490）	
脱氢二氢紫罗兰醇（S1365、3446）	2-十三烯醛（S0189、3082）	3-甲基-2,4-壬二酮（S1339、4057）			顺式和反式-2-庚基环丙烷羧酸（S1426、4130）	乙酸四氢糠酯（S1200、3055）	
d-新薄荷醇（S1070、2666）	反式-2-顺式-4-顺式-7-十三碳三烯醛（S1115、3638）	反式和顺式-4,8-二甲基-3,7-壬二烯-2-酮（S1006、3969）			3-甲基巴豆酸（S0345、3187）	乙酸植醇酯（S0944、4197）	
异胡薄荷醇（S0031、2962）	十四醛（S0161、2763）	2-癸酮（S1107、4271）			甘草酸（S0881、—）	乙酸苯乙酯（S0383、2857）	
1-对- 盖烯-4-醇（又名 1-对薄荷烯-4-醇）（S0064、2248）	顺式-8-十四烯醛（S1423、4066）	3-癸烯-2-酮（S0872、3532）			2-（4-甲氧基苯氧基）-丙酸钠（S0341、3773）	乙酸 3-苯丙酯（S0517、2890）	
对-盖-3-烯-1-醇（又名对-3-薄荷烯-1-醇）（S0072、3563）	十六醛（又名杨梅醛）（S1170、2444）	9-癸烯-2-酮（S1486、4706）				乙酸苄酯（S0382、2135）	

续表

醇类香料中文名称（编码、FEMA编号）	醛类香料中文名称（编码、FEMA编号）	酮类香料中文名称（编码、FEMA编号）	酚类香料中文名称（编码、FEMA编号）	醚类香料中文名称（编码、FEMA编号）	羧酸类香料中文名称（编码、FEMA编号）	酯类香料中文名称（编码、FEMA编号）	烯烃类香料中文名称（编码、FEMA编号）
对-蓋-1,8（10）二烯-9-醇[又名对-1,8（10）薄荷二烯-9-醇]（S0073、—）	苯甲醛（S0165、2127）	2-十一酮（S0221、3093）				乙酸甲基苄醇酯（邻、间、对位混合物）（S0579、3702）	
对-蓋-1-烯-3-醇（又名对-1-薄荷烯-3-醇）（S0999、3179）	甲基苯甲醛（邻、对、间位混合物）（S0166、3068）	2,3-十一碳二酮（S1300、3090）				乙酸对-甲酚酯（S0390、3073）	
对-蓋-3,8-二醇（又名对-3,8-薄荷烷二醇）（S1335、4053）	4-乙基苯甲醛（S0190、3756）	6,10-二甲基-5,9-十一碳二烯-2-酮（S0261、3542）				苯甲酰基乙酸乙酯（S1307、2423）	
对-蓋烷醇-2（又名对-薄荷烷醇-2）（S1364、3562）	4-羟基苯甲醛（S0200、3984）	2-十三酮（S0222、3388）				对甲苯氧基乙酸乙酯（S1275、3157）	
苯甲醇（S0033、2137）	邻甲氧基苯甲醛（S0201、4077）	2-十五酮（S0262、3724）				乙酸二甲基苯乙基原酯（S1276、2735）	
苯乙醇（S0034、2858）	2-羟基-4-甲基苯甲醛（S0191、3697）	3-甲基环十五酮（S0263、3434）				3-巯基-3-甲基-1-丁醇乙酸酯（S1452、4324）	

续表

醇类香料中文名称（编码、FEMA编号）	醛类香料中文名称（编码、FEMA编号）	酮类香料中文名称（编码、FEMA编号）	酚类香料中文名称（编码、FEMA编号）	醚类香料中文名称（编码、FEMA编号）	羧酸类香料中文名称（编码、FEMA编号）	酯类香料中文名称（编码、FEMA编号）	烯烃类香料中文名称（编码、FEMA编号）
苯丙醇（S0035、2885）	3,4-二甲氧基苯甲醛（S0167、3109）	2,6,10-三甲基-2,6,10-十五碳三烯-14-酮（S1458、3442）				乙酸二甲基苄基原酯（S1185、2392）	
α-丙基苯乙醇（S1237、2953）	4-羟基-3,5-二甲氧基苯甲醛（S1127、4049）	环十七-9-烯-1-酮（S0264、3425）				三乙酸甘油酯（S1206、2007）	
香芹醇（S0867、2247）	苯乙醛（S0168、2874）	二苯甲酮（S0265、2134）				八乙酸蔗糖酯（S1303、3038）	
二氢香芹醇（S0063、2379）	对异丙基苯乙醛（S1254、2954）	苯乙酮（S0225、2009）				顺式-3-己烯-1-醇乙酸酯（又名乙酸叶醇酯）（S0395、3171）	
糠醇（S0795、2491）	苯丙醛（又名 3-苯基丙醛）（S0170、2887）	2-甲基苯乙酮（S1141、4316）				3,7,11-三甲基十二碳-2,6,10-三烯醇乙酸酯（S0945、4213）	
四氢糠醇（S0796、3056）	2-甲基-4-苯丁醛（S1255、2737）	4-甲基苯乙酮（对甲基苯乙酮）（S0226、2677）				对盖 -1-烯-9-醇乙酸酯（又名对-1-薄荷烯-9-醇乙酸酯）（S0957、3566）	
橙花醇（S0046、2770）	肉桂醛（S0176、2286）	2-羟基苯乙酮（S0266、3548）				（反式，顺式）-2,6-壬二烯-1-醇乙酸酯（S1420、3952）	

醇类香料中文名称（编码、FEMA编号）	醛类香料中文名称（编码、FEMA编号）	酮类香料中文名称（编码、FEMA编号）	酚类香料中文名称（编码、FEMA编号）	醚类香料中文名称（编码、FEMA编号）	羧酸类香料中文名称（编码、FEMA编号）	酯类香料中文名称（编码、FEMA编号）	烯烃类香料中文名称（编码、FEMA编号）
橙花叔醇（S0047、2772）	α-甲基肉桂醛（S0726、2697）	邻氨基苯乙酮（S0819、3906）				3-苯基缩水甘油酸乙酯（S1291、2454）	
二甲基苄基原醇（S0048、2393）	α-丁基肉桂醛（S1261、2191）	对甲氧基苯乙酮（S0227、2005）				乙酸 1,3,3-三甲基-2-降龙脑酯（S0521、3390）	
苄基异丁基原醇（又名 α-异丁基苯乙醇）（S1232、2208）	α-戊基肉桂醛（S0273、2061）	二苯乙醇酮（又名 2-羟基-2-苯基苯乙酮）（S1399、2132）				3-甲基-2-丁烯-1-醇乙酸酯（又名乙酸异戊烯酯）（S0609、4202）	
肉桂醇（S0042、2294）	α-己基肉桂醛（S0194、2569）	5-戊基-3*H*-呋喃-2-酮（S1474、4323）				乙酸顺式和反式-对1（7）,8-萜二烯-2-醇酯［又名乙酸顺式和反式-对1（7）,8-薄荷二烯-2-醇酯］（S0580、3848）	
α-戊基肉桂醇（S1361、2065）	邻-甲氧基肉桂醛（S0192、3181）	4-（2-呋喃基）-3-丁烯-2-酮（S0239、2495）				8-罗勒烯醇乙酸酯（又名 2,6-二甲基-2,5,7-辛三烯-1-醇乙酸酯）（S1110、3886）	
dl-香茅醇（S0040、2309）	对甲氧基肉桂醛（S1067、3567）	2,5-二甲基-3(2*H*)-呋喃酮（S0933、4101）				丙酸甲酯（S0522、2742）	

续表

醇类香料中文名称（编码、FEMA编号）	醛类香料中文名称（编码、FEMA编号）	酮类香料中文名称（编码、FEMA编号）	酚类香料中文名称（编码、FEMA编号）	醚类香料中文名称（编码、FEMA编号）	羧酸类香料中文名称（编码、FEMA编号）	酯类香料中文名称（编码、FEMA编号）	烯烃类香料中文名称（编码、FEMA编号）
羟基香茅醇（S0708、2586）	香茅醛（S0173、2307）	2,5-二甲基-4-乙氧基-3（2*H*）-呋喃酮（S1114、4104）				丙酸乙酯（S0402、2456）	
香叶醇（S0039、2507）	羟基香茅醛（S1173、2583）	4,5-二甲基-3-羟基-2,5-二氢呋喃-2-酮（S0241、3634）				2-巯基丙酸乙酯（S0837、3279）	
四氢香叶醇（S0062、2391）	柠檬醛（S0174、2303）	4-羟基-5-甲基-3（2*H*）-呋喃酮（S0843、3635）				3-巯基丙酸乙酯（S0760、3677）	
硫代香叶醇（S1159、3472）	*β*-环高柠檬醛（S1174、3474）	4-羟基-2,5-二甲基-3（2*H*）-呋喃酮（S0276、3174）				2-（甲基二硫基）丙酸乙酯（S0791、3834）	
苏合香醇（又名*α*-甲基苄醇）（S0032、2685）	糠醛（S0180、2489）	2-乙基-3-甲基-4-羟基二氢-2,5-呋喃-5-酮（S0242、3153）				丙烯酸乙酯（S0523、2418）	
玫瑰醇（S0036、2980）	5-甲基糠醛（S0181、2702）	2-乙基-4-羟基-5-甲基-3（2*H*）-呋喃酮（S0240、3623）				丙二酸二乙酯（S0403、2375）	
α-松油醇（S0037、3045）	大茴香醛（S0163、2670）	2-甲基四氢呋喃-3-酮（S0275、3373）				丙酸丙酯（S0582、2958）	

续表

醇类香料中文名称（编码、FEMA编号）	醛类香料中文名称（编码、FEMA编号）	酮类香料中文名称（编码、FEMA编号）	酚类香料中文名称（编码、FEMA编号）	醚类香料中文名称（编码、FEMA编号）	羧酸类香料中文名称（编码、FEMA编号）	酯类香料中文名称（编码、FEMA编号）	烯烃类香料中文名称（编码、FEMA编号）
金合欢醇（S0038、2478）	水杨醛（S0164、3004）	3-庚基二氢-5-甲基-2（3*H*）-呋喃酮（S1480、3350）				丙酸异丙酯（S0922、2959）	
茴香醇（S0041、2099）	洋茉莉醛（又名胡椒醛）（S0175、2911）	2,5-二甲基-4-甲氧基-3（2*H*）-呋喃酮（S0277、3664）				丙酸烯丙酯（S1189、2040）	
小茴香醇（S0026、2480）	紫苏醛（S0178、3557）	4-乙酰氧基-2,5-二甲基-3（2*H*）-呋喃酮（S0288、3797）				3-环己基丙酸烯丙酯（S1190、2026）	
叶醇（又名顺式-3-己烯-1-醇）（S0027、2563）	桃醛（又名*γ*-十一烷内酯）（S0162、3091）	*α*-紫罗兰酮（S0234、2594）				丙酸丁酯（S0583、2211）	
柏木烯醇（S0074、—）	龙葵醛（S1256、2886）	*β*-紫罗兰酮（S0235、2595）				丙酸异丁酯（S0404、2212）	
桃金娘烯醇（S0840、3439）	龙脑烯醛（S0193、3592）	*γ*-紫罗兰酮（S0844、3175）				丙酸异戊酯（S0405、2082）	
4-苧醇（又名4-侧柏醇）（S1000、3239）	*β*-甜橙醛（S0199、3141）	*α*-甲基紫罗兰酮（S1179、2711）				丙酸己酯（S0584、2576）	

续表

醇类香料中文名称（编码、FEMA编号）	醛类香料中文名称（编码、FEMA编号）	酮类香料中文名称（编码、FEMA编号）	酚类香料中文名称（编码、FEMA编号）	醚类香料中文名称（编码、FEMA编号）	羧酸类香料中文名称（编码、FEMA编号）	酯类香料中文名称（编码、FEMA编号）	烯烃类香料中文名称（编码、FEMA编号）
植醇（又名叶绿醇、叶黄烯醇）(3,7,11,15-四甲基-2-十六烯-1-醇)（S1077、4196）	枯茗醛（S0171、2341）	β-甲基紫罗兰酮（S1165、2712）				顺式-3-己烯醇丙酸酯（S0980、3933）	
龙葵醇（又名β-甲基苯乙醇）（S1238、2732）	兔耳草醛（又名仙客来醛）（S1172、2743）	δ-甲基紫罗兰酮（S1166、2713）				丙酸反式-2-己烯酯（S1009、3932）	
香兰醇（S1481、3737）	对- 盖 -1-烯-9-醛（又名对-1-薄荷烯-9-醛）（S0179、3178）	α-异甲基紫罗兰酮（S1180、2714）				丙酸顺式-3-己烯酯和丙酸反式-2-己烯酯（S0406、3778）	
乙基葑醇（S1366、3491）	乙醛二乙缩醛（S0116、2002）	烯丙基 α-紫罗兰酮（S1181、2033）				丙酸顺式-5-辛烯酯（S1118、3890）	
β-石竹烯醇（S0060，4410）	乙醛二异戊醇缩醛（S1057、4024）	环紫罗兰酮（S1093、3822）				丙酸癸酯（S0525、2369）	
紫苏醇（S0065，2664）	乙醛苯乙醇丙醇缩醛（S1247、2004）	α-二氢紫罗兰酮（S0845、3628）				3-（2-呋喃基）丙酸乙酯（S1188、2435）	
	乙醛乙醇顺式-3-己烯醇缩醛（S0196、3775）	二氢-β-紫罗兰酮（S0284、3626）				3-（2-呋喃基）丙酸异丁酯（S1191、2198）	

续表

醇类香料中文名称（编码、FEMA编号）	醛类香料中文名称（编码、FEMA编号）	酮类香料中文名称（编码、FEMA编号）	酚类香料中文名称（编码、FEMA编号）	醚类香料中文名称（编码、FEMA编号）	羧酸类香料中文名称（编码、FEMA编号）	酯类香料中文名称（编码、FEMA编号）	烯烃类香料中文名称（编码、FEMA编号）
	2,4-二甲基-1,3-二氧戊环（又名乙醛1,2-丙二醇缩醛）（S1383、4099）	*l*-香芹酮（S0224、2249）				3（2-呋喃基）丙酸异戊酯（S1412、2071）	
	顺式和反式-2-异丙基-4-甲基-1，3-二氧戊环（又名异丁醛 1,2-丙二醇缩醛）（S1095、4287）	*d*-香芹酮（S1133、2249）				2-呋喃基丙烯酸丙酯（S1278、2945）	
	2-异丁基-4-甲基-1,3-二氧戊环（又名异戊醛 1,2-丙二醇缩醛）（S1094、4286）	顺式-二氢香芹酮（S0281、3565）				丙酸茴香酯（S0947、2102）	
	异戊醛二乙缩醛（S1078、4371）	薄荷酮（S0237、2667）				丙酸香叶酯（S0407、2517）	
	己醛二乙缩醛（S0921、—）	*d,l*-异薄荷酮（S0238、3460）				丙酸香茅酯（S0408、2316）	
	反式-2-己烯醛二乙缩醛（S1333、4047）	胡薄荷酮（S0994、2963）				丙酸芳樟酯（S0411、2645）	
	（+/−）反式和顺式-2-己烯醛丙二醇缩醛（S1445、4272）	8-巯基薄荷酮（S0701、3177）				丙酸肉桂酯（S0616、2301）	

醇类香料中文名称（编码、FEMA编号）	醛类香料中文名称（编码、FEMA编号）	酮类香料中文名称（编码、FEMA编号）	酚类香料中文名称（编码、FEMA编号）	醚类香料中文名称（编码、FEMA编号）	羧酸类香料中文名称（编码、FEMA编号）	酯类香料中文名称（编码、FEMA编号）	烯烃类香料中文名称（编码、FEMA编号）
	4-甲基-2-戊基-1,3-二氧戊环（又名己醛1,2-丙二醇缩醛）（S1074、3630）	对-蓋烷-2-酮（又名对-薄荷烷-2-酮）（S0868、3176）				丙酸橙花酯（S1033、2777）	
	庚醛二甲缩醛（S1327、2541）	顺式和反式-1-巯基-对-蓋烷-3-酮（又名顺式和反式-1-巯基-对-薄荷烷-3-酮）（S1463、4300）				丙酸松油酯（S1037、3053）	
	庚醛甘油缩醛（S1252、2542）	α-突厥酮（S0230、3659）				丙酸麦芽酚酯（S1443、3941）	
	辛醛二甲缩醛（S1451、2798）	β-突厥酮[又名4-（2,6,6-三甲基环己-1-烯基）丁-2-烯-4-酮]（S0271、3243）				丙酸糠酯（S1038、3346）	
	2,6-壬二烯醛二乙缩醛（S1167、3378）	δ-突厥酮（S0987、3622）				丙酸四氢糠酯（S1345、3058）	
	癸醛二甲缩醛（又名1,1-二甲氧基癸烷）（S1273、2363）	反式-α-突厥酮（S0931、4088）				3-糠硫基丙酸乙酯（S1319、3674）	
	苯甲醛丙二醇缩醛（S0106、2130）	突厥烯酮（S0231、3420）				丙酸苄酯（S0409、2150）	

续表

醇类香料中文名称（编码、FEMA编号）	醛类香料中文名称（编码、FEMA编号）	酮类香料中文名称（编码、FEMA编号）	酚类香料中文名称（编码、FEMA编号）	醚类香料中文名称（编码、FEMA编号）	羧酸类香料中文名称（编码、FEMA编号）	酯类香料中文名称（编码、FEMA编号）	烯烃类香料中文名称（编码、FEMA编号）
	苯甲醛二乙缩醛（S1069、—）	顺式茉莉酮（S0228、3196）				丙酸苯乙酯（S0410、2867）	
	苯甲醛甘油缩醛（S0232、2129）	异茉莉酮（S1040、3552）				丙酸3-苯基丙酯（S1376、2897）	
	甲基苯甲醛甘油缩醛（邻、间、对异构体混合物）（S1388、3067）	二氢茉莉酮（又名2-戊基-3-甲基-2-环戊烯-1-酮）（S0268、3763）				丙酸甲基苯基原酯（S1277、2689）	
	苯乙醛二甲缩醛（S0169、2876）	圆柚酮（S0223、3166）				三丙酸甘油酯（S1348、3286）	
	苯乙醛二异丁缩醛（S1351、3384）	脱氢圆柚酮（S1136、4091）				丙酮酸乙酯（S0585、2457）	
	苯乙醛甘油缩醛（S1253、2877）	*d*-胡椒酮（又名对-盖-1-烯-3-酮）（S0846、2910）				丙酮酸异戊酯（S1414、2083）	
	香兰素苏和赤-2,3-丁二醇缩醛（S1053、4023）	胡椒烯酮[又名对-盖-1,4(8)-二烯-3-酮]（S0847、3560）				丙酮酸顺式-3-己烯酯（又名丙酮酸叶醇酯）（S1001、3934）	
	香兰素1,2-丙二醇缩醛（S0195、3905）	2-甲基四氢噻吩-3-酮（S0754、3512）				2-（乙酰氧基）丙酸甲硫醇酯（S1317、3788）	

续表

醇类香料中文名称（编码、FEMA 编号）	醛类香料中文名称（编码、FEMA 编号）	酮类香料中文名称（编码、FEMA 编号）	酚类香料中文名称（编码、FEMA 编号）	醚类香料中文名称（编码、FEMA 编号）	羧酸类香料中文名称（编码、FEMA 编号）	酯类香料中文名称（编码、FEMA 编号）	烯烃类香料中文名称（编码、FEMA 编号）
	香兰素 3-（*l*-蓋氧基）丙-1,2-二醇缩醛 [又名香兰素 3-（*l*-薄荷烷氧基）丙-1,2-二醇缩醛]（S0907、3904）	1-（3-羟基-5-甲基-2-噻吩）乙酮（S0935、4142）				2-（丙酰氧基）丙酸甲硫醇酯（S1318、3790）	
	乙基香兰素 1,2-丙二醇缩醛（S1228、3838）	4,5-二氢-3（2*H*）-噻吩酮（四氢噻吩-3-酮）（S0243、3266）				丁酸甲酯（S0412、2693）	
	柠檬醛二甲缩醛（S1259、2305）	覆盆子酮（又名悬钩子酮）（S0229、2588）				2-甲基丁酸甲酯（S0413、2719）	
	柠檬醛丙二醇缩醛（S1332、—）	*α*-鸢尾酮（S0233、2597）				甲硫基甲醇丁酸酯（S1460、3879）	
	柠檬醛二乙缩醛（S1163、2304）	姜油酮（S0270、3124）				丁酸乙酯（S0414、2427）	
	羟基香茅醛二甲缩醛（S1328、2585）	异弗尔酮（S0267、3553）				2-甲基丁酸乙酯（S0416、2443）	
	羟基香茅醛二乙缩醛（S1258、2584）	新甲基橙皮苷二氢查耳酮（S0269、3811）				3-羟基丁酸乙酯（S0417、3428）	

续表

醇类香料中文名称（编码、FEMA编号）	醛类香料中文名称（编码、FEMA编号）	酮类香料中文名称（编码、FEMA编号）	酚类香料中文名称（编码、FEMA编号）	醚类香料中文名称（编码、FEMA编号）	羧酸类香料中文名称（编码、FEMA编号）	酯类香料中文名称（编码、FEMA编号）	烯烃类香料中文名称（编码、FEMA编号）
	乙二醇缩肉桂醛（S0177、2287）	*d*-葑酮（S0274、2479）				3-（甲硫基）丁酸乙酯（S0792、3836）	
	α-戊基肉桂醛二甲缩醛（S1407、2062）	马鞭草烯酮（S1147、4216）				（±）3-巯基丁酸乙酯（S1055、3977）	
	龙葵醛二甲缩醛（S1257、2888）	甲基 *β*-萘酮（S1268、2723）				反式-2-丁烯酸乙酯（S0526、3486）	
		二氢诺卡酮（S0970，3776）				丁二酸二乙酯（S0418、2377）	
		3-{1-[（3,5-二甲基-1,2- 噁唑-4-基）甲基]-1*H*-吡唑-4-基}-1-(3-羟基苄基）咪唑啉-2,4-二酮（S1484、4725）				丁酸丙酯（S0527、2934）	
		l-薄荷酮甘油缩酮（S1175、3807）				丁酸异丙酯（S1012、2935）	
		d,l-薄荷酮甘油缩酮（S1178、3808）				2-甲基丁酸异丙酯（S0529、3699）	
		乙酰乙酸乙酯丙二醇缩酮（S1149、4294）				丁酸 3-（甲硫基）丙酯（S0939、4160）	

续表

醇类香料中文名称（编码、FEMA编号）	醛类香料中文名称（编码、FEMA编号）	酮类香料中文名称（编码、FEMA编号）	酚类香料中文名称（编码、FEMA编号）	醚类香料中文名称（编码、FEMA编号）	羧酸类香料中文名称（编码、FEMA编号）	酯类香料中文名称（编码、FEMA编号）	烯烃类香料中文名称（编码、FEMA编号）
						丁酸烯丙酯（S1304、2021）	
						2-乙基丁酸烯丙酯（S1404、2029）	
						环己基丁酸烯丙酯（S1194、2024）	
						丁酸丁酯（S0420、2186）	
						丁酸异丁酯（S0421、2187）	
						2-甲基丁酸丁酯（S0422、3393）	
						2-甲基丁酸2-甲基丁酯（S0423、3359）	
						2-丁烯酸异丁酯（S0602、3432）	
						丁酸戊酯（S0425、2059）	
						丁酸异戊酯（S0426、2060）	
						2-甲基丁酸异戊酯（S0427、3505）	

续表

醇类香料中文名称（编码、FEMA编号）	醛类香料中文名称（编码、FEMA编号）	酮类香料中文名称（编码、FEMA编号）	酚类香料中文名称（编码、FEMA编号）	醚类香料中文名称（编码、FEMA编号）	羧酸类香料中文名称（编码、FEMA编号）	酯类香料中文名称（编码、FEMA编号）	烯烃类香料中文名称（编码、FEMA编号）
						4（2-呋喃基）丁酸异戊酯（S1411、2070）	
						丁酸己酯（S0429、2568）	
						丁酸环己酯（S1028、2351）	
						2-甲基丁酸己酯（S0430、3499）	
						3-甲基丁酸己酯（S0603、3500）	
						丁酸 3-巯基己酯（S0793、3852）	
						2-甲基丁酸-3-己烯酯（S0432、3497）	
						丁酸顺式-3-己烯酯（又名丁酸叶醇酯）（S0431、3402）	
						丁酸反式-2-己烯酯（S0923、3926）	

续表

醇类香料中文名称（编码、FEMA编号）	醛类香料中文名称（编码、FEMA编号）	酮类香料中文名称（编码、FEMA编号）	酚类香料中文名称（编码、FEMA编号）	醚类香料中文名称（编码、FEMA编号）	羧酸类香料中文名称（编码、FEMA编号）	酯类香料中文名称（编码、FEMA编号）	烯烃类香料中文名称（编码、FEMA编号）
						反式-2-丁烯酸顺式-3-己烯酯（又名反式-2-丁烯酸叶醇酯）（S0590、3982）	
						丁酸庚酯（S0531、2549）	
						丁酸辛酯（S0586、2807）	
						2-甲基丁酸辛酯（S0434、3604）	
						丁酸反式-2-辛烯醇酯（S1350、3517）	
						1-辛烯-3-醇丁酸酯（S0435、3612）	
						丁酸肉桂酯（S0535、2296）	
						丁酸香叶酯（S0441、2512）	
						丁酸芳樟酯（S0443、2639）	
						丁酸香茅酯（S0534、2312）	

续表

醇类香料中文名称（编码、FEMA编号）	醛类香料中文名称（编码、FEMA编号）	酮类香料中文名称（编码、FEMA编号）	酚类香料中文名称（编码、FEMA编号）	醚类香料中文名称（编码、FEMA编号）	羧酸类香料中文名称（编码、FEMA编号）	酯类香料中文名称（编码、FEMA编号）	烯烃类香料中文名称（编码、FEMA编号）
						丁酸茴香酯（S0574、2100）	
						丁酸松油酯（S0952、3049）	
						丁酸苏合香酯（S1196、2686）	
						2-乙基丁酸香叶酯（S1355、3339）	
						（*R,S*）-3-羟基丁酸*l*-薄荷酯（S1453、4308）	
						丁酸苄酯（S0436、2140）	
						丁酸苯乙酯（S0438、2861）	
						2-甲基丁酸苯乙酯（S0439、3632）	
						丁酸二甲基苄基原酯（S1193、2394）	
						3-甲基丁酸对-甲酚酯（又名异戊酸对甲酚酯）（S1225、3387）	

续表

醇类香料中文名称（编码、FEMA编号）	醛类香料中文名称（编码、FEMA编号）	酮类香料中文名称（编码、FEMA编号）	酚类香料中文名称（编码、FEMA编号）	醚类香料中文名称（编码、FEMA编号）	羧酸类香料中文名称（编码、FEMA编号）	酯类香料中文名称（编码、FEMA编号）	烯烃类香料中文名称（编码、FEMA编号）
						丁酸3-丁酮-2-醇酯（S0948、3332）	
						2,5-二甲基-3-氧代（2*H*）-4-呋喃丁酸酯（S1216、3970）	
						三丁酸甘油酯（S1373、2223）	
						丁二酸单薄荷酯（又名琥珀酸单薄荷酯）（S0591、3810）	
						2-丁烯酸己酯（S0380、3354）	
						异丁酸甲酯（S0419、2694）	
						异丁酸乙酯（S0415、2428）	
						异丁酸丙酯（S0587、2936）	
						异丁酸异丙酯（S0528、2937）	
						异丁酸丁酯（S0424、2188）	

醇类香料中文名称（编码、FEMA编号）	醛类香料中文名称（编码、FEMA编号）	酮类香料中文名称（编码、FEMA编号）	酚类香料中文名称（编码、FEMA编号）	醚类香料中文名称（编码、FEMA编号）	羧酸类香料中文名称（编码、FEMA编号）	酯类香料中文名称（编码、FEMA编号）	烯烃类香料中文名称（编码、FEMA编号）
						异丁酸异丁酯（S0588、2189）	
						（+/–）-3-甲硫基丁酸异丁酯（S1434、4150）	
						异丁酸异戊酯（S0428、3507）	
						异丁酸己酯（S0530、3172）	
						异丁酸庚酯（S0433、2550）	
						异丁酸辛酯（S0532、2808）	
						异丁酸十二酯（S0618、3452）	
						异丁酸肉桂酯（S0394、2297）	
						异丁酸香叶酯（S0442、2513）	
						异丁酸芳樟酯（S0444、2640）	
						异丁酸橙花酯（S0446、2775）	

续表

醇类香料中文名称（编码、FEMA编号）	醛类香料中文名称（编码、FEMA编号）	酮类香料中文名称（编码、FEMA编号）	酚类香料中文名称（编码、FEMA编号）	醚类香料中文名称（编码、FEMA编号）	羧酸类香料中文名称（编码、FEMA编号）	酯类香料中文名称（编码、FEMA编号）	烯烃类香料中文名称（编码、FEMA编号）
						异丁酸香茅酯（S0589、2313）	
						异丁酸松油酯（S0619、3050）	
						异丁酸异龙脑酯（S0937、4146）	
						异丁酸香兰素酯（S1305、3754）	
						异丁酸乙基香兰素酯（S1109、3837）	
						异丁酸麦芽酚酯（S1198、3462）	
						异丁酸玫瑰酯（S1036、2983）	
						异丁酸苄酯（S0437、2141）	
						异丁酸苯乙酯（S0440、2862）	
						异丁酸-3-苯丙酯（S0533、2893）	
						异丁酸 2-苯氧基乙酯（S1280、2873）	

续表

醇类香料中文名称（编码、FEMA编号）	醛类香料中文名称（编码、FEMA编号）	酮类香料中文名称（编码、FEMA编号）	酚类香料中文名称（编码、FEMA编号）	醚类香料中文名称（编码、FEMA编号）	羧酸类香料中文名称（编码、FEMA编号）	酯类香料中文名称（编码、FEMA编号）	烯烃类香料中文名称（编码、FEMA编号）
						异丁酸对甲酚酯（S1330、3075）	
						异丁酸邻甲酚酯（S1331、3753）	
						异丁酸二甲基苯乙基原酯（S1279、2736）	
						当归酸异丁酯（S0445、2180）	
						异丁酸叶醇酯（又名顺式-3-己烯醇异丁酸酯）（S0596、3929）	
						异丁酸甲基苯基原酯（又名异丁酸苏合香酯）（S0617、2687）	
						戊酸甲酯（S1011、2752）	
						2-羟基-4-甲基戊酸甲酯（S1046、3706）	
						正戊酸乙酯（S0447、2462）	

续表

醇类香料中文名称（编码、FEMA编号）	醛类香料中文名称（编码、FEMA编号）	酮类香料中文名称（编码、FEMA编号）	酚类香料中文名称（编码、FEMA编号）	醚类香料中文名称（编码、FEMA编号）	羧酸类香料中文名称（编码、FEMA编号）	酯类香料中文名称（编码、FEMA编号）	烯烃类香料中文名称（编码、FEMA编号）
						2-甲基戊酸乙酯（S0988、3488）	
						4-甲基戊酸甲酯（S0614、2721）	
						2-甲基-3-戊烯酸乙酯（S1212、3456）	
						2-甲基-4-戊烯酸乙酯（S1199、3489）	
						5-环己基戊酸烯丙酯（S1403、2027）	
						戊酸丁酯（S1027、2217）	
						正戊酸正戊酯（S0592、一）	
						戊酸异戊酯（S1008、一）	
						戊酸顺式-3-己烯酯（又名戊酸叶醇酯）（S1020、3936）	

续表

醇类香料中文名称（编码、FEMA编号）	醛类香料中文名称（编码、FEMA编号）	酮类香料中文名称（编码、FEMA编号）	酚类香料中文名称（编码、FEMA编号）	醚类香料中文名称（编码、FEMA编号）	羧酸类香料中文名称（编码、FEMA编号）	酯类香料中文名称（编码、FEMA编号）	烯烃类香料中文名称（编码、FEMA编号）
						戊酸糠酯（S1039、3397）	
						戊二酸单 *l*-薄荷醇酯（S1306、4006）	
						异戊酸甲酯（S0536、2753）	
						异戊酸乙酯（S0449、2463）	
						异戊酸异丙酯（S1454、2961）	
						异戊酸烯丙酯（S1346、2045）	
						异戊酸丁酯（S0451、2218）	
						异戊酸异丁酯（S0537、3369）	
						异戊酸 2-甲基丁酯（S0538、3506）	
						异戊酸异戊酯（S0452、2085）	
						异戊酸环己酯（S1439、2355）	

续表

醇类香料中文名称（编码、FEMA编号）	醛类香料中文名称（编码、FEMA编号）	酮类香料中文名称（编码、FEMA编号）	酚类香料中文名称（编码、FEMA编号）	醚类香料中文名称（编码、FEMA编号）	羧酸类香料中文名称（编码、FEMA编号）	酯类香料中文名称（编码、FEMA编号）	烯烃类香料中文名称（编码、FEMA编号）
						异戊酸3-己烯酯（S0453、3498）	
						异戊酸辛酯（S0593、2814）	
						异戊酸壬酯（S0454、2791）	
						异戊酸香叶酯（S0456、2518）	
						异戊酸肉桂酯（S0541、2302）	
						异戊酸 α-戊基肉桂酯（S1410、2067）	
						异戊酸薄荷酯（S0542、2669）	
						异戊酸龙脑酯（S0575、2165）	
						异戊酸芳樟酯（S0974、2646）	
						异戊酸苄酯（S0539、2152）	
						异戊酸苯乙酯（S0455、2871）	

续表

醇类香料中文名称（编码、FEMA编号）	醛类香料中文名称（编码、FEMA编号）	酮类香料中文名称（编码、FEMA编号）	酚类香料中文名称（编码、FEMA编号）	醚类香料中文名称（编码、FEMA编号）	羧酸类香料中文名称（编码、FEMA编号）	酯类香料中文名称（编码、FEMA编号）	烯烃类香料中文名称（编码、FEMA编号）
						异戊酸3-苯丙酯（S1395、2899）	
						异戊酸糠酯（S0973、3283）	
						己酸甲酯（S0457、2708）	
						3-羟基己酸甲酯（S0605、3508）	
						3-乙酰氧基己酸甲酯（S0998、—）	
						2-己烯酸甲酯（S0458、2709）	
						3-己烯酸甲酯（S0543、3364）	
						己酸乙酯（S0459、2439）	
						3-羟基己酸乙酯（S0461、3545）	
						反式-2-己烯酸乙酯（S0462、3675）	
						3-己烯酸乙酯（S0460、3342）	

续表

醇类香料中文名称（编码、FEMA编号）	醛类香料中文名称（编码、FEMA编号）	酮类香料中文名称（编码、FEMA编号）	酚类香料中文名称（编码、FEMA编号）	醚类香料中文名称（编码、FEMA编号）	羧酸类香料中文名称（编码、FEMA编号）	酯类香料中文名称（编码、FEMA编号）	烯烃类香料中文名称（编码、FEMA编号）
						己酸丙酯（S0463、2949）	
						己酸异丙酯（S1062、2950）	
						己酸烯丙酯（S0545、2032）	
						6-环己基己酸烯丙酯（S1402、2025）	
						己酸丁酯（S0594、2201）	
						正己酸异丁酯（S0544、2202）	
						己酸戊酯（S0464、2074）	
						己酸异戊酯（S0465、2075）	
						己酸己酯（S0466、2572）	
						己酸 3-巯基己酯（S0794、3853）	
						己酸反式-2-己烯酯（S0610、3983）	

续表

醇类香料中文名称（编码、FEMA编号）	醛类香料中文名称（编码、FEMA编号）	酮类香料中文名称（编码、FEMA编号）	酚类香料中文名称（编码、FEMA编号）	醚类香料中文名称（编码、FEMA编号）	羧酸类香料中文名称（编码、FEMA编号）	酯类香料中文名称（编码、FEMA编号）	烯烃类香料中文名称（编码、FEMA编号）
						反式-2-己烯酸己酯（S1044、3692）	
						己酸顺式-3-己烯酯（又名己酸叶醇酯）（S0467、3403）	
						顺式-3-己烯酸顺式-3-己烯酯（又名顺式-3-己烯酸叶醇酯）（S0604、3689）	
						反式-2-己烯酸顺式-3-己烯酯（S1051、3928）	
						己酸芳樟酯（S0546、2643）	
						己酸香叶酯（S1137、2515）	
						己酸苄酯（S1021、4026）	
						己酸苯乙酯（S0595、3221）	
						己酸甲硫醇酯（S1018、3862）	

续表

醇类香料中文名称（编码、FEMA编号）	醛类香料中文名称（编码、FEMA编号）	酮类香料中文名称（编码、FEMA编号）	酚类香料中文名称（编码、FEMA编号）	醚类香料中文名称（编码、FEMA编号）	羧酸类香料中文名称（编码、FEMA编号）	酯类香料中文名称（编码、FEMA编号）	烯烃类香料中文名称（编码、FEMA编号）
						烯丙硫醇己酸酯（S1424、4076）	
						己二酸二辛酯（S1495、4476）	
						环己基羧酸甲酯（S0559、3568）	
						庚酸甲酯（S0979、2705）	
						庚炔羧酸甲酯（S1201、2729）	
						庚酸乙酯（S0468、2437）	
						顺式-4-庚烯酸乙酯（S0612、3975）	
						庚酸丙酯（S0469、2948）	
						庚酸烯丙酯（S0397、2031）	
						庚酸丁酯（S0470、2199）	
						庚酸戊酯（S1214、2073）	

续表

醇类香料中文名称（编码、FEMA编号）	醛类香料中文名称（编码、FEMA编号）	酮类香料中文名称（编码、FEMA编号）	酚类香料中文名称（编码、FEMA编号）	醚类香料中文名称（编码、FEMA编号）	羧酸类香料中文名称（编码、FEMA编号）	酯类香料中文名称（编码、FEMA编号）	烯烃类香料中文名称（编码、FEMA编号）
						辛酸甲酯（S0472、2728）	
						反式-2-辛烯酸甲酯（S1047、3712）	
						5-*Z*-辛烯酸甲酯（S0941、4165）	
						3,7-二甲基-6-辛烯酸甲酯（S0547、3361）	
						辛酸乙酯（S0473、2449）	
						2-辛烯酸乙酯（S0598、3643）	
						顺式-4-辛烯酸乙酯（S0474、3344）	
						辛酸烯丙酯（S1236、2037）	
						辛酸戊酯（S0613、2079）	
						辛酸异戊酯（S0476、2080）	

续表

醇类香料中文名称（编码、FEMA编号）	醛类香料中文名称（编码、FEMA编号）	酮类香料中文名称（编码、FEMA编号）	酚类香料中文名称（编码、FEMA编号）	醚类香料中文名称（编码、FEMA编号）	羧酸类香料中文名称（编码、FEMA编号）	酯类香料中文名称（编码、FEMA编号）	烯烃类香料中文名称（编码、FEMA编号）
						辛酸己酯（S0597、2575）	
						辛酸辛酯（S0920、2811）	
						辛酸壬酯（S0477、2790）	
						辛酸糠酯（S1349、3396）	
						辛酸苯乙酯（S0478、3222）	
						辛酸对甲酚酯（S1442、3733）	
						辛炔羧酸甲酯（S1202、2726）	
						顺式-4,7-辛二烯酸乙酯（S0475、3682）	
						3,7-二甲基-2,6-辛二烯酸甲酯（又名香叶酸甲酯）（S1005、—）	
						壬酸甲酯（S1032、2724）	

续表

醇类香料中文名称（编码、FEMA编号）	醛类香料中文名称（编码、FEMA编号）	酮类香料中文名称（编码、FEMA编号）	酚类香料中文名称（编码、FEMA编号）	醚类香料中文名称（编码、FEMA编号）	羧酸类香料中文名称（编码、FEMA编号）	酯类香料中文名称（编码、FEMA编号）	烯烃类香料中文名称（编码、FEMA编号）
						2-壬烯酸甲酯（S0479、2725）	
						3-壬烯酸甲酯（S0548、3710）	
						壬酸乙酯（S0480、2447）	
						壬酸烯丙酯（S1374、2036）	
						（+/–）-反式和顺式-4,8-二甲基-3,7-壬二烯-2-醇乙酸酯（S1390、4103）	
						癸酸甲酯（S1024、—）	
						癸酸乙酯（S0481、2432）	
						5-羟基癸酸乙酯（S1494、4444）	
						反式-2-癸烯酸乙酯（S0981、3641）	
						反式-4-癸烯酸乙酯（S1072、3642）	

续表

醇类香料中文名称（编码、FEMA编号）	醛类香料中文名称（编码、FEMA编号）	酮类香料中文名称（编码、FEMA编号）	酚类香料中文名称（编码、FEMA编号）	醚类香料中文名称（编码、FEMA编号）	羧酸类香料中文名称（编码、FEMA编号）	酯类香料中文名称（编码、FEMA编号）	烯烃类香料中文名称（编码、FEMA编号）
						反式-2-顺式-4-癸二烯酸甲酯（S1116、3859）	
						反式-2-顺式-4-癸二烯酸乙酯（S0482、3148）	
						2,4-癸二烯酸丙酯（S1043、3648）	
						2,4,7-癸三烯酸乙酯（S0599、3832）	
						癸二酸二乙酯（S1203、2376）	
						5-羟基癸酸甘油酯（S1375、3685）	
						9-十一烯酸甲酯（S0549、2750）	
						十一酸乙酯（S0550、3492）	
						10-十一烯酸乙酯（S1204、2461）	
						10-十一烯酸烯丙酯（S1406、2044）	

续表

醇类香料中文名称（编码、FEMA编号）	醛类香料中文名称（编码、FEMA编号）	酮类香料中文名称（编码、FEMA编号）	酚类香料中文名称（编码、FEMA编号）	醚类香料中文名称（编码、FEMA编号）	羧酸类香料中文名称（编码、FEMA编号）	酯类香料中文名称（编码、FEMA编号）	烯烃类香料中文名称（编码、FEMA编号）
						10-十一烯酸丁酯（S1353、2216）	
						十二酸甲酯（又名月桂酸甲酯）（S0909、2715）	
						十二酸乙酯（又名月桂酸乙酯）（S0483、2441）	
						十二酸异戊酯（又名月桂酸异戊酯）（S0563、2077）	
						5-羟基-十二酸甘油酯（S1372、3686）	
						十三碳二酸环乙二醇二酯（S1281、3543）	
						十四酸甲酯（又名肉豆蔻酸甲酯）（S0484、2722）	
						十四酸乙酯（又名肉豆蔻酸乙酯）（S0508、2445）	

续表

醇类香料中文名称（编码、FEMA编号）	醛类香料中文名称（编码、FEMA编号）	酮类香料中文名称（编码、FEMA编号）	酚类香料中文名称（编码、FEMA编号）	醚类香料中文名称（编码、FEMA编号）	羧酸类香料中文名称（编码、FEMA编号）	酯类香料中文名称（编码、FEMA编号）	烯烃类香料中文名称（编码、FEMA编号）
						十四酸异丙酯（又名肉豆蔻酸异丙酯）（S0551、3556）	
						十六烷酸甲酯（S1064、—）	
						棕榈酸乙酯（S0510、2451）	
						亚油酸甲酯（48%）、亚麻酸甲酯（52%）混合物（S0564、3411）	
						亚油酸乙酯（S0916、—）	
						油酸乙酯（S0509、2450）	
						顺式-9-十八烯醇乙酸酯（又名乙酸油醇酯）（S1082、4359）	
						单油酸甘油酯（S1030、2526）	
						硬脂酸乙酯（S0608、3490）	

续表

醇类香料中文名称（编码、FEMA编号）	醛类香料中文名称（编码、FEMA编号）	酮类香料中文名称（编码、FEMA编号）	酚类香料中文名称（编码、FEMA编号）	醚类香料中文名称（编码、FEMA编号）	羧酸类香料中文名称（编码、FEMA编号）	酯类香料中文名称（编码、FEMA编号）	烯烃类香料中文名称（编码、FEMA编号）
						十八酸丁酯（又名硬脂酸丁酯）（S0960、2214）	
						2-（4-甲基-5-噻唑基）乙醇甲酸酯（S1394、4275）	
						2-（4-甲基-5-噻唑基）乙醇丙酸酯（S1492、4276）	
						2-（4-甲基-5-噻唑基）乙醇丁酸酯（S1155、4277）	
						2-（4-甲基-5-噻唑基）乙醇异丁酸酯（S1393、4278）	
						2-（4-甲基-5-噻唑基）乙醇己酸酯（S1154、4279）	
						2-（4-甲基-5-噻唑基）乙醇辛酸酯（S1143、4280）	
						2-（4-甲基-5-噻唑基）乙醇癸酸酯（S1392、4281）	

续表

醇类香料中文名称（编码、FEMA编号）	醛类香料中文名称（编码、FEMA编号）	酮类香料中文名称（编码、FEMA编号）	酚类香料中文名称（编码、FEMA编号）	醚类香料中文名称（编码、FEMA编号）	羧酸类香料中文名称（编码、FEMA编号）	酯类香料中文名称（编码、FEMA编号）	烯烃类香料中文名称（编码、FEMA编号）
						肉桂酸甲酯（S0500、2698）	
						肉桂酸乙酯（S0501、2430）	
						肉桂酸丙酯（S1034、2938）	
						肉桂酸异丙酯（S1377、2939）	
						肉桂酸烯丙酯（S1211、2022）	
						肉桂酸异丁酯（S0567、2193）	
						肉桂酸异戊酯（S0621、2063）	
						肉桂酸肉桂酯（S0504、2298）	
						肉桂酸芳樟酯（S1292、2641）	
						肉桂酸苄酯（S0502、2142）	
						肉桂酸苯乙酯（S0503、2863）	

续表

醇类香料中文名称（编码、FEMA编号）	醛类香料中文名称（编码、FEMA编号）	酮类香料中文名称（编码、FEMA编号）	酚类香料中文名称（编码、FEMA编号）	醚类香料中文名称（编码、FEMA编号）	羧酸类香料中文名称（编码、FEMA编号）	酯类香料中文名称（编码、FEMA编号）	烯烃类香料中文名称（编码、FEMA编号）
						肉桂酸3-苯丙酯（S0568、2894）	
						水杨酸甲酯（又名柳酸甲酯）（S0505、2745）	
						水杨酸乙酯（又名柳酸乙酯）（S0506、2458）	
						水杨酸丁酯（又名柳酸丁酯）（S0450、3650）	
						水杨酸异丁酯（S0620、2213）	
						水杨酸异戊酯（又名柳酸异戊酯）（S0507、2084）	
						水杨酸苄酯（又名柳酸苄酯）（S0566、2151）	
						水杨酸苯酯（S1326、3960）	
						水杨酸苯乙酯（S0562、2868）	

续表

醇类香料中文名称（编码、FEMA编号）	醛类香料中文名称（编码、FEMA编号）	酮类香料中文名称（编码、FEMA编号）	酚类香料中文名称（编码、FEMA编号）	醚类香料中文名称（编码、FEMA编号）	羧酸类香料中文名称（编码、FEMA编号）	酯类香料中文名称（编码、FEMA编号）	烯烃类香料中文名称（编码、FEMA编号）
						异硫氰酸异丙酯（S1090、4425）	
						异硫氰酸烯丙酯（S0762、2034）	
						异硫氰酸3-甲硫基丙酯（S0899、3312）	
						异硫氰酸丁酯（S0924、4082）	
						异硫氰酸异丁酯（S1086、4424）	
						异硫氰酸2-丁酯（S1085、4419）	
						异硫氰酸3-丁烯酯（S1079、4418）	
						异硫氰酸戊酯（S1089、4417）	
						异硫氰酸异戊酯（S1091、4423）	
						异硫氰酸4-戊烯酯（S1080、4427）	
						异硫氰酸5-（甲硫基）戊酯（S1088、4416）	

续表

醇类香料中文名称（编码、FEMA编号）	醛类香料中文名称（编码、FEMA编号）	酮类香料中文名称（编码、FEMA编号）	酚类香料中文名称（编码、FEMA编号）	醚类香料中文名称（编码、FEMA编号）	羧酸类香料中文名称（编码、FEMA编号）	酯类香料中文名称（编码、FEMA编号）	烯烃类香料中文名称（编码、FEMA编号）
						异硫氰酸6-（甲硫基）己酯（S1087、4415）	
						异硫氰酸5-己烯酯（S1081、4421）	
						异硫氰酸苄酯（S0893、—）	
						异硫氰酸苯乙酯（S1321、4014）	
						苯甲酸甲酯（S0485、2683）	
						苯甲酸乙酯（S0486、2422）	
						苯甲酸丙酯（S0487、2931）	
						苯甲酸异丁酯（S0577、2185）	
						苯甲酸异戊酯（S0554、2058）	
						苯甲酸己酯（S0488、3691）	
						苯甲酸芳樟酯（S0600、2638）	

续表

醇类香料中文名称（编码、FEMA编号）	醛类香料中文名称（编码、FEMA编号）	酮类香料中文名称（编码、FEMA编号）	酚类香料中文名称（编码、FEMA编号）	醚类香料中文名称（编码、FEMA编号）	羧酸类香料中文名称（编码、FEMA编号）	酯类香料中文名称（编码、FEMA编号）	烯烃类香料中文名称（编码、FEMA编号）
						苯甲酸香叶酯（S0606、2511）	
						苯甲酸顺式-3-己烯酯（又名苯甲酸叶醇酯）（S0490、3688）	
						苯甲酸苄酯（S0489、2138）	
						苯甲酸苯乙酯（S0555、2860）	
						苯甲酸甲硫醇酯（S1050、3857）	
						苯乙酸甲酯（S0492、2733）	
						对叔丁基苯乙酸甲酯（S1283、2690）	
						苯乙酸对甲酚酯（S1208、3077）	
						苯乙酸乙酯（S0493、2452）	
						苯乙酸烯丙酯（S1205、2039）	

续表

醇类香料中文名称（编码、FEMA编号）	醛类香料中文名称（编码、FEMA编号）	酮类香料中文名称（编码、FEMA编号）	酚类香料中文名称（编码、FEMA编号）	醚类香料中文名称（编码、FEMA编号）	羧酸类香料中文名称（编码、FEMA编号）	酯类香料中文名称（编码、FEMA编号）	烯烃类香料中文名称（编码、FEMA编号）
						苯乙酸丁酯（S0401、2209）	
						苯乙酸异丁酯（S0556、2210）	
						苯乙酸异戊酯（S0494、2081）	
						苯乙酸己酯（S0557、3457）	
						苯乙酸顺式-3-己烯酯（又名苯乙酸叶醇酯）（S1016、3633）	
						苯乙酸辛酯（S1285、2812）	
						苯乙酸香茅酯（S1288、2315）	
						苯乙酸香叶酯（S1207、2516）	
						苯乙酸芳樟酯（S1287、3501）	
						苯乙酸苄酯（S1286、2149）	
						苯乙酸苯乙酯（S0495、2866）	

续表

醇类香料中文名称（编码、FEMA编号）	醛类香料中文名称（编码、FEMA编号）	酮类香料中文名称（编码、FEMA编号）	酚类香料中文名称（编码、FEMA编号）	醚类香料中文名称（编码、FEMA编号）	羧酸类香料中文名称（编码、FEMA编号）	酯类香料中文名称（编码、FEMA编号）	烯烃类香料中文名称（编码、FEMA编号）
						苯乙酸愈创木酚酯（S1289、2535）	
						3-甲基2-丁烯酸2-苯乙酯（又名千里酸苯乙酯）（S1290、2869）	
						苯氧乙酸烯丙酯（S1284、2038）	
						苯丙酸乙酯（又名氢化肉桂酸乙酯）（S0558、2455）	
						4-苯基丁酸甲酯（又名苯丁酸甲酯）（S1209、2739）	
						4-苯基丁酸乙酯（又名苯丁酸乙酯）（S1210、2453）	
						邻氨基苯甲酸甲酯（S0491、2682）	
						N-甲基邻氨基苯甲酸甲酯（S0552、2718）	
						N-甲基邻氨基苯甲酸异丁酯（S0938、4149）	

续表

醇类香料中文名称（编码、FEMA编号）	醛类香料中文名称（编码、FEMA编号）	酮类香料中文名称（编码、FEMA编号）	酚类香料中文名称（编码、FEMA编号）	醚类香料中文名称（编码、FEMA编号）	羧酸类香料中文名称（编码、FEMA编号）	酯类香料中文名称（编码、FEMA编号）	烯烃类香料中文名称（编码、FEMA编号）
						N-乙酰基邻氨基苯甲酸甲酯（S0942、4170）	
						邻氨基苯甲酸乙酯（S0553、2421）	
						邻氨基苯甲酸烯丙酯（S1401、2020）	
						邻氨基苯甲酸异丁酯（S1282、2182）	
						邻氨基苯甲酸苯乙酯（S1421、2859）	
						邻甲氧基苯甲酸甲酯（S0963、2717）	
						乳酸乙酯（S0498、2440）	
						乳酸丁酯（S0499、2205）	
						丁酰乳酸丁酯（S0448、2190）	

续表

醇类香料中文名称（编码、FEMA编号）	醛类香料中文名称（编码、FEMA编号）	酮类香料中文名称（编码、FEMA编号）	酚类香料中文名称（编码、FEMA编号）	醚类香料中文名称（编码、FEMA编号）	羧酸类香料中文名称（编码、FEMA编号）	酯类香料中文名称（编码、FEMA编号）	烯烃类香料中文名称（编码、FEMA编号）
						乳酸顺式-3-己烯酯（又名乳酸叶醇酯）（S0524、3690）	
						乳酸 *l*-薄荷酯（S0990、3748）	
						硫代乙酸乙酯（S0758、3282）	
						硫代乙酸丙酯（S0759、3385）	
						硫代乙酸糠酯（S0702、3162）	
						硫代丙酸糠酯（S1192、3347）	
						硫代丁酸甲酯（S0761、3310）	
						3-甲基硫代丁酸 *S*-甲酯（又名异戊酸甲硫醇酯）（S0823、3864）	
						2-硫代糠酸甲酯（S0763、3311）	
						惕各酸乙酯（S0496、2460）	

续表

醇类香料中文名称（编码、FEMA编号）	醛类香料中文名称（编码、FEMA编号）	酮类香料中文名称（编码、FEMA编号）	酚类香料中文名称（编码、FEMA编号）	醚类香料中文名称（编码、FEMA编号）	羧酸类香料中文名称（编码、FEMA编号）	酯类香料中文名称（编码、FEMA编号）	烯烃类香料中文名称（编码、FEMA编号）
						惕各酸烯丙酯（又名反式-2-甲基-2-丁烯酸烯丙酯）（S1405、2043）	
						惕各酸香叶酯（S1456、4044）	
						反式-2-甲基 2-丁烯酸顺式-3-己烯酯（又名惕各酸叶醇酯）（S0601、3931）	
						惕各酸苄酯（S0497、3330 号）	
						惕各酸苯乙酯（S0571、2870）	
						己酸甲硫基甲酯（S1131、3880）	
						甲硫醇乙酸酯（S0827、3876）	
						3-甲硫基-1-己醇乙酸酯（S0826、3789）	
						3-甲硫基丙酸甲酯（S0703、2720）	

续表

醇类香料中文名称（编码、FEMA编号）	醛类香料中文名称（编码、FEMA编号）	酮类香料中文名称（编码、FEMA编号）	酚类香料中文名称（编码、FEMA编号）	醚类香料中文名称（编码、FEMA编号）	羧酸类香料中文名称（编码、FEMA编号）	酯类香料中文名称（编码、FEMA编号）	烯烃类香料中文名称（编码、FEMA编号）
						3-甲硫基丙酸乙酯（S0704、3343）	
						2-甲硫基丁酸甲酯（S0825、3708）	
						甲硫磺酸 *S*-甲酯（S0824、—）	
						茉莉酮酸甲酯（S0565、3410）	
						二氢茉莉酮酸甲酯（S0511、3408）	
						l-薄荷醇乙二醇碳酸酯（S1226、3805）	
						l-薄荷醇丙二醇碳酸酯（S1235、3806）	
						大茴香酸甲酯（S0560、2679）	
						大茴香酸乙酯（S0561、2420）	
						山梨酸甲酯（S1150、3714）	

续表

醇类香料中文名称（编码、FEMA编号）	醛类香料中文名称（编码、FEMA编号）	酮类香料中文名称（编码、FEMA编号）	酚类香料中文名称（编码、FEMA编号）	醚类香料中文名称（编码、FEMA编号）	羧酸类香料中文名称（编码、FEMA编号）	酯类香料中文名称（编码、FEMA编号）	烯烃类香料中文名称（编码、FEMA编号）
						山梨酸乙酯（又名2,4-己二烯酸乙酯）（S1029、2459）	
						柠檬酸三乙酯（S0513、3083）	
						酒石酸二乙酯（S0569、2378）	
						苹果酸二乙酯（S0911、2374）	
						琥珀酸二甲酯（S0607、2396）	
						莰酸甲酯（S0570、3709）	
						椰子油混合酸乙酯（S0512、—）	
						糠酸甲酯（S0757、2703）	
						糠硫醇甲酸酯（S1267、3158）	
						3-甲基-2-丁烯硫醇乙酸酯（S1119、3895）	
						亚硝酸乙酯（S1213、2446）	

续表

醇类香料中文名称（编码、FEMA编号）	醛类香料中文名称（编码、FEMA编号）	酮类香料中文名称（编码、FEMA编号）	酚类香料中文名称（编码、FEMA编号）	醚类香料中文名称（编码、FEMA编号）	羧酸类香料中文名称（编码、FEMA编号）	酯类香料中文名称（编码、FEMA编号）	烯烃类香料中文名称（编码、FEMA编号）
						松香酸甘油酯（S1358、4226）	
						辛烯基琥珀酸单阿拉伯胶酯（S1367、4227）	
						甲基对甲苯缩水甘油酸乙酯（S1379、3757）	
						dl-薄荷脑（+/–）-1,2-丙二醇碳酸酯（S1396、3992）	
						γ-丁内酯（S0630、3291）	
						γ-戊内酯（S0623、3103）	
						γ-己内酯（S0624、2556）	
						γ-庚内酯（S0625、2539）	
						γ-辛内酯（S0626、2796）	
						γ-壬内酯（S0627、2781）	

续表

醇类香料中文名称（编码、FEMA编号）	醛类香料中文名称（编码、FEMA编号）	酮类香料中文名称（编码、FEMA编号）	酚类香料中文名称（编码、FEMA编号）	醚类香料中文名称（编码、FEMA编号）	羧酸类香料中文名称（编码、FEMA编号）	酯类香料中文名称（编码、FEMA编号）	烯烃类香料中文名称（编码、FEMA编号）
						2-壬烯酸-γ-内酯（S1071、4188）	
						γ-癸内酯（S0628、2360）	
						γ-甲基癸内酯（S0650、3786）	
						γ-十二内酯（S0629、2400）	
						2-（4-甲基-2-羟基苯基）-丙酸-γ-内酯（S1117、3863）	
						4-羟基-4-甲基-5-己烯酸-γ-内酯（S1489、4051）	
						4-羟基-4-甲基-7-顺式-癸烯酸-γ-内酯（S1464、3937）	
						4-羟基-2-丁烯酸-γ-内酯[又名2（5*H*）-呋喃酮]（S1433、4138）	
						2-（2-羟基-4-甲基-3-环己烯基）-丙酸-γ-内酯（S1060、4140）	

续表

醇类香料中文名称（编码、FEMA编号）	醛类香料中文名称（编码、FEMA编号）	酮类香料中文名称（编码、FEMA编号）	酚类香料中文名称（编码、FEMA编号）	醚类香料中文名称（编码、FEMA编号）	羧酸类香料中文名称（编码、FEMA编号）	酯类香料中文名称（编码、FEMA编号）	烯烃类香料中文名称（编码、FEMA编号）
						δ-己内酯（S0631、3167）	
						δ-辛内酯（S0632、3214）	
						δ-壬内酯（S0633、3356）	
						δ-癸内酯（S0634、2361）	
						δ-十一内酯（S0635、3294）	
						δ-十二内酯（S0636、2401）	
						δ-十三内酯（S0642、—）	
						δ-十四内酯（S0643、3590）	
						十五内酯（S0637、2840）	
						δ-十六内酯（S0857、4673）	
						5-羟基-4-甲基己酸-δ-内酯（S1427、4141）	

续表

醇类香料中文名称（编码、FEMA编号）	醛类香料中文名称（编码、FEMA编号）	酮类香料中文名称（编码、FEMA编号）	酚类香料中文名称（编码、FEMA编号）	醚类香料中文名称（编码、FEMA编号）	羧酸类香料中文名称（编码、FEMA编号）	酯类香料中文名称（编码、FEMA编号）	烯烃类香料中文名称（编码、FEMA编号）
						5-羟基-2-癸烯酸-δ-内酯（S0638、3744）	
						5-羟基-8-十一碳烯酸-δ-内酯（S1380、3758）	
						ε-十二内酯（S1308、3610）	
						薄荷内酯（S0641、3764）	
						脱氢薄荷呋喃内酯（S1152、3755）	
						异黄葵内酯（S0936、4145）	
						香紫苏内酯（S1049、3794）	
						威士忌内酯（S0646、3803）	
						二氢猕猴桃内酯[又名（+/–）-2,6,6-三甲基-2-羟基环亚己基乙酸-γ-内酯]（S0647、4020）	

续表

醇类香料中文名称（编码、FEMA编号）	醛类香料中文名称（编码、FEMA编号）	酮类香料中文名称（编码、FEMA编号）	酚类香料中文名称（编码、FEMA编号）	醚类香料中文名称（编码、FEMA编号）	羧酸类香料中文名称（编码、FEMA编号）	酯类香料中文名称（编码、FEMA编号）	烯烃类香料中文名称（编码、FEMA编号）
						黄葵内酯（S0648、2555）	
						α-当归内酯（S0649、3293）	
						（+/–）二氢薄荷内酯（S0858、4032）	
						晚香玉内酯{又名二氢-5-[(Z,Z)-2,5-辛二烯-2（3H）-呋喃酮]}（S1073、4067）	
						顺式-4-羟基-6-十二烯酸内酯（S1003、3780）	
						5-羟基-7-癸烯酸内酯（又名茉莉内酯）（S0645、3745）	
						5-羟基-2,4-癸二烯酸内酯（又名6-戊基-α-吡喃酮）（S0644、3696）	

烷烃类香料中文名称（编码、FEMA编号）	吡咯类香料中文名称（编码、FEMA编号）	吡啶类香料中文名称（编码、FEMA编号）	吡嗪类香料中文名称（编码、FEMA编号）	噻嗪类香料中文名称（编码、FEMA编号）	喹啉类香料中文名称（编码、FEMA编号）	噻唑类香料中文名称（编码、FEMA编号）	噻吩类香料中文名称（编码、FEMA编号）
二巯基甲烷（S1432、4097）	吡咯（S1156、3386）	吡啶（S0740、2966）	吡嗪（S0904、4015）	2(4)-异丙基-4(2),6-二甲基二氢（4*H*）-1,3,5-二噻嗪（S0951、3782）	喹啉（S0771、3470）	噻唑（S0903、3615）	噻吩（S0897、—）
二（甲硫基）甲烷（S0967、3878）	四氢吡咯（吡咯烷）（S0833、3523）	2,6-二甲基吡啶（S0724、3540）	2-甲基吡嗪（S0710、3309）	2,4,6-三甲基二氢-4*H*-1,3,5-二噻嗪（S0898、4018）	异喹啉（S0949、2978）	4-甲基噻唑（S0725、3716）	2-戊基噻吩（S0895、4387）
甲基亚磺酰甲烷（S1004、3875）	2-乙酰基吡咯（S0736、3202）	3-乙基吡啶（S0777、3394）	2,3-二甲基吡嗪（S0711、3271）	2,4,6-三异丁基-5,6-二氢-4*H*-1,3,5-二噻嗪（S0917、4017）	5,6,7,8-四氢喹啉（S0737、3321）	2,5-二甲基噻唑（S1459、4035）	2-巯基噻吩（S1334、3062）
1,1-二甲氧基乙烷（S0182、3426）	1-甲基-2-乙酰基吡咯（S0769、3184）	5-乙基-2-甲基吡啶（S0776、3546）	2,5-二甲基吡嗪（S0712、3272）	2（4）-乙基-4（2）,6-二甲基二氢-1,3,5-二噻嗪（S1479、4667）	6-甲基喹啉（S0772、2744）	4,5-二甲基噻唑（S0785、3274）	
1,2-二［(1′-乙氧基）-乙氧基］丙烷（S1293、3534）	1-乙基-2-甲酰基吡咯（又名茶吡咯）（S1142、4317）	2-乙酰基吡啶（S0778、3251）	2,6-二甲基吡嗪（S0788、3273）			2,4,5-三甲基噻唑（S0728、3325）	
2,3-二巯基丁烷（S1240、3477）	*N*-乙基-2-乙酰基吡咯（S0770、3147）	3-乙酰基吡啶（S0779、3424）	2,3,5-三甲基吡嗪（S0713、3244）			2-异丁基噻唑（S0733、3134）	
2-甲基-1,3-二硫环戊烷（S0783、3705）	2-丙酰吡咯（S1499、3614）	2-异丁基吡啶（S0834、3370）	2,3,5,6-四甲基吡嗪（S0765、3237）			2-乙基-4-甲基噻唑（S0729、3680）	

续表

烷烃类香料中文名称（编码、FEMA编号）	吡咯类香料中文名称（编码、FEMA编号）	吡啶类香料中文名称（编码、FEMA编号）	吡嗪类香料中文名称（编码、FEMA编号）	噻嗪类香料中文名称（编码、FEMA编号）	喹啉类香料中文名称（编码、FEMA编号）	噻唑类香料中文名称（编码、FEMA编号）	噻吩类香料中文名称（编码、FEMA编号）
3,5-二甲基-1,2,4-三硫杂环戊烷（S0709、3541）	*N*-糠基吡咯（S0735、3284）	3-（2-甲基丙基）吡啶（S1227、3371）	2-乙基吡嗪（S0766、3281）			2-异丙基-4-甲基噻唑（S0732、3555）	
3,5-二乙基-1,2,4-三硫杂环戊烷（S0896、4030）	1-吡咯啉（S1120、3898）	2-戊基吡啶（S0540、3383）	2-乙基-3-甲基吡嗪（S0798、3155）			2-乙酰基噻唑（S0731、3328）	
螺[2,4-二硫杂-1-甲基-8-氧杂双环[3.3.0]-辛烷-3,3′-（1′-氧杂-2′-甲基）环戊烷]（S1337、3270）	2-乙酰基-1-吡咯啉（S0913、4249）	2-己基吡啶（S1506，4948）	2-乙基-5-甲基吡嗪（S0861、3154）			2,4-二甲基-5-乙酰基噻唑（S1223、3267）	
2,5-二硫杂己烷（S1475、4298）	2-丙酰基-1-吡咯啉（S1123、4063）	2-（3-苯丙基）吡啶（S1322、3751）	2-乙基-6-甲基吡嗪（S1144、3919）			2-丙酰噻唑（S0950、3611）	
2,3,5-三硫杂己烷（S0968、4021）			2-乙基-3,(5或6)-二甲基吡嗪（S0767、3149）			5-乙烯基-4-甲基噻唑（S0730、3313）	
2,5-二甲基-2,5-二羟基-1,4-二硫代环己烷（S1220、3450）			3-乙基-2,6-二甲基吡嗪（S0719、3150）			2-乙氧基噻唑（S1222、3340）	

续表

烷烃类香料中文名称（编码、FEMA编号）	吡咯类香料中文名称（编码、FEMA编号）	吡啶类香料中文名称（编码、FEMA编号）	吡嗪类香料中文名称（编码、FEMA编号）	噻嗪类香料中文名称（编码、FEMA编号）	喹啉类香料中文名称（编码、FEMA编号）	噻唑类香料中文名称（编码、FEMA编号）	噻吩类香料中文名称（编码、FEMA编号）
3,6-二乙基-1,2,4,5-四硫杂环己烷与3,5-二乙基-1,2,4-三硫杂环戊烷的混合物（S1124、4094）			2,3-二乙基吡嗪（S0718、3136）			4-甲基-5-（2-乙酰氧乙基）-噻唑（S1260、3205）	
2,4,6-三甲基-1,3,5-三氧杂环己烷（又名三聚乙醛）（S0685、4010）			2,3-二乙基-5-甲基吡嗪（S0722、3336）			5-羟乙基-4-甲基噻唑（S0727、3204）	
2,4,6-三硫杂庚烷（S1429、4214）			2,5-二乙基-3-甲基吡嗪（S1447、3915）			苯并噻唑（S0734、3256）	
1,5,5,9-四甲基-13-氧杂三环[8.3.0.0(4,9)] 十三烷（S0280、3471）			3,5-二乙基-2-甲基吡嗪（S1146、3916）			2-乙酰基-2-噻唑啉（S0901、3817）	
茶螺烷[又名1-氧杂螺-(4,5)-2,6,10,10-四甲基-6-癸烯]（S0665、3774）			5-异丙基-2-甲基吡嗪（S0723、3554）			4,5-二甲基-2-乙基-3-噻唑啉（S1323、3620）	
6-羟基二氢茶螺烷（S0671、3549）			2-异丁基-3-甲基吡嗪（S0716、3133）			4,5-二甲基-2-异丁基-3-噻唑啉（S0519、3621）	

续表

烷烃类香料中文名称（编码、FEMA编号）	吡咯类香料中文名称（编码、FEMA编号）	吡啶类香料中文名称（编码、FEMA编号）	吡嗪类香料中文名称（编码、FEMA编号）	噻嗪类香料中文名称（编码、FEMA编号）	喹啉类香料中文名称（编码、FEMA编号）	噻唑类香料中文名称（编码、FEMA编号）	噻吩类香料中文名称（编码、FEMA编号）
6-乙酰氧基二氢茶螺烷（S0784、3651）			2-乙酰基吡嗪（S0720、3126）			顺式和反式-5-乙基-4-甲基-2-（1-甲基丙基）-噻唑啉（S1450、4318）	
1,4-二噻烷（S0839、3831）			2-乙酰基 3-甲基吡嗪（S0832、3964）			顺式和反式-5-乙基-4-甲基-2-（2-甲基丙基）-噻唑啉（S1436、4319）	
3-甲基-1,2,4-三噻烷（S0764、3718）			2-乙酰基-3-乙基吡嗪（S0721、3250）			2-丙酰基-2-噻唑啉（S1422、4064）	
2,5-二羟基-1,4-二噻烷（又名巯基乙醛二聚体）（S1125、3826）			2-乙酰基-3,5（或6）-二甲基吡嗪（S0831、3327）			2-仲丁基-4,5-二甲基-3-噻唑啉（S1324、3619）	
2-戊基-5 或 6-酮-1,4-二噁烷（S1413、2076）			2-甲氧基吡嗪（S0829、3302）				
			2-,5 或 6-甲氧基-3-甲基吡嗪（S0830、3183）				
			2-甲氧基-3（5 或 6）-异丙基吡嗪（S1217、3358）				

续表

烷烃类香料中文名称（编码、FEMA编号）	吡咯类香料中文名称（编码、FEMA编号）	吡啶类香料中文名称（编码、FEMA编号）	吡嗪类香料中文名称（编码、FEMA编号）	噻嗪类香料中文名称（编码、FEMA编号）	喹啉类香料中文名称（编码、FEMA编号）	噻唑类香料中文名称（编码、FEMA编号）	噻吩类香料中文名称（编码、FEMA编号）
			2-甲氧基-3-异丁基吡嗪（S0768、3132）				
			2-甲氧基-3-仲丁基吡嗪（S0717、3433）				
			2-甲基（或乙基）-3（5或6）-甲氧基吡嗪（S1219、3280）				
			2-甲基-3(5或6)-乙氧基吡嗪（S1251、3569）				
			2-甲基-3(5或6)-甲硫基吡嗪（S1245、3208）				
			2-甲基-3(5或6)-糠硫基吡嗪（S1218、3189）				
			2-甲硫基吡嗪（S1320、3231）				
			（5*H*）-5-甲基-6,7-二氢环戊基并（b）吡嗪（S0828、3306）				

呋喃类香料中文名称（编码、FEMA编号）	噁唑类香料中文名称（编码、FEMA编号）	硫醇类香料中文名称（编码、FEMA编号）	硫醚类香料中文名称（编码、FEMA编号）	硫酚类香料中文名称（编码、FEMA编号）	酰胺类香料中文名称（编码、FEMA编号）	有机胺类香料中文名称（编码、FEMA编号）	其他类香料中文名称（编码、FEMA编号）
2-甲基呋喃（S0871、4179）	2,4,5-三甲基噁唑（S1068、4394）	甲硫醇（S0686、2716）	二甲基硫醚（S0693、2746）	苯硫酚（原名为苄基硫醇）（S0892、3616）	*N*-3,7-二甲基-2,6-辛二烯-环丙基甲酰胺（S1416、4267）	三甲酰胺（S0706、3241）	*d*-木糖（S0076、3606）
2,5-二甲基呋喃（S1092、4106）	2-乙基-4,5-二甲基噁唑（S0835、3672）	甲硫基甲硫醇（S1449、4185）	二甲基二硫醚（S0694、3536）	邻甲基苯硫酚（S0743、3240）	*N*-（2-异丙基-5-甲基环己基）环丙基甲酰胺（S1488、4558）	乙胺（S1100、4236）	*d*-核糖（S0077、3793）
2-乙基呋喃（S0244、3673）	5-甲基喹噁啉（S0773、3203）	乙硫醇（S0928、4258）	二甲基三硫醚（S0695、3275）	2,6-二甲基苯硫酚（S0752、3666）	*N*-乙基-2-异丙基-5-甲基-环己烷甲酰胺（S1295、3455）	三乙胺（S0946、4246）	*l*-鼠李糖（S0078、3730）
2-戊基呋喃（S0278、3317）	2,4,5-三甲基-3-噁唑啉（S0738、3525）	吡嗪乙硫醇（S1325、3230）	二乙基硫醚（S0810、3825）	2-乙基苯硫酚（S1316、3345）	*N*-（乙氧羰基甲基）-对-盖烷-3-甲酰胺［又名 *N*-（乙氧羰基甲基）-对-薄荷烷-3-甲酰胺］（S1417、4309）	*N*-葡糖酰基乙醇胺（S0925、4254）	山楂核烟熏香味料Ⅰ号（S1230、—）
3-甲基-2-（3-甲基-2-丁烯）呋喃（S0943、4174）	2-甲基-4-丙基-1,3-噁唑烷（S0739、3578）	1,2-乙二硫醇（S0887、3484）	二乙基二硫醚（S0932、4093）		*N*-对苯乙腈基薄荷烷基甲酰胺（S1469、4496）	*N*-乳酰基乙醇胺（S0926、4256）	山楂核烟熏香味料Ⅱ号（S1231、—）
2-乙酰基呋喃（S0245、3163）		丙硫醇（S0801、3521）	二乙基三硫醚（S1462、4029）		（2*S*,5*R*）-*N*-[4-（2-氨基-2-氧代乙基）苯基]-5-甲基-2-（丙基-2-）环己烷甲酰胺（S1476、4684）	苯乙胺（S0782、3220）	硬木烟熏香味料 SmokEz C-10（S1418、—）

续表

呋喃类香料中文名称（编码、FEMA编号）	噁唑类香料中文名称（编码、FEMA编号）	硫醇类香料中文名称（编码、FEMA编号）	硫醚类香料中文名称（编码、FEMA编号）	硫酚类香料中文名称（编码、FEMA编号）	酰胺类香料中文名称（编码、FEMA编号）	有机胺类香料中文名称（编码、FEMA编号）	其他类香料中文名称（编码、FEMA编号）
2-乙酰基-5-甲基呋喃（S0246、3609）		2-丙硫醇（S0885、3897）	二丙基二硫醚（S0741、3228）		（1*R*,2*S*,5*R*）-*N*-（4-甲氧苯基）-5-甲基-2-（1-甲基乙基）环己基甲酰胺（S1504、4681）	2-（4-羟基苯基）-乙胺（又名酪胺）（S1129、4215）	硬木烟熏香味料 SEF 7525（S1419、—）
3-乙酰基-2,5-二甲基呋喃（S1215、3391）		1,3-丙二硫醇（S0802、3588）	二丙基三硫醚（S0811、3276）		*N*-[2-（吡啶-2-基）乙基]薄荷烷基甲酰胺（S1470、4549）	丁胺（S1111、3130）	龙脑（S0028、2157）
2-甲基-3-甲硫基呋喃（S0820、3949）		烯丙基硫醇（又名2-丙烯基-1-硫醇）（S0803、2035）	二异丙基二硫醚（S1103、3827）		*N*-（4-庚基）-（3,4-亚甲二氧基）苯甲酰胺（S1370、4232）	异戊胺（S0781、3219）	异龙脑（S0864、2158）
2-甲基-5-（甲硫基）呋喃（S0755、3366）		正丁硫醇（S0688、3478）	二异丙基三硫醚（S1122、3968）		2-（4-甲基苯氧基）-*N*-（1*H*吡唑-3-基）-*N*-（噻吩-2-基甲基）乙酰胺（S1505、4809）	异亚戊基异戊胺（S1007、3990）	龙蒿脑（S0061、2411）
2-甲基-3-巯基呋喃（S0471、3188）		异丁基硫醇（S0891、3874）	二丁基硫醚（S0696、2215）		3-[（4-氨基-2,2-二氧-1*H*-2,1,3-苯并噻二嗪-5-基）氧]-2,2-二甲基-*N*-丙基丙酰胺（S1472、4701）		薄荷脑（S0066、2665）
3-乙酰硫基-2-甲基呋喃（S0287、3973）		2-甲基-1-丁硫醇（S0689、3303）	二环己基二硫醚（S1314、3448）		*N*,2,3-三甲基-2-异丙基丁酰胺（S1294、3804）		*dl*-樟脑（S0236、4513）

续表

呋喃类香料中文名称（编码、FEMA编号）	噁唑类香料中文名称（编码、FEMA编号）	硫醇类香料中文名称（编码、FEMA编号）	硫醚类香料中文名称（编码、FEMA编号）	硫酚类香料中文名称（编码、FEMA编号）	酰胺类香料中文名称（编码、FEMA编号）	有机胺类香料中文名称（编码、FEMA编号）	其他类香料中文名称（编码、FEMA编号）
2-甲基-3-硫代乙酰氧基-4,5-二氢呋喃（S0890、3636）		3-甲基丁基硫醇（S0900、3858）	甲基乙基硫醚（S0808、3860）		*N*-（4-羟基-3-甲氧基苄基）壬酰胺（S0838、2787）		大茴香脑（S1497、2086）
2,5-二甲基-3-硫代乙酰氧基呋喃（S1340、4034）		3-甲基-2-丁硫醇（S0799、3304）	甲基乙基三硫醚（S0965、3861）		*N*-乙基-反式-2-顺式-6-壬二烯酰胺（S1382、4113）		香兰素（S0172、3107）
2,3-二甲基苯并呋喃（S0842、3535）		2-酮基-4-丁硫醇（S1378、3357）	甲基丙基二硫醚（S0746、3201）		*N*-环丙基-反式-2-顺式-6-壬二烯酰胺（S1381、4087）		乙基香兰素（S1171、2464）
4,5,6,7-四氢-3,6-二甲基苯并呋喃（又名薄荷呋喃）（S0279、3235）		4-甲氧基-2-甲基-2-丁硫醇（S0804、3785）	甲基丙基三硫醚（S0902、3308）		*N*-异丁基-反-2-反-4-癸二烯酸酰胺（S1398、4148）		双香兰素（S1425、4107）
2,5-二乙基四氢呋喃（S1151、3743）		1,2-丁二硫醇（S1311、3528）	甲基异戊基二硫醚（S1400、4168）		*N*1-（2,4-二甲氧基苄基）-*N*2-[2-（2-吡啶基）乙基]草酰胺（S1369、4233）		1,4-桉叶素（S0661、3658）
2-乙烯基-2-甲基-5-（1-甲基乙烯基）四氢呋喃（S0972、3759）		1-戊硫醇（S1437、4333）	1-丁烯-1-基甲基硫醚（S1102、3820）		*N*1-（2-甲氧基-4-甲基苄基）-*N*2-[2-（5-甲基-2-吡啶基）乙基]草酰胺（S1368、4234）		1,8-桉叶素（S0660、2465）

续表

呋喃类香料中文名称（编码、FEMA编号）	噁唑类香料中文名称（编码、FEMA编号）	硫醇类香料中文名称（编码、FEMA编号）	硫醚类香料中文名称（编码、FEMA编号）	硫酚类香料中文名称（编码、FEMA编号）	酰胺类香料中文名称（编码、FEMA编号）	有机胺类香料中文名称（编码、FEMA编号）	其他类香料中文名称（编码、FEMA编号）
2,2-二甲基-5-（1-甲基-1-丙烯基）四氢呋喃（S0954、3665）		2-戊基硫醇（S0742、3792）	甲基 3-甲基-1-丁烯基二硫醚（S0991、3865）		*N*-[2-（3,4-二甲氧基苯基）乙基]-3,4-二甲氧基肉桂酸酰胺（S1097、4310）		2,8-表硫-顺式-对-蓋烷 4,7,7-三甲基-6-硫杂双环[3.2.1] 辛烷硫代桉叶素（S1023、4108）
2-（3-苯丙基）四氢呋喃（S1269、2898）		环戊硫醇（S1468、3262）	烯丙基二硫醚（S0749、2028）				根皮素（S1498、4390）
		异戊烯基硫醇（S0888、3896）	二烯丙基硫醚（S0813、2042）				二氢香豆素（S0662、2381）
		正己硫醇（S1106、3842）	二烯丙基三硫醚（S0814、3265）				八氢香豆素（S1309、3791）
		1,6-己二硫醇（S0691、3495）	二烯丙基四硫醚（又名二烯丙基聚硫醚）（S0815、3533）				6-甲基香豆素（S1182、2699）
		2-庚硫醇（S1059、4128）	烯丙基甲基二硫醚（S1013、3127）				香菇素（S0683、—）
		（*S*1）-甲氧基-3-庚硫醇（S0940、4162）	甲基 1-丙烯基二硫醚（S0905、3576）				对异丙基甲苯（S0674、2356）

续表

呋喃类香料中文名称（编码、FEMA编号）	噁唑类香料中文名称（编码、FEMA编号）	硫醇类香料中文名称（编码、FEMA编号）	硫醚类香料中文名称（编码、FEMA编号）	硫酚类香料中文名称（编码、FEMA编号）	酰胺类香料中文名称（编码、FEMA编号）	有机胺类香料中文名称（编码、FEMA编号）	其他类香料中文名称（编码、FEMA编号）
		1,8-辛二硫醇（S1336、3514）	甲基烯丙基三硫醚（S0894、3253）				对二甲氧基苯（S0103、2386）
		苄基硫醇（S0744、2147）	烯丙基丙基二硫醚（S1022、4073）				间二甲氧基苯（S0673、2385）
		2-苯乙硫醇（S0805、3894）	丙烯基丙基二硫醚（S0812、3227）				1,2-二甲氧基苯（S0677、3799）
		（+/−）-1-苯乙基硫醇（S0961、4061）	烯丙基 1-丙烯基二硫醚（S1500、4823）				1-甲基-3-甲氧基-4-异丙基苯（S0672、3436）
		糠基硫醇（又名咖啡醛）（S0692、2493）	苄基甲基硫醚（S1041、3597）				1-甲基萘（S0676、3193）
		2-甲基-3-四氢呋喃硫醇（S0800、3787）	甲基苄基二硫醚（S0747、3504）				4-甲基-2,6-二甲氧基苯酚（S1066、3704）
		2,5-二甲基-3-呋喃硫醇（S1310、3451）	二苄基二硫醚（S1015、3617）				4-烯丙基-2,6-二甲氧基苯酚（S1045、3655）
		5-甲基-2-呋喃甲硫醇（又名 5-甲基糠硫醇）（S1477、4697）	甲基苯基二硫醚（S0809、3872）				3-丙叉苯酞（S0639、2952）

续表

呋喃类香料中文名称（编码、FEMA编号）	噁唑类香料中文名称（编码、FEMA编号）	硫醇类香料中文名称（编码、FEMA编号）	硫醚类香料中文名称（编码、FEMA编号）	硫酚类香料中文名称（编码、FEMA编号）	酰胺类香料中文名称（编码、FEMA编号）	有机胺类香料中文名称（编码、FEMA编号）	其他类香料中文名称（编码、FEMA编号）
		蒎烷硫醇（S1160、3503）	二苯基二硫醚（S1386、3225）				3-丁叉苯酞（S0640、3333）
		1-对-蓋烯-8-硫醇（又名1-对-薄荷烯-8-硫醇）（S0745、3700）	糠基甲基硫醚（S0751、3160）				3-正丁基苯酞（S0953、3334）
			甲基糠基二硫醚（S0748、3362）				联苯（S1002、3129）
			二糠基二硫醚（S0698、3146）				4-甲基联苯（S1360、3186）
			糠基异丙基硫醚（S1315、3161）				吲哚（S0705、2593）
			糠基2-甲基-3-呋喃基二硫醚（S1490、4119）				β-甲基吲哚（S0775、3019）
			2,2′-（硫代二亚甲基）-二呋喃二糠基硫醚（S0697、3238）				硫化氢（仅用于热反应香料）（S1010、3779）
			甲基2-甲基-3-呋喃基二硫醚（S0807、3573）				哌啶（S0774、2908）
			丙基2-甲基-3-呋喃基二硫醚（S1313、3607）				5,7-二氢-2-甲基噻吩并（3,4-d）嘧啶（S1221、3338）

续表

呋喃类香料中文名称（编码、FEMA编号）	噁唑类香料中文名称（编码、FEMA编号）	硫醇类香料中文名称（编码、FEMA编号）	硫醚类香料中文名称（编码、FEMA编号）	硫酚类香料中文名称（编码、FEMA编号）	酰胺类香料中文名称（编码、FEMA编号）	有机胺类香料中文名称（编码、FEMA编号）	其他类香料中文名称（编码、FEMA编号）
			双（2-甲基-3-呋喃基）二硫醚（S0750、3259）				2,2,6-三甲基-6-乙烯基四氢吡喃（S1048、3735）
			双（2-甲基-3-呋喃基）四硫醚（S1441、3260）				4-乙酰基-6-叔丁基-1,1-二甲基茚满（S1272、3653）
			双-（2,5-二甲基-3-呋喃基）二硫醚（S1312、3476）				焦木酸提取物（S0850、2968）
			二-（1-丙烯基）硫醚（异构体混合物）（S1098、4386）				人造康乃克油（S1229、—）
			α-甲基-β-羟基丙基 α-甲基-β-巯丙基硫醚（S1161、3509）				胡椒碱（S0841、2909）
			2-噻吩基二硫醚（S1440、3323）				甲基纤维素（S1076、2696）
							盐酸硫胺素（S0983、3322）
							琥珀酸二钠（S0853、3277）

续表

呋喃类香料中文名称（编码、FEMA编号）	噁唑类香料中文名称（编码、FEMA编号）	硫醇类香料中文名称（编码、FEMA编号）	硫醚类香料中文名称（编码、FEMA编号）	硫酚类香料中文名称（编码、FEMA编号）	酰胺类香料中文名称（编码、FEMA编号）	有机胺类香料中文名称（编码、FEMA编号）	其他类香料中文名称（编码、FEMA编号）
							5′-肌苷酸二钠（S0855、3669）
							5′-鸟苷酸二钠（S0854、3668）
							4-氨基-5-[3-（异丙基氨基）-2,2-二甲基-3-氧代丙氧基]-2-甲基喹啉-3-羧酸硫酸盐（S1485、4774）
							4-氨基-5,6-二甲基噻吩并[2,3-d]嘧啶-2（1*H*）-酮盐酸盐（S1471、4669）
							d,l-（3-氨基-3-羧基丙基）二甲基氯化锍（又名甲基蛋氨酸-氯化锍）（S0889、3445）
							乙酸钠（又名醋酸钠）（S0851、3024）

续表

呋喃类香料中文名称（编码、FEMA编号）	噁唑类香料中文名称（编码、FEMA编号）	硫醇类香料中文名称（编码、FEMA编号）	硫醚类香料中文名称（编码、FEMA编号）	硫酚类香料中文名称（编码、FEMA编号）	酰胺类香料中文名称（编码、FEMA编号）	有机胺类香料中文名称（编码、FEMA编号）	其他类香料中文名称（编码、FEMA编号）
							双乙酸钠（又名二醋酸钠）（S0852、3900）
							多聚磷酸钠（包括六偏磷酸钠）（S0929、3027）
							磷酸三钙（S0856、3081）
							硫化铵（S0836、2053）